世界发明简史

陈宇　陈宁　编著

当代世界出版社

THE CONTEMPORARY WORLD PRESS

图书在版编目（CIP）数据

世界发明简史/陈宇，陈宁编著．—北京：当代世界出版社，2023.11

ISBN 978-7-5090-1616-9

Ⅰ．①世… Ⅱ．①陈…②陈… Ⅲ．①创造发明－技术史－世界 Ⅳ．①N091

中国版本图书馆 CIP 数据核字（2022）第 222724 号

书　　名：世界发明简史
责任编辑：魏银萍　田艳霞
封面设计：尹　冰
版式设计：朱汉雨
出版发行：当代世界出版社
地　　址：北京市地安门东大街 70-9 号
邮　　编：100009
邮　　箱：ddsjchubanshe@163.con
编务电话：(010) 83908410-806
发行电话：(010) 83908410（传真）
　　　　　13601274970
　　　　　18611107149
　　　　　13521709693
经　　销：全国新华书店
印　　刷：北京欣睿虹彩印刷有限公司
开　　本：710 毫米×1000 毫米　1/16
印　　张：22
字　　数：326 千字
版　　次：2024 年 1 月第 1 版
印　　次：2024 年 1 月第 1 次
书　　号：978-7-5090-1616-9
定　　价：58.00 元

目　录

中　国　篇

1

外 国 篇

中 国 篇

天 文 地 理

中国古代对天文学的研究和成就

天文学与人类的生产和生活有着紧密的联系，因而成为自然科学中发展较早的一门科学。中国对天文学的研究，可追溯到原始社会的新石器时代，是世界上对天文学研究最早的一个国家。

据各种考古发掘出来的文物与史料记载，中国在原始社会时期，就注意到了太阳升落、月亮圆缺的变化，从而产生了时间和方向的概念。从考古发掘来看，中国的半坡氏族人的房屋，门都向南开；其他氏族的墓穴也都向着一个统一的方向。而且，当时的人们还在陶器上绘制了太阳、月亮以及星辰的纹样。

进入奴隶社会以后，天文学逐渐得到发展。在夏朝的时候已有历法，直到现在，人们还把农历称作"夏历"。根据甲骨文的记载，商朝时期，人们将一年分为春、秋两个季节，平年有 12 个月，闰年有 13 个月，大月 30 天，小月 29 天。此外，在商代的甲骨文中，还有世界上关于月食、日食的最早记载。在西周时期，中国已设有专门掌管天文器械和观测天象的官职。春秋时期，中国古代的劳动人民已能根据月亮的位置来推算太阳的位置，并在此基础上建立了二十八宿的体系。据《春秋》一书记载，当时人们已将一年分为春、夏、秋、冬四个季节。而且，在那时候，中国人已发现并记录了著名的哈雷彗星，并推算出了它的绕日周期。

战国时期，中国天文学取得了更加辉煌的成就。当时的天文学家甘德、石申撰写了世界上最早的天文学著作，后人将他们俩的著作合并到一块，称为《甘石星经》。随着天文观测的进步，中国古代人民创造了二十四节气。秦汉时期，中国天文学的发展突飞猛进，全国制定了统一的历法，还制作了浑天仪。特别是两汉时期，人们对宇宙的认识逐步深化，并提出了"浑天说"。这一观点非常正确，只不过当时的人们认为宇宙是有限的。可是不久，就有人反对，认为"天"是无限大的。这两个观点对全世界的天文学事业作出了巨大的贡献。

三国两晋南北朝时期，中国古代著名的数学家祖冲之在刘宋大明六年（462年）完成了《大明历》，也称"甲子元历"，这是一部精度很高的历法，如月球在天球上连续两次向北通过黄道所需时间的天数为27.21223日，同现代观测的27.21222日，只相差十万分之一日。隋唐时期，政府又重新制定了历法，对恒星的位置进行了重新测定，并对子午线长度进行实测，这是世界上最早的。

人们还根据天文观测结果，绘制了一幅幅星图。在敦煌壁画中，考古学家发现中国在705年至710年间，就已发现了1350多颗星星，这反映了中国人在星象观测上的高超水平。而在欧洲，那里的人直到1609年发明了天文望远镜后，才发现了1022颗星星。宋元时期，人们制造并改进了许多天文器械。如制造出了世界上第一台以水为动力，带动一套精密的仪器，既可观测天体，又可演示天象，还能自动报时的天文钟。并且，在这时候，中国就已知道了一年有365.2425天，这和现行的公历是一样的，这个发现比外国早了300多年。明清时期，中国的天文事业仍旧是世界上最发达的。如清朝早期的中国天文学家，就提出过恒星有远近变化，也就是认识到恒星有视向运动。然而，欧洲的科学家却直到1868年才提出这种概念。

中国古代对天文学做出的这一系列成就，为全人类的文明起到了重要的作用，这充分反映了中国古代劳动人民的聪明智慧和卓越才干。

世界上最早的星图

星图，就是将恒星在宇宙之中的位置准确地投影到平面上所构成的图，这种图非常难画。从考古学家们发掘出的各种文物来看，中国是世界上最早绘制星图的国家。而且星星在星图上的位置和现在科学家们运用高科技观测到的实际位置基本一致。

目前中国在考古中发现最多的星图，是三国时期吴太史令陈卓所画的星图。陈卓把当时天文学界存在的石氏、甘氏、巫咸三家学派所命名的恒星，求同存异，合画成了一幅《全天星图》。这幅星图上一共有 283 组、1464 颗星。

考古学家曾发掘出一幅 940 年前后绘制在绢上的《敦煌星图》，还发现了雕刻在岩石上的石刻星图，如从五代时期的墓地中发现的两块完好无损的二十八宿石刻星图。这两幅石刻星图上大约有 180 颗星星，它们在天空的位置被雕刻得相当精确，是世界上发现的古星图中的珍品。

现在，江苏省苏州市珍藏着一幅石刻星图。石刻星图高 2.6 米，宽 1.2 米，上部绘有一个圆形的星图，下部刻有文字，共有 1440 颗恒星。据考古学家研究分析，这幅珍贵的星图是北宋黄袁在元丰年间（1078—1085 年）根据天文观测结果绘制的，直到南宋理宗淳祐七年（1247 年）的时候才刻到这块石头上，它也是流传至今较早的星图之一。

中国古代劳动人民除了会制作恒星图外，还会做最难绘制的彗星图。1973 年，考古学家在湖南长沙马王堆 3 号墓中，发掘出了一种占验吉凶的帛书。在这部 2200 多年前的占卜著作中，记录了目前所知世界上最早的彗星。彗星图共 29 幅，形状各异。那长长的像扫帚一样的部分是彗尾，圆圈或黑点代表彗星头。在每幅彗星图的下面，都有占文，开头记有彗星的名称，其中便包括著名的哈雷彗星。

中国古代的这些星图，充分说明了中国古代人民在天文学研究方面的卓越成就，为人类认识宇宙奠定了坚实的基础。

中国人最早发现哈雷彗星

据国外记载，著名的哈雷彗星是欧洲天文学家阿皮亚尼斯于 1531 年第一次发现的。1607 年，天文学家开普勒第二次发现了这颗彗星。当彗星于

1683 年第三次被英国天文学家哈雷发现时，推算出了它的运行轨道和它 76 年才光临一次地球的绕日周期。哈雷预测，这颗彗星将于 1759 年重返地球。到了 1759 年，这个预言被证实了，于是人们就称这颗彗星为"哈雷彗星"。

其实，阿皮亚尼斯并不是最早发现这颗彗星的人。据考古学家考证，中国是最早发现并记录哈雷彗星的国家。

中国古籍《淮南子·兵略训》一书中记载有"彗星出"3 个字。现代天文学家们认为，这是世界上关于哈雷彗星在公元前 1057 年回归地球的最早记载。但也有人认为，世界上对哈雷彗星最早的记录是中国古籍《春秋》鲁文公十四年（公元前 613 年）里面所写的"秋七月，有星孛入于北斗"。《公羊传·文公十四年》里也写道："孛者何？彗星也。"有人认为在《史记·六国年表》秦厉共公十年（公元前 467 年）里写到的"彗星见"，是人类历史上对哈雷彗星的第二次记录，但由于文字太简单，没有被世界公认。世界公认的人类历史上最早的关于哈雷彗星的记录，是《史记·秦始皇本纪》始皇七年（公元前 240 年）里所记载的："彗星先出东方，见北方，五月见西方……彗星复见西方十六日。"这个时间比欧洲天文学家阿皮亚尼斯第一次发现彗星的时间早了 1771 年。

到 1910 年，哈雷彗星以 76 年为周期，共出现了 29 次，在中国的史书上均有记载。其中记录最详细的一次见于《汉书·五行志》汉成帝元延元年条，共 100 多字，把哈雷彗星的来龙去脉、运行轨道叙述得清清楚楚。到了宋元以后，中国古代天文学家对哈雷彗星的叙述越来越精确，记载越来越详细。例如，外国天文学家阿皮亚尼斯、哈雷、开普勒分别观测到的 3 次哈雷彗星的运行，在中国的古籍《明史》《清史稿》《东华录》等书中均有详细记载。种种史料证明，中国在古代就早已保存了丰富的有关哈雷彗星的观测资料。

中国人最早发现太阳黑子现象

中国古代大量的史料证明：中国是世界上最早对太阳黑子有文字记载的国家。现在，世界上公认的最早的太阳黑子记载，见于《汉书·五行志》："成帝河平元年……三月乙未，日出黄，有黑气大如钱，居日中央。"这一记录，把当时太阳黑子的位置和时间都叙述得非常清楚。事实上，在这个记录以前，中国古代还有更早关于太阳黑子的记载。约公元前140年的《淮南子·精神训》一书中，就有"日中有踆乌"的记载。"踆乌"就是指太阳黑子。

《后汉书·五行志》中有这样的记载："中平……五年正月，日色赤黄，中有黑气如飞鹊，数月乃消。"《宋史·天文志》中也记载道："绍兴元年二月己卯，日中有黑子，如李大，三日乃伏。六年十月壬戌，日中有黑子，如李大，至十一月丙寅始消。七年二月庚子，日中有黑子，如李大，旬日始消。四月戊申，日中有黑子，至五月乃消。"此外，中国古代的人们还对太阳黑子群有详细的记载，《宋史·天文志》中记有1112年"四月辛卯，日中有黑子，乍二乍三，如栗大"。

在中国古代，人们在观测太阳黑子的过程中，不可能有望远镜之类的工具辅助观测，全靠目测。人们只能在阳光不强时观测，如早上日出、晚上日落的时候，或是用"盆水映日"（脸盆中放水观测太阳在水中的倒影）的方法。据考古学家统计，中国古代从汉朝到明朝的这1600多年间，仅对太阳黑子现象的记载就达100次以上。美国天文学家海耳就曾说过："中国古人测天的精勤，十分惊人。黑子的观测，远在西人之前大约2000年。历史记载不绝，而且相传颇确实，自然是可以证信的。"欧洲发现太阳黑子现象，时间要比中国晚得多。外国人第一次发现太阳黑子现象，据记载是在807年8月19日。

我们的祖先善于观察，留下了大量宝贵的天象记录，这无不反映出先人孜孜不倦、勤于观测的严谨态度，闪烁着中华民族智慧的光辉。这些天象记录，是中国丰富文化宝库中的珍贵遗产，也是对世界天文学的巨大贡献。

中国古代最早对日月食的研究

中国古代对发生日月食原因的科学研究，在世界上是最早的。在古籍《周易·丰卦》中就有"月盈则食"的记录。此外，在《诗经·小雅·十月之交》中也有"彼月而食，则维其常"的句子。这说明，那时的人们就已经知道月食现象是有一定规律的，月食只是在月望的时候才会发生，而并不是一些迷信中所说的"天狗吃月亮"。

战国时期的石申，已经发现了日食的出现与月亮有关。西汉末期的刘向在《五经通义》一书中写道："日食者，月往蔽之。"这段记录说明，那时的人们已经知道了日食的出现是因为月亮挡住了太阳光。这个发现比外国早了几千年。东汉时期的张衡在《灵宪》一书中把月食现象解释得更加清楚，他认为月亮的光芒不是月亮本身发出的，而是反射的太阳光，由于地球挡住了太阳光，月亮得不到照耀，就产生了月食现象。

据考古学家研究，中国古代的天文学家们不但已把发生日月食的原因探讨得非常清楚，而且还做过世界上最早的日月食预报。沈括在《梦溪笔谈》中讲述了为什么日月食现象并不在每个朔望月都出现的道理。他解释说，这是因为地球的黄道和白道并不是平行的，它们是相交的，当它们的经度一样而且又比较靠近的时候，才能够出现日月食的现象。沈括在书中还明确写道，如果黄道和白道在正好相交的地方，那么肯定会出现月全食或日全食，如果不在其相交的地方，则会发生偏食。

随着人们对日月食研究的深入，中国古代天文学家推算日月食的时间也越来越准确。从古至今，中国对日月食的研究一直处在世界前列。中国古代天文学家对日月食研究的成果，在世界天文学的发展史上写下了光辉的一页。

中国是最早对流星雨有文字记载的国家

什么是流星雨？流星雨，是指许许多多的流星一块儿从空中落入大气层，就和下雨一样，景象非常壮观。但这种壮观的场面几十年甚至几百年才可遇见一次。有关流星雨的记载，要数中国最早。据考古学家初步统计，中国古代有关流星雨的文字记录约有 180 次。其中天琴座流星雨的记录大概有 9 次；英仙座的流星雨大概有 12 次；狮子座的流星雨大约有 7 次。这些记录，对现代的天文学家研究流星群轨道的演变有十分重要的参考价值。

世界上公认的对流星雨的最早记载，见于中国古代的《竹书纪年》一书。书中写道："夏帝癸十五年，夜中星陨如雨。"最详细的记录见于《左传》："鲁庄公七年（公元前 687 年）夏四月辛卯夜，恒星不见，夜中星陨如雨。"这个记录是世界上对天琴座流星雨的最早记录。流星雨的出现，场面十分壮观，相当动人，中国古人的记录也很精彩。如南北朝时期的《宋书·天文志》中记载道："大明五年（461 年）……三月，月掩轩辕……有流星数千万，或长或短，或大或小，并西行，至晓而止。"这个记录是中国古人对天琴座流星雨的一次如实记载。中国古代的劳动人民对英仙座流星雨的场面，也做了非常详细的记录。唐朝时期的《新唐书·天文志》中这样记载道：唐玄宗"开元二年（714 年）五月乙卯晦，有星西北流，或如瓮，或如斗，贯北极，小者不可胜数，天星尽摇，至曙乃止"。

此外，中国古代还对流星体坠落到地面变成陨石或者陨铁的现象有所研究，也有详细记录。《史记·天官书》中就有"星陨落地，则石也"的解释。在北宋时期的《梦溪笔谈》中，沈括还对陨石的成分有所研究。书中写道："治平元年（1064 年），常州日禺时，天有大声如雷，乃一大星，几如月，见于东南。少时而又震一声，移著西南。又一震而坠在宜兴县民许氏园中，远近皆见，火光赫然照天……视地中只有一窍如杯大，极深。下视之，星在其中，荧荧然，良久渐暗，尚热不可近。又久之，发其窍，深三尺余，乃得一圆石，犹热，其大如拳，一头微锐，色如铁，重亦如之。"

这段记录，说明沈括已经注意到陨石的主要成分。而在欧洲，人们直到1803 年，才知道陨石是流星体坠落到地球上的残留部分。现在，在成都地质学院里，还陈列着一块最古老的陨石，大约是明朝时期坠落到地球上的，直到清康熙五十五年（1716 年）才被发掘出来，重达 58.5 千克。

中国古代对流星研究的文字记录，是现代的天文学家们非常珍贵的资料库。

中国古代的天气预报

中国古代劳动人民在没有科学仪器的情况下，通过长久地观测天气，凭着聪明智慧，预测天气变化，掌握了许多关于天气变化的规律。

在中国古籍中有专门预测天气的记载，如"如彼雨雪，先集维霰"，意思是说在下雪之前，往往先会下霰。汉朝时的《焦氏易林》中提出："蚁封穴户，大雨将至。"《论衡·寒温篇》中记载："朝有繁霜，夕有列光。"即早晨要是有很多的霜，夜间的星必定又多又亮。后魏时期的《齐民要术》第四卷中也写道，"天雨新晴，北风寒彻，是夜必霜。"这句话的意思是说，如果天下完雨后刚刚晴朗，又有寒冷的北风袭来，那么这天夜里肯定有霜。

随着中国古代劳动人民对天气观测的经验积累，关于天气的谚语也越来越丰富，而且还集成了专门的书。唐朝时期，民间有关天气经验的书中，最有名的是黄子发的《相雨书》。这本书收集了在唐朝以前绝大多数的天气谚语。如书中说当天空中出现黑色或红色的云时，就会下冰雹。这个经验直到现在，仍旧是判断雹云的一个重要依据。由于中国农业的不断发展，民间观察天气的经验更为丰富。人们把原来的天气谚语都改为短韵语，以便于记忆和运用。元朝时的《田家五行》一书，就是当时大量流行的天气韵语的专集。这本书刚刚出版，就被人们抢购一空，尤其在农村形成了一种家喻户晓、世代相传的局面。明末时徐光启写的《农政全书·占候》，进一步整理和补充了《田家五行》的天气经验，删去了一些迷信说法，也修正了一些天气韵语。

元明时期，中国还出现了预测海上天气的著作。如《东西洋考》一书中，就有关于当时海上天气的谚语："乌云接日，雨即倾滴""迎云对风行，风雨转时辰""断虹晚见，不明天变；断虹早挂，有风不怕"等。

在中国古代，还有一本叫《古云图集》的书。这本书把出现各种天气时的云都画了下来，并对不同类型的云做了解释，说明各种云的特征，然后根据云的特征预测天气变化的时间和强烈程度。

中国古代劳动人民对天气观测做了非常宝贵的探索，直到今天，许多预测天气的谚语仍在全世界流行和使用，并与现代科技手段相结合，以便更加准确地预测天气变化。

中国古代对云的认识

中国从古代就很重视云的变化。《管子·侈靡篇》中提到，通过云的形状或颜色变化可以推测出天气的变化。书中说如果云块比较平坦，雨不会下得很大；下雨的时候如果没有供应水分的云，雨就不会下得很长，很快就会下完。只有对云进行过非常仔细地观察，并且提高到一定的认识高度，才能得出这样的结论。在古籍《吕氏春秋·有始览·有始篇》中，便已经把云按不同的形状分为"山云""水云""旱云""雨云"4种。

在中国民间，很早就有许多有关云的天气谚语，如唐朝的《国史补》一书中，就记载有"暴风之候，有炮车云"的话；另外一本《相雨书》，也有"云若鱼鳞，次日风最大"的记载。宋朝时期的《谈苑》一书中，有一条这样的天气谚语："云向南，雨潭潭；云向北，老鹤寻河哭；云向西，雨没犁；云向东，尘埃没老翁。"这句话把云和晴雨联系起来，是很有科学道理的。

古人把云分了这么多种类，人们为了辨认不同的云，就绘制了许多云图。目前发现的世界上最早的云图，是中国的马王堆3号墓出土的《天文气象杂占》。

中国古代对风的观测

据考古学家考证，中国远在殷商时期，就已经对风有所研究了。古书上记载，中国古代的劳动人民把风分为 4 个种类，即东、南、西、北 4 个不同方向的风。此后，中国古代劳动人民对风的研究逐渐发展，到汉朝时期，中国已有了 24 个风向的专用名称。

从出土的文物来看，中国在西汉时期，就已经发明出一种风向器。西汉时的《淮南子》中，记载有一种简单的风向器。这种风向器可能就是由风杆上系了布帛或长条旗的最简单的"示风器"演变过来的。《淮南子·齐俗训》中说这种风向器在风的作用下，没有一刻是平静的。这说明当时的这种风向器非常灵敏。

汉朝时期，史书上记载的除前面所说的那种"示风器"以外，还有"铜凤凰"和"相风铜乌"两种。这 3 种风向器，显示了当时中国风向器发展的方向。

"铜凤凰"主要安装在汉武帝太初元年（公元前 104 年）所建的建章宫里。当时的建章宫里安装了两个铜凤凰，一个装在大门上，另一个装在屋顶上。据古籍《三铺黄图》上说，在铜凤凰的下面有一个十分灵敏的转枢，每当风吹来的时候，铜凤凰的头就会向着风吹来的地方，好像要起飞的样子。但后来，这种灵敏的风向器被皇亲贵族们当作了房屋的装饰品，失去了原来风向器的作用。

"相风铜乌"则是一种形状像乌鸦的风向器，汉朝时期被安装在人们观测天文气象的灵台上。这是当时专门观测风向的仪器，但比较笨重，据说只有"千里风来"的时候才转动。后来人们就把它做得更轻巧灵敏一些，使得人只要朝它吹一口气，它就会转动。再后来，这种灵巧的风向仪器就渐渐在民间普及起来。

但是，从古代的军事和交通等需要来看，这 3 种风向器都不太合适。因此，《乙巳占》中指出"常住安居，宜用乌候；军旅权设，宜用羽占"，意思是说，"相风铜乌"这种风向器最好安装在一个固定的地方，而如果是军事驻地经常变化，那么还是用鸡毛编成的好。这种鸡毛做成的风向器重5两至8两，挂在高杆上，等羽毛被风吹成平衡状态，就可以进行观测了。这种简单的风向器在唐朝以前就有了，唐朝以后更加普及。

中国古代的人们不仅对风的方向有所研究，对风力也有所探讨。在唐朝时期，中国人开始把风分成8个级别，再加上"无风"和"和风"，共有10个级别，这和现在人们所观测到的风力和所使用的等级标准基本一样。这充分反映了中国古代劳动人民的聪明才智。

中国古代对降雨的观测

中国古代对雨水的观测十分重视，因为这直接关系到农业生产。从甲骨卜辞中就可以看出，当时的人们对雨已经有"大雨""猛雨""疾雨""足雨""多雨""毛毛雨"之分，而且还注意到了雨的来向。

据考古学家考证，中国自秦朝开始，就已经有"报雨泽"的制度。1975年2月，科学家在湖北省云梦睡虎地发掘的11号秦墓中，发现了《秦律十八种》的竹简。其中，《田律》中记载道，凡下及时的而且有利于庄稼生长的雨，在下完雨后要立即用书信向政府报告受到雨水灌溉的田亩数。如果是庄稼生长后下的雨，应该向政府报告雨量和受益的田亩数。如果发生了旱灾、洪水、暴风雨等自然灾害，必须立即向朝廷报告受灾的田亩数。这些报告，就近的县可以让走得快的人传送，如果距离比较远，则要用各县之间的驿站传送，而且每年必须在8月底以前送到。在东汉时期，朝廷也曾要求所辖各郡国汇报每年立春到立秋的整个农作物生长情况以及当地降雨量。

东汉以后，历代朝廷对农业和各地的降水量都很关心。在南宋时期数学家秦九韶所著的《数术九章》一书中，就有4道有关降水的数学题。秦九韶在书中非常明确地指出，农业生产的丰收好坏与每年的雨雪有很大关系。主管农业的官员如果想知道降水量，就必须用一种容器计算。但如果容器的形状、容积不同，计算出来的降水量就会大不相同。那么怎样才能客观地根据容器计算出当地有代表性的降水量呢？出这 4 道数学题，就是为了解决这个问题。因此，这 4 道题的最后所问，都是问合平地的降水量多少。从这里可以看出，当时的人们已经知道了只有把降水量换算为平地上的量，才是有代表性的量。从这几道算题可以看出，当时中国还没有统一标准的容器。这是因为当时各地是用天池作为容器，而天池本身则是为防止森林火灾用来积存雨水的，所以没有一定的标准。中国真正统一标准的容器，大概出现在明朝时期。考古学家曾在朝鲜发现了一个中国古代的黄铜雨量器，并且标有标尺。据考证，这个容器是中国于 1770 年制造的，并确定这并不是中国最早的统一标准容器。

明朝以后，朝廷非常重视测雨量，要求各州县的官吏都必须按月向朝廷报告雨水情况，这种制度直到清朝后期仍保持着。现在的故宫博物院内保存着许多明清时期各地上报降雨量的奏折。

中国人最早认识雪花形状

德国著名的天文学家开普勒，是世界上第一个在欧洲宣布雪花是六角形的人。1610 年冬天，开普勒写了一篇题为《把六角形的雪花作为新年礼物》的观察报告。这是他从数学的角度来研究雪花的结果。

但令世界上研究天文学的人都惊叹不已的是，据考古学家从发掘出的文物来看，中国人早在 2100 多年前就已经知道了雪花是六角形的。在公元前 135 年的《韩诗外传》中，就有"凡草木花多五出，雪花独六出"的记载。这说明，当时雪花是六角形的科学常识已经被中国人认识了。可见中国古代劳动人民对许多自然现象早已做出了正确的结论。

在《韩诗外传》以后，中国有关雪花是六角形的记载越来越多，而且极具文学色彩。譬如在 6 世纪初，大文学家萧统在一首诗中写道："彤云垂四面之叶，玉雪开六出之花。"12 世纪时，宋代的朱熹在《朱子语类》一书中说："雪花所以必六出者，盖只是霰下，被猛风拍开，故成六出……

又，六者阴数，大阴玄精石亦六棱，盖天地自然之数。"

此外，中国古代的一些思想家认为六角形的雪花像蜂窝，因此可以组成连续完美的宇宙。雪是由水变成的，水是宇宙阴阳中阴的形态，就像"六"字，因此人们推断出雪花是六角形的。明朝时期，唐锦在《梦余录》中写道："草木之花皆五出，而雪花独六出。先儒谓地六为水之成数，雪者水结为花，故六出。然至春，则雪皆五出。"虽然唐锦对雪花是六角形的认识是基本正确的，但他对春天时的雪花是五角形的认识却是不对的。到了明朝时期，另一位文学家谢在杭对唐锦的"至春，则雪皆五出"的说法提出了反对意见。大约到了1600年，他在所撰的一部著作中写道："然余每冬春之交，取雪花视之，皆六出。"意思是说，每年冬春之交的时候，雪花的样子都是六角形的。他很可能是靠当时的放大镜来观察雪花的。

中国古代科技的代表作——浑仪和简仪

浑仪，是中国古代测天的一种仪器，用来测量天体位置的赤道坐标等。

在现代许多科技读物的封面上，读者常常会看到一架铜铸龙盘大型圆环的古代测天仪器图。它甚至成了中国古代科技发展的标志性图案，这架仪器就是浑仪。它姿态雄伟，气势磅礴。托起整个仪器的4条铜龙，活灵活现；仪器上部圆环相套，浑厚纯朴。整个仪器结构牢固，工艺华美，是中国古代科学技术、工艺美术、冶铸技巧、机械构造等多方面高度发展的结晶。值得庆幸的是，现代人不必担心这种具有划时代意义的古代仪器会如恐龙一样，只能相见于图画中，在现实社会中，人们仍能一睹其芳姿。在南京紫金山天文台，即安置着一架唯一保存下来的古代浑仪。它制造于明代正统二年（1437年），是明代浑仪，高2.75米，宽2.46米，长2.48米。

浑仪有着悠久的历史。据史料记载，早在汉武帝时就有了浑仪。东汉年间又陆续创造了多种浑仪。唐太宗贞观四年（630年）天文学家李淳风在前人基础上又创造了浑天黄道仪。唐玄宗开元九年（721年），世界上第一个发现恒星运动的天文学家一行制造了一架黄道游仪。一行用这架仪器观测了月亮的运动和许多星宿的黄赤道度数等。到这时，中国的浑仪已经比较完善，是世界上先进的天文仪器之一。北宋以后，中国又有不少天文学家对浑仪做了进一步的改进和提高，彻底的革新乃是元代杰出天文学家郭守敬等人进行的，简仪由此应运而生。

简仪是把浑仪复杂的环圈结构分解为互相独立的赤道装置和地平装置，大大提高了观测精度，即现代所谓的赤道经纬仪和地平经纬仪。简仪的创制，证明了那时中国仪器制造技术已经达到了相当先进的水平。简仪的地平装置叫立运仪，它可以同时测量天体的高度和方位，这在中国观天古仪中还是首创。近代工程和地形测量用的经纬仪、航空导航用的天文罗盘，其结构与立运仪实属同一类型。

简仪独立赤道装置是由郭守敬于 1276 年创造的。而欧洲的狄谷采用类似的赤道装置，则在郭守敬后 300 多年。李约瑟在《中国科学技术史》一书中引用根舍赞叹中国古仪的话说："被欧洲人看作是文艺复兴后天文学主要进步之一的赤道仪，中国人在 3 个世纪以前即已经使用了。"著名的《新总星表》（即《NGC 星表》）的作者德雷耶尔在评价简仪时指出："不少伟大的发明，中国人常常在西方国家享有它们以前的许多世纪就已做出了。"这些评价说明，简仪的问世，在天文学史上，尤其在天文仪器发展史上写下了光辉的一页。

浑仪和简仪这两项伟大创造，是中华民族文化遗产中的珍品瑰宝。它们的设计和制造水平，不仅使中国测天仪器在世界上居于领先地位，而且对现代仪器也产生了极其深远的影响。从大型望远镜及航空导航用的天文罗盘等现代仪器身上，都可以看到它们的影子。

天文钟的鼻祖——水运仪象台

现代天文馆里，天象仪是必有的一种仪器。这种仪器可以演示各种天球的旋转，太阳、月亮、行星等天体的运动和稀有天文现象在上面演示得如同真的一般。这种天象仪的先驱，就是中国宋朝所制造的水运仪象台。

宋朝所制造的水运仪象台，是北宋天文学家苏颂组织韩公廉等人，于1088年到1090年在开封建造的。它高约12米，宽约7米，分作3层。上层放浑仪，用来观测日月星辰的位置。为了观测方便，上面覆盖了9块活动屋板，它的作用和现代天文台可以开合的球形台顶相同。中层放浑象，它是一个球体，在球面布列天体的星宿位置；有机械装置能使浑象由东向西转动，和天体的视运动一致，使得球面星座位置和天象相吻合。下层设木阁，又分成5层，每层有门，到一定时刻，门中有木人出来敲点报时。木阁后面装置漏壶和机械系统，漏壶引水升降，转动机轮，使整个仪器按部就班地动作起来，巧妙至极，令今人也感叹不已。

这座利用水力运转的仪象台，其动力装置相当于现代望远镜上的时钟机械，它可以使天空中移动的恒星保持在视野中。它是远早于欧洲同类装置的一项发明。在欧洲，英国物理学家、天文学家胡克在1670年才第一次提出制造自动调整的钟机转动望远镜的建议，这个建议直到望远镜的焦距逐渐缩短，可以采用准确的赤道装置的时候才有实用价值。

1127年，金兵攻袭开封，北宋灭亡，水运仪象台被金兵缴获。后来，虽然在北京重新装配水运仪象台，可是由于部件损坏而无法运行。幸好苏颂著的《新仪象法要》一书，相当详细地介绍了水运仪象台的构造，并且还附有透视图或示意图的全图、分图、详图60多幅，其制造技术才不致失传。新中国成立后，中国历史博物馆根据这本书的记载，制造出水运仪象台的模型，使现代人能够有幸目睹这座世界上最古老的天文钟的风采。

地动仪的发明

地震是一种自然现象。据统计，地球上每年大约发生500万次地震，只是大多数的地震震级较小，小得我们都感觉不到大地在颤动，但它偶尔也会"大发脾气"，弄得房倒屋塌、家破人亡，即使是繁华的大城市顷刻间也会变成一片废墟。在我国古代的史籍中，记载的地震就有近1万次，其中有破坏性的大地震近 3000 次，8 级以上的特大地震就有 18 次。《竹书纪年》中写道："夏帝发七年（公元前 1831 年），陟泰山震。"这是现在世界上最早的一份地震记载了。

地震对人类的影响是巨大的，为了自己的生命和财产安全，人们很想预测地震。因此，地动仪应运而生。地动仪是我国古代伟大的天文学家张衡发明的，这台地动仪是世界上第一台测试地震的仪器，比欧洲发明的地震仪要早 1700 多年。东汉时期，我国的地震很频繁，在张衡任太史令前的 30 年中，有 23 年都发生了地震。有一年都城洛阳发生大地震，地面陷裂，地下涌出洪水，房屋倒塌，许多人遭灾，被迫背井离乡。为了掌握全国地震动态，张衡冥思苦想，设计出了地动仪。

地动仪由铜铸成，形状像个大酒桶。顶上有个盖子，四周有 8 条龙，8 个龙头分别对着东、南、西、北、东南、西南、东北、西北 8 个方向，每条龙的嘴里还衔着一颗铜球。在龙头的下面，蹲着 8 只铜蛤蟆。哪个方位发生了地震，哪个方向的龙嘴里的铜球就会掉到蛤蟆的嘴里。这样，就知道什么地方发生地震了。

地动仪制成后放在洛阳。6 年后，地动仪上西边方向龙嘴里的铜球掉了下来。陇西在洛阳的西边，因此张衡预测陇西方向发生了地震。过了几天后，陇西果然有人到洛阳报信，说那里发生了地震。从此，人们对张衡所发明的地动仪测报地震方位的准确性，就完全信服了。

中国人对海陆变迁的认识最早

从远古时代起，中国人的祖先就对海陆的许多自然现象有所认识。秦朝时期，中国就有了"高岸为谷，深谷为陵"的山川变化现象的记载，而且还提出了"地道变盈而流谦"的地表高低形态会发生变化的观点。这说明当时的中国人对海陆变迁现象已有比较先进的认识水平。

在春秋晚期的《山海经·北次三经》中有"精卫填海"的故事，这说明那时的中国人已萌发了海陆可以变迁的思想。此外，《列子·汤问》和

《淮南子·天文训》中，也提出了地球上曾发生过"西北高而倾向东南"的大规模地壳变动，并指出这种变动使河水搬运大量的泥沙流向东南海洋沉积。而且，书中还指出"地不满东南"的正确看法，即是说陆地下沉到海平面以下，便会成为海洋，但是不知要过多少年后，东南的海洋还会变成原来的陆地。因此，中国自古又有"沧海桑田"一词，表达了人们对海陆变迁自然现象的深刻认识。汉朝的《数术记遗》一书中，也有沧海变桑田的记载，而且说明若有大范围的海陆变迁，就一定要经过很长的时间。晋代的《神仙传》中，也说明东海这个地方曾发生过海陆变迁。

在唐朝时期，人们又发现海陆变迁可以从动植物的化石中判断出来。这一发现使人们对海陆变迁的认识向前推进了一大步。当时的颜真卿就对这一点做了详细的记载，他在《抚州南城县麻姑仙坛记》中写道："东北有石崇观，高石中犹有螺蚌壳，或以为桑田所变。"显然，他已经认识到从化石可以判断海陆变迁，这就使海陆变迁这种说法更具有科学性。

宋朝时期，中国人对海陆变迁现象认识得更加透彻，并指出岩石里的螺蚌即是原来淤泥中的螺蚌，岩石就是原来的淤泥。

在外国，尽管在古希腊也有关于海陆变迁的认识和记载，但由于封建教会黑暗势力的统治、摧残和扼杀，因此没有发展起来。直到16世纪，中国对海陆变迁现象的认识仍居世界前列。

国际地质学界的重大突破——地洼学说

近百年来，国际地质界的经典理论是美国学者创立的"地槽－地台"学说。这个理论是1859年由赫尔首先提出的，1873年丹纳完善"地槽"的概念，1885年修斯提出"地台"的概念。"地槽－地台"学说的核心，是认为地壳由活动阶段进入稳定阶段以后就不再发展了。

中国中南矿冶学院（现中南大学）陈国达教授，经过几十年的研究考察，于1956年提出了一个比较系统和完整的地壳构造及演化的新理论——"地洼学说"，在国际地质学界引起轰动。这一学说与牛顿的万有引力定律、达尔文的生物进化论一同被列入世界《自然科学大事年表》，成为世界自然科学史上的一件大事。

陈国达在长期的地质考察中，发现中生代以来的岩浆活动和沉积地层不是逐渐老化，而是周期回春，用"地槽－地台"学说来解释，很难自圆其说。于是，他在多年地质考察的基础上，于 1956 年在《地质学报》上发表了酝酿多年的论文《中国地台"活化区"的实例并着重讨论"华夏古陆"问题》，引起地质界的极大轰动。1959 年陈国达又发表了两篇论证地洼学说的论文，正式提出了"地洼"的科学概念，向人们描绘了一幅大地构造演化史的壮丽图景。

地洼学说克服了"地槽－地台"学说那种"静态的缺陷"，否定了地台是地壳发展的最后阶段，阐明了大地基本构造单元不是两个，而是多个。

1964 年，苏联学者别洛乌索夫也提出了地洼的概念，指出了地洼区的重要性，但比陈国达晚了 8 年。

现在，"地洼"这个名词已出现在许多种文字版本的地质论著和辞典中，地洼学说不仅在中国广泛运用于区域地质、成矿研究、找矿勘探以及水文地质、工程地质等方面，而且还被介绍或应用于五大洲的几十个国家，形成了一个生机勃勃的国际地质学派。

政 治 军 事

2000 多年前的三色军用地图

中国是世界上最早应用地图的国家之一。据"禹铸九鼎图"记载，夏禹时曾铸过 9 只大铜鼎，鼎上铸刻着九州的山川形势、草木禽兽和物产图，这应该是中国最早的地形图。可惜的是这 9 只大鼎在周朝末年均被销毁。

1973 年 12 月，在湖南长沙马王堆 3 号汉墓中，出土了 3 幅画在绢帛上的地图。其中一幅长 96 厘米、宽 78 厘米，是一幅驻军图，用黑、红、田青三色绘成。根据与该图同时出土的一件文物所记的"十二年二月乙巳朔戊辰"的字样，可知该墓的下葬年代为汉文帝十二年（公元前 168 年）。那么，该驻军图成图时间当在 2100 多年前，比过去认为最古老的罗马托勒密地图早了 300 多年，是目前世界上发现的最早的彩色军用地图。这幅用三色彩绘的军事地图，主题鲜明、层次清晰、地形基本准确，说明中国制图技术早在 2000 多年前就已达到了较高的科学水平。该图所绘的范围是今湖南省江华瑶族自治县的潇水流域一带，方圆约 250 千米，比例尺是八万分之一至十万分之一。图中，河流用田青色绘制，山脉的走向用黑色单线标绘，9 支驻军分别用黑双线框出，框内标明驻军的名称，中央绘有角形城堡，是各支驻军的指挥中心。该图内涵丰富，勘测精密，被世界历史地理制图界人士誉为"惊人的发现"。

在中国古代，连绵不断的战争、军事的需要，不断推动着军事地图绘制技术的逐步提高，比例尺也越来越准确，在地图的绘制形式上出现了线画地图、影像地图和立体地图等。时代发展到今天，军事地图仍是代表着制图学的最高水平，已有数字化地图、磁带记录、电视图像和全息照片等新的形式，应用于作战部队。军事地图根据实际需要，产生了无数种类，例如班、排用有各种比例尺的陆地作战图，还有航空图、航海图等，尽管作战的区域是在空中或海上，人们还是习惯称为地图，因为它们仍是以大地为参照系绘制的。

从平面彩色地图到立体地图

在现代部队作战指挥室中，指挥员手握标杆，站立在沙盘前，进行作战部署，如亲临战场。这种沙盘，就是一幅立体地图。地图是军事家们离不开的"武器"，中国继在世界上绘制出最早的平面彩色军事地图后，又根据实际需要，制作出了立体地图。这是一种直观形象地表示实际地形与设施的地图，它是表达和显示地理位置的重要方式之一。

在中国，制作立体地图有着悠久的历史，夏代所铸九鼎，可视为最早的地形模型。中国早在公元前3世纪就出现了立体地图。据司马迁的《史记》记载，在公元前210年秦始皇的墓室中，曾塑造了大地的模型，以水银模拟数以百计的江河和湖海。在墓室的穹顶上，还塑造了天体模型。东汉建武八年，即公元32年，将军马援分析敌情之后，在光武帝面前展示一幅用糯米米粒制成的立体地形图，上面有高山等各种地形，清晰明了。光武帝看后说："敌军军情就好像在我的眼皮底下。"南宋诗人谢庄（421—466年）把立体地形图的制作技术又向前推进了一大步，他是用木质材料制作立体地图的，并且可分可合，能巧妙地表示出山川地形。后来兴起的积木玩具很像这种立体地图。也许谢庄的这种木质结构的立体地图，正是现代积木玩具的先驱。

中国古代科学家沈括于1086年在其《梦溪笔谈》中极其生动地写道："予奉使按边，始为木图，写其山川道路。其初编履山川，旋以面糊、木屑写其形势于木案上。未几寒冻，木屑不可为，又熔蜡为之。皆欲其轻，易齐赍故也。至官所，则以木刻上之，上召辅臣同观，乃诏边州皆为木图，藏于内府。"意思是说，在他外出察访时，经沿途仔细观察，绘成了一幅

《使契丹图钞》的地图，并且利用面糊、木屑制成了立体模型，后因寒冻，改用蜡制。回到京城之后，又制成木刻的地形图呈给皇帝。此后，宋朝的其他学者如黄裳、朱熹等对这样的立体地图也都很感兴趣，用黏土、木材制作过多种地形模型图。

外国人制作立体地图，很可能是受到了中国人的启示。1510 年，保尔·多克斯制作了欧洲最早的立体地图，他绘制出奥地利库夫施泰因附近地区的地形地貌，这比中国制作立体地图晚了 1200 多年。即使将伊本·巴图塔于 14 世纪在直布罗陀见到的浮雕地图，作为外国最早的地形模型的话，那么，中国也要比外国早 1100 多年。

中国是最早使用纸币的国家

纸币，在现代社会中有非常重要的作用。即使在线上支付无比便捷的今天，如果没有了纸币，人们的生活也会有很大的困难。从古至今，世界各国的政府为自己的国家发行了许多种货币。中国古代劳动人民早在公元前 5 世纪时，就开始使用黄金、白银、青铜等金属作为货币。至今，世界上有的地方仍将贵重的金属作为货币。但是金属制成的货币很重，不便于携带和保存，因此，人们又发明了纸币。世界上最早发明和使用纸币的国家是中国。

中国人使用纸币的时间至少要比欧洲人早 900 年。7 世纪初，中国历史上最繁荣的时代——唐朝建立起来了，随之而来的是政治稳定、经济繁荣，这就增加了货币的流通，因此出现了变革金属货币的客观需求。正好在这时，中国人发明出了雕版印刷术，这又为纸币的出现提供了必要的技术条件。到了 8 世纪以后，中国终于出现了世界上最早的纸币，但这时的纸币并不能够直接投入商业使用，人们必须把自己得来的纸币存入私人经营的钱庄，并把这些纸币兑换成金属货币。所以这种在当时并不能够流通使用的纸币，实际上是一种存取金属货币的存折，相当于现在的汇票。

史料记载，812 年，唐朝把私人经营的钱庄都改成了朝廷经营。以后，纸币可以在收税时直接使用。后来，纸币能够直接换取茶、米、油、盐等生活必需品。由于唐朝是首次对民间发行纸币，纸币比金属货币轻，用惯了金属货币的老百姓对此有些不习惯，因此那时纸币在民间又叫作"飞钱"。

10 世纪以后，在四川出现了一些钱庄使用的纸币。它以存入的金属货币为基础，发行可以作为广泛交换媒介的纸币。11 世纪初期，北宋朝廷开始允许 16 户钱庄发行纸币，使得古代纸币由私人信用向国家信用迈进了一大步。1023 年，宋仁宗在位时，朝廷接管了全部的私人钱庄，并统一发行纸币钞票。因此出现了世界上第一个"国家储蓄银行"，它发行的第一批钞票的有效期为 3 年。这个制度在中国一直延续到了清朝末年。纸币的诞生，虽然方便流通和使用，但同时也产生了至今仍困扰着全世界金融领域的两大问题：伪造纸币和通货膨胀。

当人们在使用金属货币的时候，伪造货币的方法主要是生产假金银。而出现纸币以后，人们伪造货币的方法就是印制假钞。当时的宋朝朝廷为了防止伪造货币，从正式发行纸币起，就在印刷技术和纸张原料等方面想了许多办法，例如在纸浆中掺入特殊纤维，用多色复合木刻印刷等。

而在欧洲，直到 1661 年，瑞典政府才开始发行欧洲的第一批纸币。此后，世界各国争相效仿，陆续发行了各自国家的纸币。现在，纸币已在人们的日常生活当中起着重要的作用。中国古代人民发明的纸币使人类的文明进入了一个新的时期。

中国是最早建立海军的国家

中国是世界上最早建立海军的国家。据史料记载，大约在 3500 年前，夏朝出兵攻打山东半岛上的一个小国，双方都有士兵持戈驾舟迎战。到了公元前 6 世纪，中国就有了较完善的海军组织。当时的吴国在太湖里训练海军，他们把海军战舰划分为"大翼""小翼""突冒"等种类，分别担负进攻、驱逐、冲锋等任务。而那时的西方国家根本没有海军，直到公元前

483 年，雅典才开始组建海军，比中国晚了 1000 多年。

中国最早记载的海战故事发生于公元前 435 年，当时吴国海军的军舰从海路进攻山东半岛的齐国，双方的军舰在黄海相遇，展开激烈战斗。结果齐军大胜而归，吴军狼狈而逃。

在中国古代历史上建立最庞大海军力量的，要数三国时期的东吴。东吴的海军主力主要活动在长江流域，共有战舰 500 艘。东吴的海军曾北到朝鲜，南抵越南。

到了隋朝的时候，中国人发明了一种叫作"五牙"的大型战舰，战舰上安装了 6 台拍竿，高 50 尺，每根木梳顶上有一个巨石，下设辘轳运用杠杆原理，在战斗中与敌舰接近时，可以迅速把巨石放下，砸坏敌舰。如果一次没击中，还可以迅速收起再放，如果被敌舰包围，还可以将 6 根梳杆顶上的巨石同时放下，一次就能击中 6 艘敌舰。

此外，中国还是世界上第一个在军舰上安装火炮的国家。早在 11 世纪初期，我国的军舰上就普遍安上了火炮、火箭等远距离、大规模杀伤的火力武器，这领先世界 200 多年。

直升机的水平旋翼与螺旋桨

4 世纪时，道教理论家和炼丹家葛洪已谈到关于直升机的水平旋翼，那时中国的一些普通玩具已如直升机的旋翼，其中最常见的一种叫"竹片蜻蜓"。它有两部分组成，一是竹柄，二是"翅膀"。竹柄用一根竹片削成长 20 厘米、直径 4 至 5 毫米的竹竿制成，"翅膀"用一片长 18 至 20 厘米、宽 2 厘米、厚 0.3 厘米的竹片，中间打一个直径 4 至 5 毫米的小圆孔，用于安装竹柄。然后在小孔两边对称各削一个斜面，以起到竹蜻蜓随空气漩涡上升的作用。这样用双手掌夹住竹柄，快速一搓，双手一松，竹蜻蜓就飞向了天空。这种简单的玩具，对欧洲航空先驱者影响很大。

现代航空之父乔治·克莱，在 1809 年研究了"中国直升机旋翼"，制作出有两套用羽毛做的旋翼叶片和一个带有发条的装置。这种中国式竹片蜻蜓能飞七八米高。之后，克莱着手试做一种改进的旋翼，这个旋翼可以飞近 300 米高，他在 1853 年画出了自己做的直升机旋翼。

当时的旋翼是现代飞机推进器的雏形。在竖直地安装旋翼方面，中国人也走在欧洲人的前头。明代刘侗在《帝京景物略》一书中记载，当时人们把旋翼竖直安放，并称其为"风车"。这些风车漂亮的颜色引起了人们的兴趣。当轮子在风中转动时，颜色迅速变换，闪烁耀眼。风车可以装在固定地方，或者装在棍子上，拿在手中。当时的风车还有各种各样的旋转轮，它们可用于压低杠杆和打鼓做功。从 1301 年王振鹏的画中也可以看到，有些风车是竖直安装在风筝上的，在风中转动。

中国人就这样欣赏着实际上有适当机翼和推进器的小型飞机，但没有使它成为一架真正的载人飞机。然而在 1400 年以后，飞机旋翼对西方的影响成了航空学和载人飞机诞生的主要因素之一。中国的竹片蜻蜓给西方制造直升机的人以启示，这是中国人引以为自豪的。但是，它也给中国人以深刻的启示：一项创造发明仅仅为了娱乐，就会停留在原始阶段，只有向生产发展才有更广阔的天地。

世界上最早的兵书是《孙子兵法》

中华民族对人类文明作出过许多宝贵贡献。这些贡献不仅突出地表现在文化和科学技术方面，也表现在军事学术方面。我国古代的兵书，仅现存的就多达四五百种，是军事学的伟大宝库。其中，《孙子兵法》不仅是中国最早的兵书，也是世界上最早的一部军事著作，现有英、日、俄、德、法、捷等译本。据说在海湾战争中，美国海军陆战队员人手一册《孙子兵法》，把它作为制胜的法宝。

春秋末孙武所作《孙子兵法》，亦称《孙子》《孙武兵法》《吴孙子兵法》。历史记载，该书有曹操等 11 人注释。唐朝杜牧在注中说："孙武书数十万言，魏武（曹操）削其繁剩、笔其精粹成此书。"《孙子兵法》总结了春秋末期及其以前的战争经验，反映了新兴地主阶级与奴隶主阶级两种军事思想的斗争，是新兴地主阶级军事理论的奠基著作。它的问世，不仅对世界古代军事思想的发展产生了重大影响，在哲学史上也占有相当地位。

《孙子兵法》全书共 13 篇，约 6000 字，对战争观、战略战术和治军原则等问题，都有系统的论述。它论述了"计""作战""谋攻""军形""兵势""虚实""军争""九变""行军""地形""九地""火攻""用间"等问题。在论述中，孙武揭示了一些具有普遍意义的军事规律，有些至今仍有其科学价值。一些主要军事名言广泛流传于现实社会生活中，如"攻其不备，出其不意""避其锐气，击其惰归""知己知彼，百战不殆""并敌一向，千里杀将""令之以文，齐之以武""因敌制胜""因粮于敌"等等。

中国历代的军事家都把《孙子兵法》作为军事科学的经典著作，日本的军事家则把它誉为"世界古代第一兵书"。毛泽东在他的著作中称孙武是中国古代伟大军事家，并引用《孙子兵法》中的话来加以评述，给予其很高的评价。《孙子兵法》不仅在中国军事学史上占有极为重要的地位，对世界军事文化也有着极其重要的影响。

从陶罐炸弹到金属炸弹

中国是世界上最早发明火药的国家，距今已有 2000 多年的历史。火药被发明后，很快由军事家用到战争中，出现了火药武器。唐代开始出现了火药火箭和火药火炮。1000 年，唐福制造了火球、火蒺藜等武器，还得到朝廷的奖励。

金世宗大定二十九年（1189 年），阳曲（今山西太原）北郑村有个以捉狐狸为业的人，名字叫铁李，他制造了一种陶质的下粗上细的"火罐炸弹"，把火药装入罐内，在上面的细口处安上引信。这种火罐炸弹并不能发挥如今炸弹的杀伤作用，仅能制造轰鸣声。猎人在捕野兽时点燃引信，火罐炸弹爆炸发出巨大声响，把野兽吓得四处乱窜，跑入猎人预设的网中，猎人再用斧头等工具把野兽打死。这种火罐炸弹，就是现代金属炸弹的雏形。

12世纪末13世纪初，金人在陶火罐的基础上发明了"震天雷"（南宋和元朝时期又叫铁火炮），这是世界上最早的金属炸弹。

震天雷用生铁铸造，有4种样式：罐子式、葫芦式、圆体式和合碗式。其中罐子式震天雷，口小身粗，厚约7厘米，内装火药，上安引信。用时由抛石机发射，或由上向下投掷，杀伤人马。宋宁宗嘉定十四年（1221年），金兵围攻蕲州（今湖北蕲春）时，大量使用了震天雷。金宣宗元光元年（1222年）的河中府（今山西永济）战役以及金哀宗天兴元年（1232年）的汴京（今河南开封）战役中，金兵在进攻中都使用了震天雷。

从陶罐炸弹到金属炸弹，中国的炸弹发明始终走在世界的最前列。

源于弓箭的再发明——弩

弓箭在远古时代是一项了不起的发明，恩格斯曾给予高度评价，他说："弓、弦、箭已经是很复杂的工具，发明这些工具需要长期积累的经验和较发达的智力，因而也要同时熟悉其他许多发明。"但弓箭在使用时需要一手持弓箭，一手拉弦，因此影响了射箭的准确度。为了克服这些不足，中国古代人借鉴用于杀死猎物的原始弓形夹子，产生了制造弩的最初想法，即在弓臂上安装上定向装置和机械发射体系，这样，箭的命中率和发射力大大提高，比弓的性能更加优越的弩就诞生了。由此看来，弩就是装有臂的弓，显然弩是由弓演化发展而来。

弓箭的使用在中国有相当长的历史，弩作为中国军队的常规武器也有2000多年的历史。从保存下来的有关弩的详细描述看，最早的弩是一种青铜手枪式，其顶部的设计属于周朝早期，可能是公元前8世纪或9世纪甚至更早。但史料记载，弩是战国时期楚国冯蒙的弟子琴公子发明的。《事物纪原》中说："楚琴氏以弓矢之势不足以威天下，乃横弓著臂旋机而廓，加之以力，即弩之始，出于楚琴氏之也。"在长沙楚墓出土的文物中，就有制造得相当精巧的弩机，它外面有一个匣，匣内前方有挂弦的钩，钩的后面有照门，照门上有刻度，其作用类似现代步枪上的标尺；匣的下面有扳机与钩相连，使用时将弓弦向后拉起挂在钩上，瞄准目标后扣动扳机，箭即射出。弩的发明是射击兵器的一大进步。

英国著名科学家李约瑟在对我国古代的科学技术进行了深入的研究后，在其所著《中国的科学与文化》（也称《中国科学技术史》）中指出，琴公子真正发明的可能只是一个触发机械装置。弩比较早的形式可能早已存在了，《孙子兵法》中有关于弩的最早证据，孙子（孙武）的后裔孙膑记录了公元前 4 世纪在战争中使用弩的情况。《墨经》中不仅讲到用通常的弩，也谈到用大的复合弩箭（弩炮）来攻城。

在 3 世纪以前的著作中，关于弩的记载已很丰富。《吕氏春秋》记述了青铜触发装置的精确性，它在中国人发展弩方面取得的成就中影响力最大。触发盒嵌入托中，在它的上面有一个槽，放弓箭或弩箭。弩的触发装置是一个复杂的设备，它的壳以及两个长柄上的 3 个滑动块都是用青铜精铸而成的，机械加工达到令人难以想象的精确度。

战国时弩机的种类就比较多了。如夹弩、庾弩是轻型弩，发射速度快，通常用于攻守城垒；唐弩、大弩是强弩，射程远，通常用于野战。据《战国策》记载，韩国强弓劲弩很出名，有多种弩皆能射 600 步远。《荀子》也载有魏国武卒"有十二石之弩"等事例。

弩在战争中发挥巨大作用。公元前 341 年，齐、魏两军在马陵开战，即著名的马陵之战。孙膑指挥齐军埋伏在马陵道两侧，仅弩手就有近万名。当庞涓率魏军经过此地时，万弩齐发，魏军惨败，庞涓自杀身亡。公元前 209 年，秦二世有 5 万名弩射手。公元前 177 年，汉文帝手下的弩射手数目与秦相差不多。但这并非意味着在当时只有几万副弩，《史记》记载，大约在公元前 157 年，汉太子刘启掌管有几十万副弩的军火库。这就是说，2100 多年前，中国人已经有了成批生产复杂机械装置的能力，中国弩的触发装置几乎和现代步枪的枪栓装置一样复杂。

到了汉代，弩的制造有了进一步发展，并逐步标准化、多样化，不但有用臂拉开的擘张弩，还有用脚踏开的蹶张弩，但通常用的是六石弩。1世纪，格栅瞄准器得以发明并很快用于弩上，进一步提高了弩的命中率。这些格栅瞄准器在世界上是最早的，与现代的照相机和高射炮中的有关机械装置类似。三国时，诸葛亮还曾设计制造了一种新式连弩，称为"元戎"，以铁为矢，每次可同时发射 10 支弩箭。

弩是分工制作的，已发现的大多数弩的触发装置上都刻有制作者的名字和制造日期。弩的致命效用的原因之一是广泛采用毒箭。而且瞄准好的弩箭能够很容易地穿透两层金属头盔，所以没有人能抵挡得住。在以后的各朝代中，弩作为一种重要的兵器仍备受青睐，并得以进一步的改进和提高。1068 年，有人敬献给皇帝的一种弩可以刺穿 140 步开外的榆木。还有一种石弩，它可用连在一起的两张弓组成，需要几个人同时拉弦，可一齐射出几支弩箭，一次即可杀死 10 个人。在那时，手握弩可射 500 步远，在马背上使用时可达 330 步远。

增加弩的威力的要求，推动了 11 和 12 世纪弩机的发明。它克服了装箭的困难，可以快速连射。弩箭盒安装在弩托里的箭槽的上方，当一支弩箭发射后，另一支马上掉到它的位置上来，这样就能快速重复发射。100 个人在 15 秒内可射出 2000 支箭。连发弩的射程比较短，最大射程 200 步，有效射程 80 步。弩机在 1600 年的中国已广为流传，有不少样品至今仍保存在博物馆中。明代以后，随着火药大规模应用在战场上，火器逐渐取代了弩的地位。

弓、弩很早就由我国传入西方国家，但在欧洲战场上，弩出现的时间是在中世纪。古俄罗斯的军队在 10 世纪开始使用弩，而西欧国家于 11 世纪末才"出现一个弓弩十分盛行的时期"。在弓弩的技术方面，西方大约落后于中国 13 个世纪。

枪和子弹的发明与创造

在火药发明并用于军事后不久，中国在弓弩的基础上发明了枪与炮。现代的枪多种多样。但不论是哪一种，都可以分成枪管、炸药、弹丸几个部分。中国是最早发明和使用枪这种管形火器的国家。

最初的火枪用长竹做枪管，内装火药，点放后，喷出火焰伤人。严格地说，这还不能称作枪，因为它没有弹丸。把它看作喷火器，恐怕更恰当一些，但它为以后枪的发展打下了基础。

905年，中国出现了最早的"原始枪"，即火枪（又称火矛）。据史料记载，这种最初的火枪是在矛上捆一个爆破筒式的大爆竹，向前喷火而不炸，可它的威力要比单独的爆竹大得多。世界上第一幅细致绘出"枪"的图画，是在10世纪中叶中国敦煌的一幅丝绸图上：如来佛正在打坐，美女和恶魔们企图使他分心，把一枚手榴弹向他投去，同时还有一个头顶上长有3条蛇的恶魔在用横着的火枪对准他，枪口正喷出火焰。这种枪可以说是现代枪的雏形。

火枪的发展，经历了漫长的演化过程。开始是用几节竹管，仅能喷火。后来发展用金属做枪管，可用来射弹。弹丸能射出30步～40步远，而且弹头常带有毒药，因而杀伤力较强。据史料记载，南宋高宗绍兴二年（1132年），军事家陈规防守德安（今湖北省安陆市）时，就曾使用了"长竹竿火枪二十余条"。这种用粗毛竹筒做的火枪，内装入火药，由两个人抬着，在交锋时点着火药，喷射出去，烧伤敌人。这种在火矛的基础上创制的火枪，即以陈规的姓名定名为"陈规火枪"，距今已880余年。它已具备了如今枪的主要性能，可说是现代枪炮的祖先。

1259年，南宋寿春府在陈规火枪中装上"子窠"（即小石块、沙子等一类硬东西），制造出了"突火枪"，借火药力量发射出子窠，杀伤敌人。这个子窠就是中国，也是世界上最原始的子弹。这种枪应该说是地地道道的枪了。《宋史》记载说，突火枪"以巨竹为筒，内安子窠，如燃放，焰绝，然后子窠发出，如炮声，远闻百五十余步"。虽然这里没有说明"子窠"是用什么原料制成的，但它作为后来子弹的雏形，成为兵器史上的一大创举。这种竹制突火枪尽管还很原始，但却具备了现代射击武器的枪管、炸药、弹丸等基本要素，为现代枪炮的产生和发展奠定了基础，在兵器史上占有重要的地位。突火枪和子弹的制造工艺很快传向各地。蒙古军队围攻金朝军队时，金兵用火枪发动猛烈的夜袭。结果蒙古人抵挡不住金兵喷火枪的反击而败逃。由于竹、木制的管形火器燃放后易开裂，威力也不可能很大，所以后来金属管形火器的出现就是必然的了。

　　火枪的式样很多。常用的是多管火枪，一管射完，另一管的导火线又点燃了。构造巧妙而实用的"鹤枪"，除了喷火之外，从它的金属枪膛内一次可射出六七个专门制造的弹丸，大大增强了杀伤力。约发明于14世纪的大火枪组，由一个有几个大轮子的车架上每层装16支火枪组成，这些枪管一层挨一层地排成几层，需要10个人同时点燃所有的导火线，从能移动的车架上同时开火。这种带活动发射架的"排枪"，可以说是原始火箭炮和坦克的雏形。还有一种火枪叫"单眼神力枪"，是由金属枪管、木制枪托组成，在外观上已与现代的猎枪相似。

　　中国最迟在13世纪发明了铸造的金属枪，在黑龙江曾出土一支产于1288年的青铜手枪，有40余厘米长，重4千克。这支枪现收藏于英国伦敦的一个博物馆里，它可能是世界上最古老的金属管形火枪。四五十年后，旅游来中国的欧洲人把枪炮技术带回了欧洲。我国现存的最早的枪是山东长岛博物馆所收藏的南宋铜火铳，它是元惠宗至正十一年（1351年）制造的，长4米多，重近5千克，铳身上刻有"射穿百孔，声震九天"的铭文，这表明它的威力是很大的。

　　到明代，出现了多种类型的枪，其性能也有很大的改进。1355年，有一个叫焦玉的人，献给朱元璋几十支火龙枪。朱元璋命大将军徐达试放，其"势若火龙，洞透层革"，朱元璋很高兴地说："此枪取天下如反掌，功成当封大将军。"十余年后，朱元璋果然推翻了元朝，建立了明王朝。火枪在夺取政权的斗争中，发挥了很大的作用。当时还有多管枪，有的可单管轮流发射，有的可多管同时发射，是现代机关枪和多管火器的前驱。16世纪，一些外国火器传入我国，对我国火器改良也有一定影响。明神宗万历二十六年（1598年），著名火器专家赵示祯仿照西域人进贡的鲁密铳创造了掣电铳和迅雷铳，这两种铳均能连续发射弹丸，已近似于现代的机关枪。但到了清代，由于政府对火器研制缺乏应有的重视，火器发展十分缓慢，而此时正是欧洲火器迅速发展的时期。因此，从那时起，我国火器就比西方落后了。

　　管形火器枪的出现，极大地影响和改变了战争的形式，使战争向现代化方向大大地迈进了一步。火枪在欧洲出现于14世纪末15世纪初，欧洲第一次关于火枪的记载，出自一部写于 1396 年的拉丁文著作，这比中国的记载晚了近 500 年。

从抛石机到铸铁火炮

火炮，在战争史上一直是种威力强大的兵器。关于火炮的起源，恩格斯在《炮兵》一文中阐述道："阿拉伯人后来很快就丰富了从中国人那里得到的知识……而到 14 世纪初，火炮的知识才由阿拉伯人传给了西班牙人……火炮起源于东方，这一点还可以从欧洲最古老的火炮制造方法中得到证实。"据英国科学史家梅森记载，欧洲几个国家发明火炮有据可查的年代是 1380 年、1395 年和 1410 年。中国则比欧洲早了约 1500 年。

现代火炮的祖先，应该说是中国古代的抛石机。在中国古代，人们把抛石机、火药球、大口径管形火器和震天雷等，都统称为炮。之后因其外形和作用的不同，"炮"专指大口径管形火器。

抛石机约诞生于公元前 250 年的周代。最初人们用抛石机来抛投石块，火药发明后，又用抛石机抛投火药球。管形火器出现后，用火药在管内燃烧产生的气压将弹体喷射出去。经过不断的改进和完善，管形火器才发展成为现代的火炮。

火炮的雏形是创制于东汉末年的抛石火炮，又名"石火炮"，是在原石炮基础上改进而来。制法是将火药装成便于发射的形状，点燃引线后，由抛石机射出，"以机发石，为攻城械"，可击毁对方军营。《前汉书》中记载有"范蠡兵法，飞石重十二斤，为机发，行三百步。"《三国志》记载了 200 年袁绍、曹操著名的官渡之战使用抛石机的情形："太祖乃为发石车，击绍楼，皆破，绍众号曰'霹雳车'。"隋唐以后，抛石机发展成为重要的攻城守城武器。在宋代，抛石机成为抛掷火球性火器的重要工具。元代战争中，金人在 1232 年抵抗蒙古人的一次战役中使用过的震天雷，其实就是用改进以后的抛石机投射的铁制炮弹。一直到明代，抛石机还被用于战争。在欧洲，抛石机出现于中世纪初期，一直使用到 15 世纪。16 世纪末，由于火炮的应用，抛石机才被淘汰。

曾与石火炮并肩作战于战场的兵器还有竹火炮，它诞生于中国宋代。竹火炮以巨竹为筒，内装火药弹丸。发射时，点火使药燃烧，产生动力，将炮内弹丸发射出去，杀伤敌人。竹火炮虽不够牢固，不经久耐用，连续发射容易烧毁，但在当时却是制造简单而性能先进的火炮。

最古老的金属火炮制造于何时呢？《元史》记载，南宋咸淳七年（1271年）开始制造的火炮，并很快用于战争。但据最新考古发现，最早的金属火炮则是甘肃武威出土的一尊西夏（1038—1227年）铜炮。这尊铜炮及炮内遗存的火药和铁弹丸，出土于1982年5月。铜炮口径约10厘米，长1米，重108.5千克，由前膛、药室和炮尾3部分组成。整个铜炮造型简单，制作粗糙，除口沿外，其余均未铸固箍。和铜炮共存的有两件豆绿釉扁壶，敞口，卷沿，圈足，四耳，这是武威及宁夏等地多次发现的典型西夏器物。据此为佐证，专家认为这尊铜火炮为西夏之物无疑。

在此之前，国内外发现的金属管形火器中，铸造年代最早的是元至顺三年（1332年）的铜火炮（现珍藏于中国历史博物馆）。这门号称"铜将军"的铜炮，口径为10.5厘米，长3.6米，重140千克。清代咸丰年间在南京出土了几百尊火炮，从炮上的铭文可以推断，中国在元末已开始大量制造和使用火炮。专家认为，武威铜火炮是已发现的世界上最古老的铜火炮，纠正了《明史》"古所谓炮，皆以机发石。元初得西域炮，攻金蔡州城，始用火，然造法不传，后亦罕见"记载的错误。武威铜炮内遗存的0.1千克火药和一枚直径约8厘米的铁弹丸，也是考古发现的世界上最早用于火器上的火药和铁弹丸，纠正了以往关于在16世纪才有铸铁弹丸的错误说法，把火炮弹丸的铸造时间提前了3个世纪。

中国的造炮技术发展是很快的，在欧洲人还不知道如何炼铁时，中国人就已经完美地造出了铸铁大炮。炮口一般都刻有字，记下制造的准确年代。随着冶金术的发展，火炮的口径越来越大，炮管越来越长，炮身越来越重。《武备志》上记载了一门重达630千克的大炮，名字叫"常胜将军"。

到了明初，火炮不仅种类多，而且质量也不断提高。此时，许多火炮还安装在炮车上，可以直接从车上发射，射程达数里，威力极大。火炮不仅用于陆战，而且还被广泛用于水上作战。明代中期（15世纪末），火炮的炮弹开始由实心弹发展成爆炸弹。例如，当时有一种叫"八面旋风吐雾轰雷炮"的火炮，弹丸用生铁铸造，"用母炮送入贼营，火发炮碎，霹雳一声，火光并起，铁炮碎，劲飞如铅弹，人马俱伤"。这种火炮是世界上最早出现和使用的炮射爆炸性炮弹。在此期间，火炮制造又有了新的发展，诞生了连发炮。连发炮装有弹盒，一次可装100发炮弹。它由后部彼此相连的两门小炮组成。两炮安置于同一长炮筒中，当第一门炮发射完，炮筒马上转过来，第二门炮继续发射。后来从外国引进的一些大炮，对中国大炮的改进也起了一些作用，并开始把瞄准装置安装在大炮上。

在清朝，中国的造炮技术进展十分缓慢，渐渐落后于西方国家。

战场上大显神威的火焰喷射器

现代战争中，火焰喷射器在战场上大显身手，有着很大的杀伤力。火焰喷出后，喷口所指处刹那间一片火海，哪怕是再坚硬的金属，在火舌的吞噬下也会成为一片灰烬。但是，具有现代战争特征的火焰喷射器，却不是20世纪的发明。如果把火焰喷射器看作是一种战争中能不断喷射火焰的武器，那么它是中国人在10世纪发明的。

要说明火焰喷射器，首先要弄清这种武器喷射时产生火焰的燃料是什么。按照英国科学史专家李约瑟的观点，火焰喷射器所喷射的燃料是汽油或煤油，换句话说，就是"石油的轻馏分"。李约瑟说："中国人可以通过蒸馏得到它，他们肯定使用了石油产品。"事实正是这样的，中国是最早使用石油的国家，早在汉代，人们便发现了石油的可燃性。开始时，人们只是用石油点灯，认识到用石油"燃灯极明"。后来在实际应用中，进而了解了石油的其他特性，把它用为润滑剂、黏合剂、防腐剂等，甚至将它入药。但它的主要用途，还是作为质地优良的燃料。它的优良性能，使人们考虑将它用于战争。火焰喷射器所使用的理想而合乎标准的优质燃料，正是石油及石油产品。

据史书记载，石油产品在中国第一次用于火焰喷射器，是在 904 年。路振的《九国志》中描述了在一次交战中，一方放出"飞火机"烧毁了对方的城门。975 年，在长江的一次水战中也使用了一种能持续喷射火焰的武器。《南唐史》也有当年在战船上使用火焰喷射器以抵抗敌人进攻的记载。

我国在宋朝建立了世界最早的石油炼油车间，开始从石油中直接炼取石油产品"猛火油"。所谓猛火油，是石油中沸点较低的一种成分。

由石油中提炼出猛火油后，人们又考虑当喷射出的油在离开火焰喷射器时如何点燃？显然在它离开之前是不能燃烧的，否则使用这个武器的人就会被火焰吞没。古代的能工巧匠巧妙地解决了这个问题。他们在喷嘴前装上一根导火索，导火索内含有火药。由于这种火药含硝石量低，仅仅在导火线内发出火花和缓慢燃烧，而不会爆炸。燃料喷出之后，在空中被导火索点燃，变成熊熊烈火。

在机械装置上，中国古人又发明了双动式活塞风箱，使得连续喷射火焰成为可能。利用双动式活塞风箱不断地抽出容器中的猛火油，就可以连续喷出火焰。这是世界上第一具名副其实的火焰喷射器。火焰喷射器是用当时最好的含铜 70％的弹壳黄铜制作的，由此也看出中国冶金术的高超。西方国家使用的原始的"火焰断续喷射器"，仅是利用一个单动式压力筒来泵出火焰，泵一下，才能喷射一次火苗。

1044 年，火焰喷射器在中国的军队中已形成标准化。宋代曾公亮在所著的一部军事百科全书《武经总要》中提到，如果敌人来攻城，这些武器或放在防御土墙上，或放在简易外围工事里，这样，大批的攻城者就攻不进来。书中有关于火焰喷射器的设计细节的插图。这具火焰喷射器的主体油箱由黄铜制成，有 4 条支撑腿，以汽油为燃料。在它的上面有 4 支竖管和水平的圆柱体相连，而且它们均连在主体上。圆柱体的头部和尾部较大，中间的直径较小，在尾端有一个其大小如小米粒的孔。在头部有个直径约 5 厘米的孔，在机体侧面有一个配有盖子的小进油管。此书还对喷射器火焰的燃烧进行了描述：油从燃烧室中流出，油一喷出，即成火焰。

李约瑟复原了火焰喷射器的机械操作部件，并得出结论说："两管在机体内暗连，这种设计和古代文献中的说明非常一致。当活塞推到头，机器开始工作，两个连通的进油管交替封闭。火焰喷射器可以不断喷射火焰，就像双动式风箱不断鼓风，实现此目的最关键的方法就是用一对内喷嘴，其中之一在返回冲程中从后部分隔间进油。"

从生产工具到兵器的演变

中国是世界上最早发明兵器的国家。有战争就离不开兵器，然而，兵器最初并不是为战争而制造的。在中国，它起源于生产工具，是原始社会人们为猎取动物而发明的。目前发现较早的是商朝兵器，有青铜戈、铜矛、铜刀等。如铜戈，其形状像一把镰刀，与石器时代的陶镰、骨镰、石镰极为相似，所不同的是加上了一根长长的木柄。这种青铜戈到周、秦、汉时期仍在继续使用。

在秦始皇兵马俑遗址里，出土了大量的秦朝时期的戈。1972 年，我国考古学家在河南省发现了商朝时期的铁刃铜钺，周秦时期的铜钺也屡有发现。这种铜钺实际上就是古代的大斧，与现在发现的新石器时代的砍削工具非常相像，这说明铜钺是从原始社会时期的生产工具发展而来的。

过去，史书上关于吴钩的记载也屡见不鲜，许多著名的诗人都赞叹不绝地吟咏吴钩这种武器：鲍照的"锦带佩吴钩"；李贺的"男儿何不带吴钩"；杜甫的"含笑看吴钩"。虽然吴钩在古代这么惹人喜爱，但是现在的人们却对吴钩的样子一直不是很清楚，直到 1975 年，考古学家们才在秦始皇兵马俑的遗址里第一次发现了两把秦朝时期的吴钩，这才揭开了其真正面目。原来，吴钩是一种状如弯刀、双锋两刃，可以随意挥、砍、勾、削的短兵器。它也是来源于我国原始社会时期使用的一种生产工具——弯砍刀。

有些兵器似乎从产生的目的来看，就是为了作战，如弓箭、标枪、长矛、大刀、宝剑等。其实考古学家考证，弓箭在我国已经有几万年的历史，那时的人类还处在原始社会时期，所以这些都是当时人们狩猎的工具，而不是人类互相搏杀的战斗兵器。

把生产工具及技术直接运用于军事要容易得多。如在秦朝时期，秦始皇为了铸 12 个铜人，没收了全国民间所有的兵器，以为这样民间的人就不能造反，然而事隔不久，陈胜、吴广起义，他们使用的即是生产工具，如锄头、铲子等，揭竿而起，推翻秦王朝。

中国自古就是一个爱好和平的国家，制造和使用兵器就是为了保护自己的家园不被敌人侵犯。作为世界上兵器使用时间较早的国家，中国的各种武器又有了新的发展，为保卫和促进世界和平进行着不懈的努力。

地雷是中国人发明的

地雷是现代战争中最常用的一种武器。尤其在第二次世界大战中，地雷的作用非同小可，许多著名战役的胜利都和地雷有关系。现在的地雷有好多种，不但能够损伤敌人的步兵，还能够炸掉坦克、大炮、汽车等。现在的地雷不仅用于地面，而且还能用于空中，如防空地雷等，可以说是"天雷"了。这些战场"神兵"，最早发明和使用它的国家便是中国。

据史料记载，1130 年，宋军曾经使用"火药炮"（即铁壳地雷）给攻打陕州的金军以重大创伤。比较准确的历史记载和"地雷"一词的出现，是在明代。《兵略纂闻》上说："曾铣作地雷，穴地丈余，柜药于中，以石满覆，更覆以沙，令于地平，伏火于下，系发机于地面，过者贼机，则火坠落发石飞坠杀，敌惊为神。"

明朝宋应星著的《天工开物》一书中，也介绍了地雷，并且还绘制了地雷的构造图样、制作方法和地雷爆炸时的形状。

明末时期，就已经有了"地雷炸营""炸炮""无敌地雷炮"等多种地雷武器，在使用方法上也发明了踏式和拉火式两种。可见，当时地雷已经在军队中普遍使用了。

火箭发源于中国

火箭是目前人类发明的一种速度最快的航天器，它的用途很广泛。在现在的高科技时代，火箭为人类作出了许多的贡献，如送各种人造卫星上天，送宇航员登上月球，就像古代神话《西游记》里的孙悟空一样，眨眼之间就能够飞出十万八千里，速度非常快。有时，火箭也会用在军事上，如发射洲际导弹等。然而，值得中华民族骄傲的是：火箭最早起源于中国，它是中国古代重大发明之一。

火药的发明与使用，为火箭的问世创造了优良的条件。北宋后期（距今约 800 年），中国就发明了用于观赏的火箭。南宋时期出现了军用火箭。到明朝初年，军用火箭已相当完善并广泛用于战场，被称为"军中利器"，是当时杀伤力很大的一种火力武器。但早期的火箭射程很近，命中率不高，所以逐渐被新兴的火炮所代替。

第一次世界大战后，随着科学技术的进步，各种火箭武器迅速发展，并在第二次世界大战中显示了威力。1944 年，德国首次将有控弹道式液体火箭用于战争。二战后，苏联和美国等相继研制出包括洲际导弹在内的各种火箭武器和运载火箭。在发展现代火箭技术方面，中国科学家钱学森、德国工程师布劳恩、苏联科学家科罗廖夫都作出了杰出的贡献。

中国在 1970 年用自己研制的"长征"一号三级火箭成功地发射了新中国成立后的第一颗"东方红"号人造地球卫星。1986 年，中国又用"长征"三号火箭，先后发射了地球同步试验通信卫星。以后，又陆续发射了不少的人造卫星。近年来，新一代的运载火箭长征五号、长征八号等火箭成功发射，大幅度地提升了中国进入太空的能力。我国发射卫星的成功表明：火箭发源地中国，在现代火箭技术方面已经又跨入了世界的先进行列。

农 林 牧 渔

中国古代农民种田最早使用肥料

史料证明，中国是世界上最早使用肥料种田的国家。在中国奴隶社会初期，农民就知道使用肥料可以使土壤更肥沃。古籍《荀子·国富》里写道："掩地表亩，刺草殖谷，多粪肥田，是农夫众庶之事也。"由此可见，早在公元前3世纪，中国古代劳动人民就已经知道肥料的重要性。此外，古人在那时也知道落叶腐烂可以肥田，并且开始利用泥粪。泥粪是一种含有较多腐殖质的土壤，包括淤泥、塘泥、河泥、湖泥以及其他肥泥。到了战国末期，人们认识到在夏天高温多雨的天气下除草，可以将杂草泡在雨水里，使之腐烂，成为肥料。西汉时期的一本古书上记载：用腐熟的人粪肥田，用蚕粪拌种，用兽骨汁作肥以及种植稗和小豆喂猪，以猪粪肥田。

到了魏晋南北朝时期，人们利用的肥料已经有许多种，如畜粪、蚕粪、兽骨、草木灰、旧墙土、食盐等。这时，中国的土地耕种面积大量增加，但是畜牧业不发达。于是，人们就开始有意识地种植野生绿肥，如绿豆、小豆、胡芝麻等。

隋、唐、宋、元这700年间，人们已用麻饼、豆饼作为肥料，也同时使用石灰、石膏、硫黄等无机肥料。这时人们新用的肥料还有鼠粪、蝙蝠粪、鸡粪、驴粪、鸟类的羽毛、鱼骨头汁、洗鱼水、淘米水等。据初步统计，当时我国农民使用的肥料种类就有60余种。

到了明、清两代，我国肥料的种类就更多了，已有上百种。人们把凡是可以腐烂的东西都拿来当肥料使用。用得比较多的是各种动物的骨灰。植物类肥料也扩大到了菜籽、棉籽、大麦、蚕豆、大豆、萝卜、豆渣、糖渣和酒糟之类。无机肥料也扩大到了黑矾、盐卤水等。杂肥就更不计其数，包括动物皮毛、脏水等。

新中国成立以后，我国的肥料构成发生了巨大变化。人们不仅用以前那些品种繁多的肥料来肥田，还用含有庄稼必需的营养元素氮、磷、钾肥等专用肥料，农作物吸收量较少的微量元素肥料，含有多种成分的复合肥料、微生物肥料、农药肥料等。中国古代劳动人民种田使用肥料的创新性行为，为全人类的农业生产作出了重要贡献。

中国古代对地下水的开发与利用

地下水，是现代人类生活中必需的一种自然资源。考古学家根据古文的记载和考古发掘出来的文物考证，早在六七千年前，我们的祖先就已经开发和利用丰富的地下水资源了。

古籍《周书》上写有"黄帝穿井""尧民凿井而饮"等文字。考古学家们曾在我国浙江河姆渡文化的原始社会遗址里，发现了一口水井，在河北龙山文化遗址里也发现了两口水井。据先秦时期的文献《世本》记载："汤旱，伊尹教民田头凿井以灌田。"在我国陕西的西周文化遗址中，发现有 8 口水井，有的深 9 米以上。这说明我们的祖先在很早以前，就开始开采和利用地下水了。

战国时期，随着生产的发展，我国民间开凿水井更为普遍。这个时期还出现过陶井，这种井的井口和井壁之间都用陶片填实。其施工方法与现在修建桥墩时采用的沉井法相似，这是我国古代人民施工技术的一个创造。到了西汉时期，我国民间的水井多为砖砌，井筒从下向上逐渐缩小，横截面为梯形，并在井口加了盖，这说明我国古代的人民就已懂得了安全卫生。

随着井的深度增加，人们用的提水工具也在不断改进和发展。春秋时期，人们开始是把水桶一类的汲水器绑在一根长木棍上，从井中提水，后来发明了简单的机械，运用了滑轮和杠杆原理，只要把汲水器挂在一个绳子的钩上，把绳子放入井中，然后再摇动一个把手，随着绳子的卷动，装满水的汲水器就会被提上来。

到了汉唐时期，人们发明了更为先进、方便的提水工具——"立井式"水车。唐代侯白《启颜录》中记载："见水车以木桶相连，汲于井中。"这是关于立井式水车的最早记载。这种水车是利用木轮、齿轮转动来带动一串水斗，连续把井水提上来倒进井口的簸箕里。这种通过机械连续提取井水的装置，是我国古代人民的一个重要发明。

我国古代人民在寻找地下水和凿井方面积累了丰富的经验。明代的徐光启在《农政全书》中写道："凿井之法有五，第一择地，第二量浅深，第三避震气，第四察泉脉，第五澄水。"这些说法是符合科学道理的，体现了我国古代劳动人民的智慧。

中国人最早栽种大豆和制作豆腐

世界公认中国是大豆的故乡。中国种大豆已有 5000 多年的历史，外国种植大豆仅是近 200 多年的事。大豆原来的名字叫"菽"，现在世界各国大豆的名字都是"菽"字的音译。

据有关资料记载，大豆在 1740 年先传到法国，1790 年开始在英国安家。1873 年，中国的大豆参加了维也纳万国博览会的展出，引起了世界各国的注意。以后不久，大豆相继传到奥地利、匈牙利和德国。大约 100 年前，美国才开始种大豆。他们先后从中国引进了 3000 多个大豆品种。现在，美国大豆产量占世界大豆总产量的 74％。

正因为中国是大豆的故乡，所以，豆制品在中国率先被创造出来。最负盛名的是现今家喻户晓的豆腐，这是中国古代劳动人民的重要发明之一。其悠久历史，对中外豆制品生产都有很深远的影响。

中国制造大豆食品甚早，豆芽、豆浆、豆腐、豆酱是世界食品史上的"四大发明"。有些豆制食品大约从夏朝就已开始制作。考古发掘出的有"大豆遗迹""大豆十粒"，文字有"菽""荏菽""大豆""国豆""豆腐""酱"等记载。距今已有 2000 至 4000 年，远远早于外国。

豆腐的发明说来有些巧合和滑稽，它竟然是那些寻找长生不老药的炼丹家们在不经意中偶然创造的。刘安（公元前179—公元前122）是西汉思想家、文学家，沛郡丰（今江苏丰县）人，是汉高祖刘邦之孙。他袭父封为淮南王，领衔著有《淮南子》等书。他信奉道家思想，曾广招天下术士为其炼丹。他们在寻找长生不死的灵丹妙药时，曾用火烧炼盐卤与黄豆的丹药。在炭火久煮后，他们未得仙丹，却得到了豆腐。所以，他们成了世界上最早的制豆腐者。第一块豆腐问世距今已有2100多年。

后来豆腐的制作技术从炼丹炉旁走进普通百姓家，成为中国食品中的美味佳肴，一直流传至今。关于豆腐的制作技术，北宋时有文字记载，到了元代，又增添了新的科学内容。过去，豆腐基本上是依靠煮沸豆浆"自淀"后生成，后来则是向豆浆中加入一定量的凝固剂，使溶胶状态的豆浆在短时间内改变胶体的性质，变成凝冻状态的凝胶，再把凝胶中的水挤压出去，豆腐便制成了。所谓凝固剂，就是点豆腐时用来改变胶体性质的化学试剂，如盐卤汁、石膏、酸醋等，这是中国古代人的一大创造。

农业耕种工具的革命——铁犁

刀耕火种，是远古人农作时的基本方式。现代博物馆中的石斧、石镰等用石木制作的原始工具，让人感到人类在远古时期的生活是多么不容易。铁的发明和应用后，农具的制作便有了根本性的发展，石木工具渐渐被金属工具代替。

公元前6世纪，铁包木式和实心铁式犁已在中国广泛应用，这是世界上最早的铁犁铧，这种犁铧在质量上比西方古代通用的犁铧好得多。古希腊与古罗马的犁铧通常是用一根短绳子捆在犁的底部，既不坚实又不牢靠。

公元前3世纪，随着冶铁技术的提高，中国人用可锻铸铁制作了更坚固的犁铧。

4世纪，中国宫廷和学者们已正式推广框架犁，那时全世界没有一种犁能比得上中国的这种框架犁。它可以精确地调整犁地的深度，并能适应不同的土壤、季节、气候条件和农作物。犁逐渐成为具有多种用途的农具。

到公元前1世纪，4种不同的犁壁已广泛地应用于中国的犁。这种犁壁可将犁起的土轻轻地翻到一边，根据犁壁与犁铧之间不同的搭配，可打出不同的田埂。而欧洲在中世纪才知有犁壁，而他们设计的犁壁也极其粗糙和笨重。在犁地时，欧洲人不得不一次又一次地停下来从犁上除去土和杂草，以便继续耕作。

带有犁壁的中国犁在17世纪时由荷兰海员带到荷兰，而一些荷兰人受雇于英国人，因此荷兰与英国最先使用了这种犁。

当中国的犁传到欧洲后，欧洲人进行了仿制，并因而直接导致了欧洲的农业革命。有人认为欧洲的农业革命导致了工业革命，西方的坚船利炮从铁犁沟中傲然崛起。而耐人寻味的是，这一切的基础都是来自中国，而非欧洲本土，这一发明的历史发展和普及过程，让后人深思。

2200 年后仍在使用的扬谷扇车

中国旋转式扬谷扇车的发明，对世代辛劳的农民造福极大。

在扇车发明之前，农民在谷物收割之后要想把糠秕、碎稻秆和籽粒分开，须将谷粒抛入空中，由自然风把糠秕吹走，籽粒落到地上。然后再用簸箕来簸，随着手腕有节奏地、不停地抖动，糠秕逐渐被簸到簸箕的前部边缘，而籽粒则留在簸箕的后部，这样才能把糠秕与籽粒分开。

中国人不满足于这种速度缓慢而又费力的簸谷法或筛谷法。到公元前2世纪，中国人在不断地探索中，总结经验，做出了一项卓越的发明：旋转式扬谷扇车，即所谓的"飏车"。后人在古墓中发现了用陶器和小型工件制作的模型。从它的构造看，使用时是将谷粒倒入一个加料斗中，谷粒不停地受到由曲柄摇把带动风扇而产生气流的冲击。风扇后面有一个大的进气口，风扇被安装在一个宽而斜的通道的末端。风扇产生的风将糠秕通过一个漏孔吹到地上，籽粒落到篮、筐里等。后来又发明了一种轻便式的旋转式扬谷扇车，可以出租，使其物主能够收回成本。还有一种扬谷扇车，不仅可以用手来操作，也可由一个与曲柄相连的踏板来操作，这样操作人员便可以腾出手来同时干其他的活儿。

飙车曾于1706年至1720年之间由荷兰船员带到欧洲。大约也在这个时期，瑞典人直接从中国南方进口了这种扬谷扇车。1720年左右，耶稣会传教士也从中国把几台扬谷扇车带到了法国。

因此到18世纪初，西方才有了扬谷扇车。而在此之前，西方人主要是用铲扬谷和用谷筛筛谷。在16世纪初期，也间或使用粗帆布和毯子等物扬去糠秕。

发明于2200多年前的中国扬谷扇车，因其制作简单、方便实用，至今在丰收的季节，在田间地头仍能看到它的身影。

世界上最早的灌溉机械——龙骨水车

龙骨水车是中国古代著名的农业灌溉机械之一。龙骨水车，古书上都叫作"翻车"。据《后汉书》记载，这一灌溉机械是中国东汉末年发明的。这种机械最初是利用人力转动轮轴灌水，后来，由于轮轴的发展和机器制造技术的进步，发明了以畜力、风力和水力作为动力的龙骨水车，并在全国各地广泛运用。

元朝时的《王祯农书》和清朝的《河工器具图说》中，关于人力龙骨水车的记载比较详细。人力的龙骨水车是以人力作动力，多用脚踏，有时也用手摇。龙骨水车的构造除压栏和列槛桩外，车身用木板作槽，长6米多，宽约17厘米，高约34厘米，槽中架设行道板一条，和槽的宽窄一样，比槽板两端各短34厘米，用来安置大小轮轴。在行道板上下，通周的一节一节的龙骨板叶用木楔子连接起来，就像龙的骨架一样，所以名叫"龙骨水车"。在龙骨水车上端的大轴两端，各带4根拐木，作脚踏用，放在岸上的木架之间。

使用龙骨水车时，人扶着木架，用脚踩动拐木，就能带动下面的龙骨板叶沿着木槽往上移动，把水逐渐"刮"上来，然后流入田地，灌溉庄稼。

龙骨板叶绕过上端的大轴后，从行板上往下移动，绕过下端的轴，重新刮水。如此不断循环，水从低处源源不断地被刮上岸来。由于用人力，所以龙骨水车的汲水量还不够大，但是凡在有水的地方都可以运用，使用方便，深受人们的欢迎。

大约到了南宋年间，中国的龙骨水车有了新的发展，出现了用畜力作动力的龙骨水车，这是龙骨水车的一个重大飞跃。它的水车部分的构造与以前的相同，只是在动力方面稍有改动。人们在水车的上端安了一个竖齿轮，旁边立有一个大轴，轴的中部安有一个卧齿轮，在卧齿轮上安有一个横木，可以用牲畜拉着转动。因为畜力比较大，所以汲水量自然也就大了。

在700年前的中国，就已有用水力来作动力的水车。据《王祯农书》记载，这种水车的装置和以前大同小异，只在动力部分改进了一下。这种水车，必须安装在水流湍急的河边，以便急流冲动水风车，风车一转动，就能够带动一大串的机械工作，而且力量也比人力和畜力大，因此能够更容易地把水汲到高处，流入田地，灌溉庄稼。

龙骨水车是中国古代劳动人民造福于人类的一项重大成就。现在，虽然绝大多数地区灌溉农田已经使用抽水机，但中国古代发明的这种水车因其制造工艺简单，经济实用，在一些地区仍可见到它那舒长挺拔的身影。

中国最早的饮料——茶

我们的祖国是世界上最早种植茶树和饮茶的国家。

据史料记载，当初，茶并不是拿来饮用的，而是作为一种中药用来治病。到了西汉时，人们经过长期的医疗实践发现，饮茶不仅可以治病，还可以清热解渴，提神解乏，是一种很好的饮品。于是，我国古代劳动人民便开始大量地种植茶树。"茶"字也随之出现，成为这种饮品的专用名词。到了三国时期，饮茶的习惯已经在我国民间形成。魏晋南北朝时，茶被统治阶级用来接待客人，成为人们进行社交活动的一种媒介。

唐朝时期，我国饮茶的风俗更为普遍。那时的城市里已经出现了专门卖茶的茶馆，有些贵族家庭中还设有专门的茶库。当时的制茶业已经发展到非常发达的程度。在唐朝以前，人们是先将茶叶碾成细末，再加上油膏、米粉等调料，制成茶团或茶饼，饮用时捣碎，然后放进调料煮。这种饮用方法很麻烦，而且还有损茶叶的清香。到了唐贞元九年（793年），朝廷规定开始征收茶税。此时，关于茶的论著作品也多了起来，如陆羽的《茶经》，便是研究我国古代茶业的一本重要著作，也是世界上第一部写茶的专著。因此，自宋朝起，陆羽就被人们称为"茶神"。

据史料记载，宋朝的名茶品种已经有数十种，说明那时我国制茶的技术有了显著的进步。从元朝开始，我国民间的饮茶方法又有了新的进步，人们直接用晒干的茶叶煮茶，不加调料，并出现了袋泡茶，饮用起来很方便。

中国是茶的故乡，制茶技术在唐朝时期开始传到日本，17世纪时传入欧洲。现在，多数国家语言中"茶"字的发音，即是从汉语"茶"字转变而成，如：英语的"茶"字读音，是我国厦门方言"茶"的音译；俄语的"茶"字读音，是我国北方方言"茶叶"的音译；日语的"茶"字，不仅与汉语发音相同，而且写法也一模一样。现在，茶的饮用在世界上已经很普遍，在所有饮品中拥有最为广泛的食客。

中国古代对竹子的开发和利用

竹子是人们比较熟悉的一种草本植物。中国养竹的历史非常悠久，已历经3000多年时间，是世界上开发和利用竹子资源最早的国家。

考古学家在浙江省余姚市的河姆渡新石器时代文化遗址里，发现有7000年前的竹节遗物。战国时代的《世本·制作篇》记载："女娲作笙簧。笙，生也，象物贯地而生。"在《诗经》一书中，有大量咏竹和竹制品的诗，竹制的用具就更多了。

在5000年前的仰韶文化的陶器及甲骨上，就已有象形的"竹"字及和竹有关的字。在甲骨文中，就有"龠"这个字，这个"龠"字是古代中国的一种用竹子制作的乐器，夏朝时期著名的音乐舞蹈《大夏》就是用"籥"这种乐器伴奏的。周朝时期使用的竹管乐器已比较多，如竽、筑、篪、籁、箫、笛等。由于古代中国人民发明的很多乐器都与竹子有关，所以就称音乐为"丝竹"。

据大量的史料证明，中国人早在3000多年前，就已经开始使用竹筷。从战国到魏晋时期，约800多年间，中国人写字、画画都在竹简上进行。考古学家们发现，2000多年前，李冰在四川都江堰水利工程中，使用了大量的竹子防水。据史料记载，中国在汉朝的时候，就已经会利用竹子制作成一根根结实的竹缆绳来打井。

汉朝时期的皇帝曾建造了一座规模宏大的竹子宫殿。这个宫殿全部用竹子制作而成，大到墙壁砖瓦，小至桌子板凳，而且冬暖夏凉，非常舒服。只不过当时的皇帝并没有把这座举世罕见、规模宏大的竹子宫殿当成自己上朝时用的宫殿，而是把它作为祭祀的地方。汉朝时期，中国的大量竹制品就已经远销国外。1700多年前，中国开始出现了用竹子造的纸。东晋时期，出现了世界上最早的一本关于竹子的专著《竹谱》。随着中国火药的发明，南宋时期，中国又出现了世界上最早的突火枪，这种枪是用竹竿做枪管，内装火药。到了元朝时期，中国出现了世界上最早的喷气式单人飞行器，这种飞行器即是用4根粗大的大竹筒，内装足够多的火药，把这4根竹筒绑在椅子腿上，利用火药喷射的反作用力，使坐在椅子上的人升空，据说还飞行了几千米呢！

从上面的一系列例子可以看出，中国古代人对竹子的栽培和利用，为人类作出了巨大的贡献，反映了中国古代的劳动人民卓越的创造才能！

中国是世界上最早养蚕的国家

中国向来就有"丝绸之国"的美称，这是因为中国古代劳动人民经过长期的实践，发明了栽桑养蚕的技术，进而发明了世界上最好最柔软的布料——丝绸。据考古学家考证，中国是世界上最早发明栽桑、养蚕、丝织的国家。中国古代劳动人民养蚕取丝的这种人类开发生物资源的伟大成就，是中国古代劳动人民对世界人民所作出的又一项卓越贡献。

据中国古代传说，养蚕织丝这种方法是黄帝的妻子发明的，可这毕竟是传说。据考古学家考证，养蚕织丝这种方法是中国古代广大的劳动人民在长期的生活实践中积累的经验成果，并不是一个人单独发明的。不过，这一古老的传说，说明中国人民养蚕织丝的历史已经非常悠久。中国的考古学家在浙江吴兴钱山漾新石器时代的遗址中，曾发现了一筐放在竹篮里的丝织品，其中有绢片、丝带、丝线等。这些发现说明了中国人民早在4000多年前，就已经有了的蚕桑丝织生产。

此外，考古学家从远古时期的一些文献中，也看到了中国古代劳动人民养蚕的记载。商朝时期的《夏小正》中记有："三月……摄桑……妾子始蚕。"这段话的意思是说，妇女们就要在三月时修整桑树，开始养蚕。这段文字生动地叙述了4000多年前的人们栽桑养蚕的情景。商朝时期，中国的甲骨文中已有"蚕""桑"等字。

到了周朝，栽桑养蚕在全国已经十分普遍，丝绸已成为当时统治阶级衣着的主要原料，养蚕织丝是当时妇女的主要生产劳动。《诗经·魏风·十亩之间》中就记载道："十亩之间兮，桑者闲闲兮。"这句话的意思是说：在十亩桑园里，采桑的人们多么悠闲啊。

汉朝时，中国出现了许多关于栽桑养蚕的书籍，如《蚕法》《蚕书》《种树藏果相蚕》等著作。可惜，这些著作现在都已失传了。现保留下来的有关书籍，如《野蚕录》《秦观蚕书》《广蚕桑说》等，详细地记载了中国历代劳动人民在栽桑养蚕方面的丰富经验。

后来，中国人民栽桑养蚕的方法先后传到了非洲和欧洲。7世纪时，养蚕的方法传到了西亚和埃及；10世纪传入西班牙；11世纪又传到意大利；15世纪，养蚕的方法传到法国。后来，由于英国政府看见法国政府靠丝绸赚了许多钱，也效仿起来。

中国古代人民发明的这种开采生物资源获得丝绸的方法，已广泛造福于全人类，因而被全世界人民所称道。

中国古代的丝绸

公元前 16 世纪的商朝，丝织业已经相当发达。甲骨文中也出现了"丝""帛"等丝织品的记录。此外，在河南安阳殷墟发掘出来的商代铜片和铜斧上，也黏附着丝织品的残痕，科学家们经过分析后，认为这是当时家蚕丝织物的残痕。在安阳的两座商代墓葬中出土的石刻人像，其服装花纹就是丝织物。

到了公元前 11 世纪到公元前 8 世纪的周朝，中国的丝绸技术有了很大的提高。在《管子》《太公大韬》等有关周朝时期的古籍中，有许多当时关于怎样植桑、养蚕、丝织的记载。特别是《诗经》中的记载，反映了当时丝织物品的品种已经多样化，除绢、帛之外，还出现了锦等非常高级的丝织物。在当时，蚕桑纺织这一系列的工作成了妇女的主要生产劳动。

从商朝起，中国就已出现了官府办的丝绸作坊以及与丝织、染色等有关的行业。汉代以后，丝织业又有了新发展。考古学家们在湖南省长沙市马王堆 1 号西汉古墓里，出土了数量惊人、品种繁多的丝织物。其中，有一件素纱单衣，薄如蝉翼，整件衣服的重量只有 49 克，这反映了中国当时的纺织水平已经很高。

西汉时期，中国的丝绸开始大量地运往国外，成为闻名世界的产品，由此开辟了"丝绸之路"。因此，中国从西汉时起就被称为"丝国"。到 6 世纪，中国的丝绸技术传到了西方。

中国对纺织业的重大贡献——发明纺车

我们知道，做衣服用的布、绸等衣料，是用麻、棉、毛、丝等纤维原料经过复杂的加工而做成的。要织布，就得先纺线，要纺线，首先要有纺车。在中国各地许多新石器时代的遗址里，科学家们都曾发现过大量"纺专"这种用来纺织的工具。这种纺织工具是由陶或石质制作的圆块，半径2.5厘米左右、厚1厘米，叫作"专盘"。专盘中间有一个孔，可插一根棍子，叫作"专杆"。纺线时，人们先要把要纺的麻或其他的纤维材料捻一段缠在专杆上，然后垂下，一手提杆，一手转动专盘，使专盘向左或向右旋转，同时要不断地添进纤维材料。这种纺线的方法虽然是非常原始的手工劳动，既吃力又缓慢，产量不高，质量也不是很好，但对此后迅速发展的纺织业作出了划时代的贡献，使人类的文明跨上了一个新的台阶。

中国古代的劳动人民经过长期的实践和生产劳动，在发明了纺专后不久，便又发明出了一种手摇单锭纺车。这种纺车代替了原始的纺专，成为当时中国手工纺织业的重要工具。这种纺车，至今在一些农村或特殊需要的行业上仍在使用。这种纺车究竟出现在什么年代，现已无从考察。关于这种纺车的文献记载最早见于西汉时期的《方言》一书，书中把这种纺车叫作"道轨"。这种纺车的图案最早出现在今山东省临沂金雀山西汉帛画和汉画石像上。到目前为止，科学家们发现的纺织画像已经有8块，其中刻有纺车图的就有4块。其中一幅是反映汉代时期的人们纺纱的情景。从这里可以看出，纺车这种纺织工具早在汉朝的时候，已经被广泛使用。劳动人民在纺纱的过程中，为了提高丝绸的质量和产量，又不断有发明和创新。于是，在手摇纺车的基础上，很快创造出了脚踏纺车和水力纺车。这些创造又把中国的纺织业水平提升到了一个新的高度。

此外，中国在纺织业上，还涌现出一批著名的纺织业人才，其中有著名的黄道婆。她年轻时就向黎族人民学习了那里比较先进的纺织技术，在纺织生产劳动的实践中，黄道婆把用于纺麻的脚踏纺车改进成三锭棉纺车，并且总结了一套纺纱的技术。她还革新了轧棉和弹棉工具，使纺织技术得到了大幅度提高。

中国自古以来就有"丝绸之国"的美称。外国人喜欢丝绸，有人也就学着制作丝绸，但丝绸的制作毕竟和中国发明的纺车分不开，由此，纺车也传到了国外。

数 理 化 工

数学史上的一个重大发明——"0"

"0"表示"什么也没有"，人们在学习、工作和日常生活中经常使用到它。在现代，连幼儿园的小朋友都明白它的含义。但是，它的发明和使用，在数学史上却是费了一番周折的。

远古的时候，由猿进化而来的人，由于智力尚不发达，没有发明数字，所以计数很困难。他们靠打猎为生，如果打回来的猎物没有一个明确的数表示，那么肯定会引出许多的麻烦。所以，他们发明了结绳记数的方法，就是用一根树枝或者植物的茎和藤，数一个猎物，就系一个结，以此来计数。然而，如果猎人在这天什么猎物也没有打到，他们又如何计数呢？人们迫切需要"零"这个数字的问世。但是，当时却没有发现能代表"什么也没有"的空位符号。

我国古代使用"0"这个字符，最早见于《诗经》上，它的古义是"暴风雨末了的小雨滴"或是"暴风雨过后留在物体上的球状雨滴"，意思是说："0"像大雨过后落在物体上面的雨滴一样，但在这里显然并没有现在我们所说的"零"的意思。

据考证，"0"这个符号表示"没有"和应用到社会中，是从我国古书中缺字用"□"符号代替演变而来。至今，我国在整理出版一些文献资料档案中遇到缺字时，仍用"□"这个符号代替，表示空缺。后来，古人使用文字"零"，表示什么也没有，也用"□"来代替。在古代，人们用毛笔写"□"时，写得一快，方块就难以规则，变成了按照顺时针画的圆圈"○"，"0"也就这样诞生了。1700多年前，魏晋数学家刘徽注的《九章算术》中，已经把"0"作为一个数字写得很清楚。有了"0"这个表示空位的符号后，数学计数就变得方便、简单多了。

在世界上较早使用"零"这个概念的国家还有古印度，他们在《太阳手册》里用"·"表示空位。直到 400 多年前，欧洲才逐渐采用中国的划圆圈办法，但他们是按逆时针方向画"○"。因此，世界上公认中国是"0"的故乡。中国发明和使用"0"，对世界科学作出了巨大的贡献。

中国对数学的又一大贡献——发明负数

负数，在现代的日常生活中有非常重要的作用。在数学里，小于"0"的数称为负数。中国是世界上最早发明和使用"0"的国家，但在商业活动和实际的生活当中，"0"仍不能正确表示出商人付出的钱数和盈利得来的钱数，因而又出现了负数。

中国古代劳动人民早在公元前 2 世纪就认识到了负数的存在。在《九章算术》的《方程》篇中，就提出了负数的概念，并写出了负数加减法的运算法则。中国古代著名的大数学家刘徽，在书中注释说，中国古代人民在筹算板上进行算术运算的时候，一般用黑筹表示负数，红筹表示正数，或者是以斜列来表示负数，正列表示正数，还有一种表示正负数的方法是用平面的三角形表示正数，矩形表示负数。

据考古学家考证，除《九章算术》外，中国古代的许多数学著作甚至历法都提到了负数和负数的运算法则。南宋时期的秦九韶在《数术九章》一书中，记载了关于作为高次方程常数项的结果"时常为负"。杨辉在《详解九章算法》一书中，把"益"和"从"，"除"和"消"分别改为了"加"与"减"，这更加明确了正负与加减的关系。元朝时期的朱世杰在《算学启蒙》一书中，第一次将正负数列入了全书的《总括》之中，这说明，那时的人们已经把正负数作为一个专门的数学研究科目。在这本书中，朱世杰还写出了正负数的乘法法则，人们对正负数研究迈出了新的一步。

中国人对正负数的认识不但比欧洲人早，而且也比古印度人早。印度开始运用负数的年代比中国晚 700 多年，直到 630 年，古印度著名的大数学家婆罗摩笈多才开始使用负数，他用小点或圆圈来表示负号。但在欧洲，人们认识负数的年代大约比中国晚了 1000 多年。负数在欧洲的第一次出现是在希腊数学家丢番图写的一本书中，他在解一个方程的时候，偶然运用到了负数，但不久以后，他的这个伟大发现就被欧洲人作为荒谬的东西废弃了。欧洲的第一部有关负数的专著是欧洲文艺复兴时期的著名数学家卡尔达诺写的《大法》一书，书中写了他在解各种方程时得到的负数，并简明扼要地归纳了负数的定义及运算法则。他把解方程时得到的正数称为真正的解，而把结果是负数的解称作虚构的解，并把负数称为债务。从此以后，世界各国的许多著名数学家都开始研究负数，如英国的哈略特、荷兰的吉拉德等人，他们都开始用"－"号来表示负号。

但是，当时许多更为著名的数学家却对此认识不清，或者完全否认。像当时的著名数学家韦达，他完全排斥负数。就连发明加减法计算机的伟大天才帕斯卡，居然也认为从 0 减去 4 纯属胡言。帕斯卡的好友阿尔南德也反对 (-1)：1＝1：(-1)，他的理由是小数与大数之比是不能够和大数与小数之比相等的。相比之下，中国古代的许多著名数学家不但对负数的认识在世界上最早，而且还对负数了解得最透彻、最深刻。

现在，全世界的人类都已经承认了负数的存在，并广泛运用负数，解决了原来的许多疑难问题。负数概念的提出以及和它相应建立的加减乘除法则，是中华民族对世界数学研究所作出的又一项巨大贡献。

中国人最早使用小数

尽管小数点这个小小的符号产生于欧洲的文艺复兴时代，但中国在小数概念的提出和应用则远远地走在世界各民族的前列。中国自古以来使用十进制计数法，一些实用的计量单位也采用十进制，所以很容易产生十进制分数，即小数。

已有确切的证据表明，小数的出现是与测量密切相关的。比如用某种尺子度量，当遇到某一部分不足一个测量单位时，便需要用更小的一些单位来表示，这些较小的单位是原单位的十分之一、百分之一、千分之一……十进制分数或许在公元前几个世纪就已存在。从留传至今的刘歆为一标准量器所作的铭文中，可以确切地推断为公元 5 年，其中提到的一个长度准确到 9.5 个单位。

在现存数学文献中，小数的第一次出现见于刘徽在 3 世纪中期的著述中。他在计算圆周率的过程中，用到尺、寸、分、厘、毫、秒、忽等 7 个长度单位；对于忽以下的更小单位则不再命名，而统称为"微数"。在他对公元前 1 世纪的《九章算术》的注释中，记述了一个 1.355 尺的直径。《九章算术》本身已谈到平方根和得到的非整数的解，即留有余数的计算结果。但刘徽并不满足于余数，而以微数法进一步表示成一系列的十进制小数位。他说："微数无名者以为分子，其一退以十为母，其再退以百为母。退之弥下，其分弥细，则朱幂虽有所弃之数，不足言之也。"通过演算可证明，刘徽的微数法与现代小数概念是一致的。

南北朝的祖冲之（429—500 年）在圆周率的计算中取得辉煌成就，求得直径为一丈的"圆周盈数三丈一尺四寸一分五厘九毫二秒七忽，……"圆周率相当于在 3.1415927 与 3.1415926 之间，所以说祖冲之计算圆周率精确到小数点后 6 位的依据就在于此。

到了宋元时期，小数概念得到了进一步明确。杨辉《日用算法》（1262年）载有斤两换算的口诀："一求，隔位六二五；二求，退位一二五。"即十六分之一等于 0.0625，十六分之二等于 0.125。这里的"隔位""退位"已含有指示小数点位置的意义。秦九韶在《数术九章》（1247 年）中，则将单位注在表示整数部分个位的筹码之下，这是世界上最早的小数表示法。元代刘瑾写的《律吕成书》（1300 年）一书中，对忽以下的微数采用降一格的书写形式。

在欧洲和伊斯兰国家，由于古巴比伦的 60 进位制长期以来居于统治地位，十进制小数迟迟没有发展起来。15 世纪初中亚细亚地区的阿尔·卡西是中国以外第一个应用小数的人，他在《算术之钥》（1247 年）一书中给出了十进分数与 60 进分数间的互换法则。欧洲数学家直到 16 世纪末才开始考虑小数。作为整数部分和小数部分的分界符的小数点，最早出现在佩洛斯的《算术》（1492 年）一书中，但它的使用直到 1585 年斯特文的《论十进》出版后才明确下来。

圆周率的计算

科学家研究发现，圆是世界上最简单最完美的形状。因而在古代，对于圆的知识了解的程度，从某种意义上讲，可以作为衡量一个民族数学水平的标尺。

人们用尺子来计算长度，用秤来计算重量，但怎样计算圆形的面积呢？这是从古至今一直困扰着人们的一个数学问题。不过，人们很早就发现，无论圆的面积大小怎样变化，它的周长和直径的比总是保持不变的，这个比率就是困惑了人们几千年的圆周率。现在，人们通常用希腊字母 π 来表示圆周率。如果我们知道了 π 的精确值，那么要计算圆的周长、面积、直径、半径等数据就容易多了。但古往今来，世界各地的大数学家通过周密的计算，却发现圆周率 π 是个无限不循环的无理数。从古至今，无数的数学家为了探求圆周率的精确值而耗费了许多心血。

中国很早的时候就开始计算圆周率的精确值。在公元前 1 世纪的一部数学著作《周髀算经》里，就已有"周三径一"的记载，这句话的意思是说，圆的周长和直径的比是 3∶1，即 $\pi = 3$。但这在实际的运算中会产生很大的错误。史料记载，东汉张衡推算出的圆周率值为 3.162，三国时期的王蕃推算出的圆周率为 3.155。3 世纪时的著名数学家刘徽，在总结过去的数学运算中发现，"周三径一"仅是圆的内接正六边形周长与直径的比。他认为，如果圆内的多边形边数无限增加，达到无限多时，其周长就越逼近圆的周长。在这一思想的指导下，刘徽创立了"割圆术"。他从圆的内接正 192 边形开始，一直算到圆内接正 3072 边形，结果算得 $\pi = 3.1416$，这是当时世界上圆周率最准确的数据。

到 5 世纪时，圆周率的精确值计算出现了很大飞跃。世界上诞生了一位著名的数学巨星、杰出的中国数学家祖冲之。祖冲之生于 429 年，他是中国古代南北朝时期最著名的科学家，在数学、天文以及机械制造等方面都有杰出的贡献。祖冲之曾把他一生的数学、天文学的研究成果，记录在他的杰作《缀术》一书中。令后人非常遗憾的是，这本珍贵的宝书经过无数次的战火而失传了。但后人根据那时的其他一些文献著作，可以了解到，祖冲之曾经把圆周率计算到了小数点后面 7 位，即：$3.1415926 < \pi < 3.1415927$。同时，祖冲之为了便于记忆和实用，他又算出了两个近似的分数 355/113 和 22/7，这两个数分别称为"密率"和"约率"。现代的数学家经过详细研究认为，祖冲之也是采用刘徽的割圆术来取得这一成果的。如果祖冲之真的是使用割圆术的话，他就要经过 11 次倍边过程，最后才能求得圆内接正 12288 边形和内接正 24576 边形的面积，而且每一次倍边过程，他都要进行 9 至 18 位数的四则和开方运算。不必说那时用的是筹算方法，就是现在用计算机计算，也是一件比较繁重的工作。特别值得一提的是，祖冲之发明的约率和密率，不但在实际生活中简单实用，而且是圆周率的最佳分数。约率是分母不超过百位数的所有近似值分数中的最佳逼近值；密率也是分母不超过千位数的所有近似分数中的最佳逼近值。

在外国，数学家们对 π 值的计算也有十分悠久的历史。古希腊著名的科学家阿基米德，曾在公元前 2 世纪把圆周率算到了小数点后面 3 位数，即祖冲之算出的约率。古罗马科学家托勒玫曾在 1 世纪把圆周率算到了小数点后面 4 位小数。但从此以后，外国数学家对圆周率的研究就再也没有超过 4 位小数。尽管外国的科学家比中国的科学家要早算出约率，但祖冲之算出的 7 位小数在 1000 多年的时间内始终居世界第一。直到 1427 年，阿拉伯数学家卡西才打破了这一世界纪录，算到了小数点后面 16 位。1573 年，德国人奥托得到了密率。德国数学家鲁道夫·范·科伊伦于 1596 年将 π 值算到小数点后 20 位，后投入毕生精力，于 1610 年算到小数点后 35 位。随着科技的不断发展，圆周率的精确值逐渐提高。目前，电子计算机已能够算到小数点后面 1 万多位了。

日本著名的数学家三义上夫，曾建议把密率称作"祖率"。现代的天文学者为了纪念祖冲之，把月球上的一座环形山称为"祖冲之山"。

十进位制——古代中国的重要发明

满十进一这个简单的道理，连现在一年级的小学生都知道。这个所谓的"满十进一"，即是人们经常讲到的十进位制。在中国古代许多史料上，都有关于十进制的记载。史实说明：中国是世界上最早发明并使用十进制的国家。

考古学家考证，在公元前 3 世纪的春秋战国时期，中国人就已经会熟练地使用十进位制的算筹记数法，这个计数法与现在世界上通用的十进制笔算记数法基本相同。这说明，古代中国运用十进制的历史，比世界上第二个发明十进制的国家——古代印度，早约 1000 年。

自古以来，世界各国的度量衡单位进位制就十分繁杂。那时，各个国家甚至各个城市之间，不仅单位不统一，而且连进位制也不一样，制度非常混乱，很少有国家使用十进制，大都为十二进制和十六进制。其实，中国在秦朝以前，度量衡制度也很不统一，当时的中国就有四、六、八、十等进位制。

后来，秦国灭掉了所有的诸侯国，建立了秦朝。秦始皇统一中国后，发布了关于统一度量衡制度的法令。到西汉末年，朝廷又制定了全国通用的新标准，除"衡"的单位以外，全国已经基本上开始使用十进位制。唐朝时期，衡的单位根据称量金银的需要，增加了"钱"这个单位，当时的一钱，为现在的十分之一"两"，并用"分""厘""毫""丝""忽"，作为钱以下的十进制单位。后来，朝廷又废除当时使用的在"斤"以上的"均""石"两个单位，增加了"担"这个单位，作为"一百斤"的简称。但斤和两这两个单位在当时却不是十进位制，而是十六进位制，并延续用了比较长的时间。

在法国，直到 1799 年政府才提出十进制度量衡单位的规定。1840 年，法国开始使用十进制。直到 20 世纪，世界上大多数的国家才将"公尺""公升""公斤"这些单位作为度量衡十进制的标准单位。

此外，除十进制这个进位制非常重要以外，还有一个二进制也很重要。关于二进制的发明者，说法不一，国际上普遍认为是 17 世纪至 18 世纪的德国数学家莱布尼茨，认为莱布尼茨先发明了二进制，后来看到传教士从中国带回的由宋朝学者重新编排的《周易》八卦，并发现八卦可以用他的二进制来解释。但也有人认为莱布尼茨在看到中国的先天八卦卦序后，受到启发，从中领悟了二进制进位规律。现在代表高科技的计算机，即是使用二进制来进行复杂的计算。

中国古代劳动人民首先发明并应用的十进制度量衡制度，为现在人类的高科技发展作出了杰出的贡献。

"韩信点兵"数学游戏题与剩余定理

中国古书上出现的有关数学中剩余定理的记载，要比欧洲早 1300 多年。

公元 4 世纪，中国有部数学著作叫《孙子算经》，书中提出这样一个问题："今有物若干，如果 3 个、3 个地数，最后剩 2 个；如果 5 个、5 个地数，最后剩 3 个；如果 7 个、7 个地数，最后也剩 2 个。问有多少物？"后来有人把其中的"物"字改为"兵"字，编了一道有趣的数学游戏，叫作"韩信点兵"。

《孙子算经》提出的这一问题的解法是：首先，求 5 乘 7 之积的 2 倍得 70（70 除以 3 余 1），3 乘 7 之积得 21（21 除以 5 余 1），3 乘 5 之积得 15（15 除以 7 余 1）。然后，用 70 乘以 3 个、3 个地数的剩余数 2，21 乘以 5 个、5 个地数的剩余数 3，15 乘以 7 个、7 个地数的剩余数 2，得数相加为 233，再减去 3、5、7 连乘积的 2 倍，最后得 23，这就是最小答数。如果题目中的剩余数不是 2、3、2，是其他数，可依此类推。这种解法，后来就叫作中国的剩余定理，距今约有 1600 年，是世界最早的剩余定理。

在晋朝时，剩余定理在天文学方面获得了实际应用。特别是南宋时，秦九韶推广了剩余定理的应用，补充了计算法则，并在他的《数术九章》

中发表出来。秦九韶的"大衍求一术"，大大超越了前人。这项卓越的数学成就传到西方后，受到西方学者的高度评价，秦九韶被誉为"最幸运的天才"。5世纪以后，剩余定理传到了印度，被印度科学家应用到天文计算中。

在欧洲，这类问题叫作一次同余式问题。但一次同余式的解法相当复杂，长期找不到好的解法。后来，大数学家欧栾提出了与《孙子算经》中相似的方法，才使这一难题得到解决，但这已是1734年的事。因此，有一位著名的外国数学家写道："中国数学与希腊、罗马、印度、中亚细亚数学之间的关系，至今研究得依然不够。但是这种关系确实存在，在不少国家的数学书本上，问题的内容恰恰与中国原著完全一样。"

世界上最古老的度量衡

度量衡在现在的高科技领域中有非常重要的作用。无论是计算一块地的面积，还是人类要登上月球去探索宇宙的秘密，都离不开度量衡。

在远古时期，我们的祖先在生产实践中，逐步建立起大小、多少、方圆等数量和形状的观念，并产生了"数"的概念，总结出许多可以准确计数的方法。随着生产、交换物品等途径的发展，人们确立了标准，产生了统一的度量衡，逐渐创造出了尺、斗、斤、两等计数单位和秤等用途不同的计量工具。

《大戴礼记·五帝德》里说，在黄帝时期，就设置有衡、量、度、亩等计量单位。这说明了中国在西周以前，就发明出了度量衡。

商周时期，度量衡器具及其管理制度已经比较完善，而且那时中国古代的劳动人民就采用了十进位制。当时，在中央和地方官府都设有专职的官吏，负责度量衡器具的颁发、检验和使用。

到了春秋战国时期，诸侯国各自为政，中国的度量衡制度一度陷入混乱。但各个地区为便于商品交换和征收杂税，也都很重视度量衡的统一。

秦朝时期，商鞅变法，全国都统一了度量衡，实行"平斗桶、权衡、丈尺"之法，并在公元前334年颁发了标准的度量衡器具。

汉朝的度量衡与秦朝基本相同。这样一直到了三国鼎立时期，中国的度量衡制度仍然没变。只是到了两晋南北朝时，中国的度量衡制度开始有些混乱。南北朝初期，朝廷正式规定了大、小制。所谓小制，即是秦汉时期的度量衡制度，主要用于调乐律、测日影、定药量以及制作服装等。其他方面则实行大制，即当时通用的制度。

隋朝时，隋文帝再次统一了中国的度量衡，把以前各个朝代的度量衡固定下来，全国都可以使用。

唐代以后，中国的度量衡制度更加完善。

中国古代发明的度量衡，为现在科技的飞速发展，奠定了坚实的基础。

世界上最早的计算器——中国的算盘

算盘是世界上最古老的一种计算工具，也是我们中华民族的重大发明之一。但算盘究竟是谁发明的，现在已无法考查。可是，有关算盘的使用和记载在中国却是非常早的。

东汉时期的一本名叫《数术纪遗》的古籍上就写道："珠算控带四时，经纬三才。"另外一本古书上也写道："刻板为三分，位各五珠，上一珠与下四珠色别，其上别色之珠当五，其下四珠各当一。"可见在中国汉代时就已经发明出了算盘。

有些历史学家认为，算盘的名称最早出现于元代学者刘因写的《静修先生文集》，书中有这样一句话：闲着手，去那算盘里拨了我的岁数。1274年杨辉所著的《乘除通变算宝》和1299年朱世杰所著的《算学启蒙》，都记载了有关算盘的"九归除法"。1450年，吴敬在《九章详注比类算法大全》里，对算盘的用法叙述得很详细。张择端在《清明上河图》中还画有当时的算盘。可见，在北宋以前，我国民间就已经开始普遍使用算盘这种简易的计算器了。

中国近现代的算盘是由古代筹算演变而来的。筹算，就是运用一种竹签做筹码来进行计算。唐朝末年，人们对筹算乘除法进行了改进，到宋代的时候，我国民间就已经产生了筹算的除法歌。到了 15 世纪中叶，古籍《鲁班木经》一书中写有制造算盘的规格。由于那时算盘已经很普及，所以有关算盘的文字著作也随之产生。流行最久的珠算书是 1593 年明代程大位所著的《算法统宗》。

用算盘计算容易，运算起来也不复杂，因而算盘在我国被普遍应用，后来陆续传到了日本、朝鲜、印度、美国、东南亚等国家和地区。算盘的出现，是人类历史上计算器的重大改革。现在，虽然各种电子计算器、计算机已经盛行，但是算盘仍有着它独特的作用。

中国人最早科学解释自燃现象

火和人类生存的关系十分密切，但自然界有些失火现象曾使人们百思不解。现代人几乎都知道，许多有机物可以自行燃烧，引起火灾。然而，古代人认识自燃现象，却经过了漫长的历史岁月。首先发现这一现象的是中国古代劳动人民。

早在 3 世纪，西晋著名的博物学家张华在《博物志》中就记述了自燃现象。他说："积油满万石，则自然生火。武帝泰始中武库火，积油所致。"

尽管在张华的时代，人们就对有机物自燃现象有所了解，但是要能对它作出正确的判断，却需要敏锐的观察力、足够的科学常识和理解力。宋朝桂万荣的《棠阴比事》一书，记录了发生于 1050 年前后的一场火灾及处理的情况。书中说有一次北宋都城开封的一处露天存放的油布起火，按宋朝法律，看守的人都要被判死罪。在审理这件案子时，开封府的官员怀疑起火的原因，叫来制造油布的工匠询问。工匠说，制油布时加入了某种药物，一些药物在潮湿的环境中长期存放就会发热甚至起火。随后，开封府官员将这种情况反映给皇帝，宋仁宗明白了，说上回父皇真宗的陵墓着火，火就是从油衣中着起来的，看来这两次起火的原因是一样的了。结果，看守油布的官员们被免去死罪，从轻发落。

英国的李约瑟博士研究中国这段历史时指出：油布中加入的药物大概有生石灰。在古希腊，这一化学物质和油混合后被称作"希腊火"，只要条件具备就会燃烧。

欧洲人对有机物自燃现象的记述，最早见于杜哈梅尔写于 1757 年的一篇文章。他在文章中说，船的布帆涂上了赭石油后曝晒于盛夏 7 月的烈日下，几个小时之后，这些布帆就会燃烧起来。现代的人们几乎都明白，油布和其他一些有机物不能大量地堆放在一起，否则它们内部因缓慢的氧化等化学反应积累起来的热量就会导致火灾。

《墨经》里最先提到力学中的第一运动定律

英国著名物理学家牛顿在 1687 年出版了巨著《自然哲学的数学原理》，全面阐明了三大运动定律，为近代力学奠定了基础。因此，许多人一定会认为，世界上首先提出力学中第一运动定律的人是牛顿。然而，专攻中国科学技术史的英国学者李约瑟博士却认为该说法不准确，中国人比牛顿早2000 多年提出了第一运动定律。

第一运动定律可以表述为：任何物体在不受外力作用时，都保持原有的运动状态不变，即原来静止的继续静止，原来运动的继续做匀速直线运动。中国学者约在公元前 4 世纪就提出了这一定律。这可从《墨经》中读到下面一段话："止，以久也……无久之不止，当牛非马……"翻译成现代汉语，这段话的大意是：运动之所以停止，是因为受到了阻塞……没有阻塞，运动就不会停止，这是不言自明的，正如牛不是马一样……

《墨经》是墨家学派的著作集，是中国自然科学知识极为丰富的古典文献，记载了许多论及力学的文字。墨家学派的代表人物是墨翟（公元前468—前 376 年）。当时中国正处于春秋战国时代，虽诸侯争雄，战乱纷纷，但思想和学术探讨却异常活跃，出现了诸子百家各扬其说的局面。墨家学派和儒家学派都是当时相当有影响的"显学"。然而，由于墨家学派的政治观点不符合新兴的封建统治阶级的需要，所以墨家学派犹如昙花一现，只兴盛了一个短暂时期，在其后几十个世纪的封建大一统的社会中，几乎被人们遗忘。直到清朝末年和民国初年，即1911年辛亥革命前后，墨家学派的学说和科学观点才开始被重新重视。

近几十年来，有不少学者从哲学、逻辑学和科学的角度研究《墨经》。《墨经》全文仅5000余字，但文字简约，错简又多，研究起来十分困难。尤其是关于自然科学的部分，甚至有人认为"辞古深奥，千载而下，索解无人"。尽管有关的研究成果已有不少，但至今仍存在许多分歧。由此更可见，《墨经》是一个值得进一步发掘的丰富宝藏。

中国人最早发现蒸汽机的原理

早在蒸汽机出现之前，中国就发明了蒸汽机的基本装置，只不过它没有曲轴传动结构。这是一台水力磨面机，与后来问世的蒸汽机的工作方式相反，它不像蒸汽机的活塞那样作用于机车的车轮，而是靠水流带动轮子驱动活塞。

机器安装在洛阳城南的景明寺中，530年左右出版的《洛阳伽蓝记》中有此记载。机器的工作原理是靠一个连接于曲柄的传动杆带动活塞做不停地往复运动。

人们发现用这种水力装置鼓风既有效也省力，所以在冶炼业有关的领域得到了更广泛的应用。最初有关这种机器的图纸出现在1313年王祯所撰写的《农术》中。14世纪，王祯在《农术》卷二十描述道："其制，当选湍流之侧，架木立轴，作二卧轮，用水激下轮，则上轮所用弦通激轮前旋鼓，棹枝一例随转。其棹枝所贯行桄因而推挽卧轴左右攀耳，以及排前直木，则排随来去，搧冶甚速，过于人力。凡设立冶监，动支公帑，雇力兴扇，极知劳费，若依此上法，顿为减省。但去古已远，失其制度。今特多方搜访，列为图谱，庶冶炼者得之，不惟国用充足，又使民铸多便，诚济世之秘术。"

13世纪，欧洲人才将水力技术应用于风箱。1775年，英国发明家约翰

·威尔金森取得了一项水力鼓风机的专利，其原理与 1313 年王祯的描述基本相同，只不过增加了一个曲轴。1780 年，詹姆斯·皮卡德对这种设备做了重大改进。1804 年，英国人德里维斯克制造出世界上第一辆能在轨道上行驶的蒸汽机车。1906 年，美国通用公司制造出世界上第一台汽油机车。虽然这些欧洲人是用活塞驱动轮子而不是用轮子来驱动活塞，但中国人发现的蒸汽机原理肯定起到了促进作用。所以说中国人对蒸汽机和内燃机的发明在理论和工艺技术上都作出了奠基性的贡献。

发现热剩磁、磁感应与人造磁铁

剩磁现象是 11 世纪初一个令人意想不到的发现。大约在 11 世纪前的某个时期，中国人就发现不仅可以用铁块在天然磁石上摩擦以产生磁化现象，还可以将烧红的铁片冷却或淬火而得到磁化。操作时，铁片保持南北方向（顺地球磁场方向）。明朝王圻在《三才图会》（1609 年）中描述磁铁和用加热法退磁时的情形中写道："（磁石）其势如有生命也，向有头尾。头指北，尾指南，头胜于尾之力。破碎之，亦悉备……若火烧则死，不能指南北。"

中国古代人在实践中认识到，正像沸水在经历了一个状态变化过程后变成蒸汽一样，磁铁也能通过加热而退去磁性。用现代语言准确的表述就是：在称为"居里点"（以 19 世纪法国著名科学家皮埃尔·居里的姓命名）的温度值上，磁铁失去其磁性。蒸汽在冷却过程中又能重新冷凝成水，同样，磁铁在加热到很高温度失去磁性后，再冷却到居里点以下时，又获得了磁性。这是由于铁受到了周围磁场的影响，冷却后的铁因受到磁感应而获得剩磁。因为地球本身存在着一个通常称为地磁场的弱磁场，所以只要一条铁在冷却时两头朝南北方向，它就能从地球本身的磁场作用中获得微弱的磁性。

中国人对剩磁和磁感应这一物理现象的认识既早又深刻。有关铁的剩磁感应现象的详细内容，可在北宋曾公亮的《武经总要》（1044 年）中读到。他在该书卷十五中提及一种鱼形磁铁，但所提到的指南车则不是由磁性材料制成，而是一部机械导航装置。曾公亮写道："若遇天景曀霾，夜色瞑黑，又不能辨方向，则当纵老马前行，令识道路。或出指南车及指南鱼，以辨所向。指南车法，世不传。鱼法，用薄铁叶剪裁，长二寸，宽五分，首尾锐如鱼形，置炭火中烧之，候通赤，以铁钤钤鱼首出火。以尾正对子位，蘸水盆中，没尾数分则止，以密器收之。用时置水碗于无风处，平放鱼在水面令浮。其首常南向午也。"

有时人们将罗盘指针与天然磁石相接触以获得必要的"充磁"。因此，上面所描述的受到热剩磁感应而具有磁性的指针，可以通过增加与天然磁石接触的方法来加强或滋养磁性。他们观察到经"居里点"产生磁化的结果，因而知道"通赤"是产生磁化现象的必要条件，由此对"居里点"有了一些概念。通过热剩磁感应获得磁铁的方法具有极大的优点，它可以不再使用天然磁石制造指南针。

在铁的磁化过程中，必须使其顺地球磁场方向，这一认识表明中国古代人已在某种程度上意识到了地球磁场的存在。中国人还发现了地球磁场的磁感应现象，证明了该磁场是一种有效力，这是中国人取得的伟大的科学成就之一。

中国人最早发现共振现象

共振现象是我们经常遇到的一种自然现象，它在日常生活中无处不在。什么叫共振现象呢？共振现象即是当一个物体因发出声音而振动时，另一个物体也随着振动，这种现象就叫共振现象。科学家研究，凡是具有共振现象的两个物体，它们的频率或者相同，或者成简单的整数比，如1：1、1：2、2：3等。

共振现象在中国古代就已被人们发现了，中国是世界上最早发现这种现象的国家。中国古代大量的书籍中都对共振现象有所记载。《吕氏春秋·有始览·应同篇》中把共振现象叫作"声比则应"，而古籍《周易·乾》中则把共振现象称"同声相应"，这两个对共振现象的解释与现在的科学定义几乎完全相同。

世界上最早对共振现象有记载的书，是中国公元前 3 世纪与 4 世纪之间成书的《庄子》，书中记载了中国古代的乐器瑟的各弦间发生的共振现象。在这本书的《杂篇·徐无鬼》篇中，有这样的记载："为之调瑟，废于一堂，废于一室。鼓宫宫动，鼓角角动。音律同矣。夫或改调一弦，于五音无当也。鼓之，二十五弦皆动。"这段文字记录，为以后中国对声学的研究起到了重要的作用。

据古籍《梦溪笔谈·补笔律》记载，中国宋朝时期的著名科学家沈括曾经做过一个演示共振现象的实验。他把琴瑟的各弦按演奏的需要调好，并在一部分弦上夹上了一些纸人，当他弹动一根没有夹纸人的弦时，其他弦上的纸人就会颤动起来，好像跳舞一样。这是一个非常了不起的声学实验，比西方的同类实验要早几百年。

中国古代有一个非常有趣的关于共振现象的故事。据唐朝韦绚的《刘宾客嘉话录》记载，唐朝时候，洛阳某寺的一僧人屋里，挂有一个乐器——磬。它经常自己响。僧人因此非常惊恐，长久以后就得了病，没有大夫能够治疗。一天，一个在朝廷中管音乐的朋友听到这个消息，赶来看望他。当时寺庙里正在敲钟，僧人的磬也跟着作响。于是朋友说："你明天设宴招待我，我将为你除去心病。"第二天，两个人酒足饭饱之后，朋友就从怀里拿出一把铁锉，在磬上锉磨了几个地方。从此以后，磬再也不作响了。僧人很奇怪，就问其故。朋友回答道："此磬与钟律合，故击彼应此。"僧人大喜，疾病也就痊愈了。这个故事是说，掌握声音共振道理的人通过把磬锉磨几处，就改变它和钟之间固有的频率，使它和钟不再产生共振现象。

关于共振现象的故事在中国还有许多，都生动地表现了中国劳动人民的聪明智慧，也说明了中国人民对共振现象的研究和声学知识已很精深。

侦察敌情的共鸣器——中国大瓮

影片《地道战》中有一个有趣的镜头：日军和汉奸在碉堡内，为了防备八路军、民兵把地道挖到碉堡下，趴在一个大瓮上听地下的动静。这个能够放大地下声音的大瓮，就是中国古代人发明的一种原始共鸣器。

在古代的战争环境下，中国人发明了各种各样的共鸣器，为侦察敌情提供了重要的工具。古籍《墨子·备穴》中，记载了中国战国时期墨家运用共鸣器侦察敌情的方法。当时，中国各诸侯国都是用坚固的城墙作为本国的防御工事，因此进攻的敌人由于攻不破城墙，就只好采用挖地道的办法。当时的人们为了保护自己的国家，侦察进攻的敌人有没有挖地道，就发明了共鸣器。一只容量大约为80升的陶瓮，瓮口蒙上皮革，便是世界上最古老但暗含着科学道理的一种简单共鸣器。使用时，人们把这个共鸣器放进一个距城墙不远的深坑里，选一个听觉灵敏的人伏在瓮口上静听。如果遇有敌人在挖地道，瓮里则会发出"嗡嗡"声，而且可以根据瓮里声音的大小、粗细、长短等现象，判断出敌人所在的方位和距离，以便及早采取有力的反击措施。

利用声音的共鸣现象所发明的这种简单易行的声音放大器，被中国历代军队沿用。唐、宋、元、明时期，各朝代的人都对共鸣器在当时军事上的重要作用做了许多记载。曾公亮还把《墨子》一书中所提到的用皮革制作的瓮叫作"听瓮"，把用听瓮直接放在地上听动静的方法叫作"地听"。据史料记载，中国明朝时期的民族英雄戚继光，就曾用大量的听瓮来抗击倭寇，谨防倭寇偷袭。

唐朝的《神机制敌太白阴经》第五卷和宋朝曾公亮所著的《武经总要》第六卷《警备篇》中，都描述了一种比"听瓮"更为简便的共鸣器。这种共鸣器是用皮囊做成，叫作"空胡鹿"，让耳朵灵敏的战士在晚上睡觉时作枕头使用。如果遇有敌人偷袭，即使在30里之外，也可"东西南北皆响闻"，这真是一物二用。宋朝时期的著名科学家沈括，也在《梦溪笔谈》一书中写到了一种当时用牛革制成的箭袋，这种箭袋在白天的时候可以用来装弓箭，在晚上的时候可以当作枕头使用，并能够听到方圆一里之内的敌人的动静。沈括还在书中对各种共鸣器的作用做出了物理解释。他在书中这样写道："取其中虚""盖虚能纳声也"。他的这个物理解释与现在科学家的认识是一致的。直到现代，在情况多变的战争环境中，有时仍使用着这些古老但简便易行的共鸣器。更值得一提的是，中国古代劳动人民发明的这些用于军事上的共鸣器，即是现代医疗设备中的听诊器的先驱。

此外，中国古代劳动人民利用瓮这种简单的器具，不但发现出了使微弱的声音放大的方法。而且又逆向思维，创造出了利用瓮把巨大的声音吸收变小的方法。中国古籍《物理小识》一书中，就记载有中国古代的铸造假币的人为了不被别人发现，就藏在地下室中制造，但造币的时候会发出巨大的声响，因此这些人就发明出了用瓮制造的房屋，把瓮口朝着屋内，这样，发出的声响就会很快地被瓮吸收。由此，中国人又首先发明出了隔音室。

中国古代的劳动人民运用瓮这一简单器具，发现了能把声音放大或缩小的方法，在今天看来，仍令人赞叹不已。

中国古代四大发明之一——火药

中国是世界上第一个发明出火药的国家，我们的祖先发明火药至今已有 1000 多年的历史。当时发明的火药，现在叫作"黑火药"。由于它是褐色的，所以又有人称它"褐色火药"。这种火药是木炭、硫磺、硝酸钾 3 种粉末的混合物，非常容易燃烧，由于火药燃烧时体积突然膨胀几千倍，如果把它放在纸里、石头里、陶罐里或者铁罐里，就会发生爆炸。

为什么人们把火药称作"药"呢？这是因为火药最初是木炭、硫磺、硝酸钾 3 种粉末的混合物，而硝酸钾和硫磺是中国古代第一部医药书籍《神农本草经》里的珍贵药材；而且在人们已经发明出火药之后，火药仍被认为是一种非常好的药材。世界医学巨著《本草纲目》一书记载，火药能够治疮癣，杀菌，防湿气和瘟疫。其中更重要的一条理由是：火药本身就出自人们炼丹制药的过程当中。所以，后人就把这种容易燃烧爆炸的药品称作"火药"。

中国古代的劳动人民早在商周时期，就已经开始广泛地使用木炭，因为他们已经知道木炭比木头容易燃烧，是比木柴更好的一种燃料。人们认识了木炭的特性，是踏上制造火药的第一步阶梯。

硫磺，在自然界中广泛存在，中国古代的劳动人民从很早的时候就已开采硫磺。特别是在冶炼硫磺和洗温泉浴的时候，硫磺直接刺激着人的感觉器官。就在这不断的接触之中，人们除了知道硫磺可以治疗一些皮肤病外，还逐渐认识到了硫磺的一些特性。如著名医药书籍《神农本草经》中就写道："石硫磺……能化金银铜铁，奇物。"这句话的意思是，硫磺能够与金、银、铜、铁等金属化合，是一种奇怪的物品。因为金银铜铁这些坚硬的物品，在自然界是很难用一般腐蚀剂化解的。中国最早的一本炼丹著作《周易参同契》里，记录了当时炼丹士们发现的硫磺和水银化合生成红色硫化汞的反应。硫磺的这些特殊的反应，引起了炼丹家们的高度注意。而且炼丹士们还发现，硫磺不仅能够与金、银、铜、铁这些金属化合，还能够把神奇的水银制服。于是，炼丹家们想用硫磺和水银混合，炼制出所谓的"金液""还丹"。但硫磺容易燃烧，是一种性质活泼、很难制擒的化学元素，因此，炼丹士们又发明出一种"伏火法"，即是让硫磺与其他易燃的物品一同燃烧，使其变性。火药的发明就与这种炼丹法有着密切的关系。

硝酸钾是制造火药的关键材料。硝的化学性质比硫磺还要活跃，人们早就发现，只要把硝撒在赤炭上，硝就会立即产生火焰。硝的这种能和许多物质发生作用的特性，常被炼丹家们用来改变其他药品的性质。

中国古代劳动人民对木炭、硫磺、硝酸钾3种物质性能的认识，为火药的发明奠定了坚实的基础。到了唐朝时期，中国人已经发现如果把炭、硫、硝的粉末放到一起，再经过猛烈的摩擦和振动，就会产生强烈的爆炸。据史料记载，中国古代的一些炼丹士们为了寻求长生不老药，就曾经把这3种物质放到了一起，并加以燃烧，结果炼丹的八卦炉发生了剧烈的大爆炸，火焰冲破屋顶，直上云霄，屋毁人亡。

火药被发明出来后，人们并不知道它有什么特别的用途。后来，一些军事家开始用火药制造武器，如火箭、地雷、火炮等。火药武器的出现扩大了火药的生产规模。此后不久，火药武器已经成为中国军队中的必备品，而且火药武器的品种也越来越多。元朝时期，著名的军事家成吉思汗就用火药武器征服中亚、波斯等地，甚至打到了欧洲。火药的威力令全世界震惊，中国人制造火药的技术随之传向国外。那么欧洲国家又是什么时候掌握火药的呢？著名政治家恩格斯说："现在已经毫无疑义地证实了，火药是从中国经过印度传给阿拉伯人，又由阿拉伯人经过西班牙传入欧洲。"令人惋惜的是，火药的故乡中国到了清朝晚期，由于朝廷的腐败，外国人用中国发明的火药打开了中国的大门。

中国古代发明的火药，把人类的文明推上了一个新的台阶。恩格斯评价说："火药和火器的采用绝不是一种暴力行为，而是一种工业行为，也就是经济的进步。"

中国古代的炼丹术

中国炼丹的历史很早，在2300多年前的战国时期，就有了所谓的"方士"（或称术士）。为满足统治阶级求长寿、多钱的愿望，这些人就搞起了炼丹术，企图炼出长生不老的仙药，炼出人造金银。司马迁在《史记》里，就提到战国时期的燕国炼丹士的姓名和事迹。

据说，秦始皇为了自己能够长生，多次派人四处寻找仙丹。汉武帝更是大规模地寻仙求药。因此，炼丹术在秦汉时期发展很快。

东汉末年，新兴的宗教——道教产生了。初期的道教是用咒符消灾、药物治病和诵经进行活动。这就使道教和炼丹术发生了联系，使炼丹术有了更加广泛的社会基础。晋朝时，炼丹术基本上被道教垄断，炼丹的方士也被道士代替。

炼丹术士故弄玄虚，或在人烟稀少的深山中，或在外人不得进入的密室里，摆设一些炉、鼎、罐、蒸馏器等，造成一种烟雾缭绕、寂寞神秘、玄妙莫测的环境。他们用硫磺、铅、砒霜、硝石、云母以及一些植物药材，炼成丹丸，称"灵丹妙药"。1965 年，科学家在南京象山的东晋王氏墓中，发现了 200 多粒丹丸，大小如绿豆。1970 年，在西安南郊出土的唐代窖藏文物中，发现了当时炼丹用的金银锅、金银铛、银石榴罐（简单的蒸馏器）等多件，炼丹的原料有丹砂 7500 多克，白石英、紫石英 2600 多克。这为我们了解当时炼丹的情况，提供了宝贵的实物。炼出来的丹丸被人们宣传得神乎其神，这在古代的文学作品里也有反映。实际上，据现在的科学家检验，由于当时炼出的丹丸有大量的铅、硫酸等有毒物质，人吃了以后，非但不能长寿，反而会很快中毒死去。历史上有很多皇帝，均因服食过量的丹药去世，这是历史对这些想入非非的封建帝王的辛辣讽刺。

在古代，炼丹术也引起不少进步的思想家、科学家、文学家的怀疑和反对。西汉时期，就有"服食求神仙，多为药所误"的记载。宋代的文学家欧阳修批评炼丹术"惑世以害生"。明代的大医学家李时珍，也反对当时"长久吃水银可以成仙"的说法，认为这是"妄说"。

炼丹求长生显然是不可能的。但是，炼丹家在长期的炼丹活动中，认识了很多物质的特性，积累了不少有关药物、冶金、化学方面的知识。火药的发明，就是在炼丹过程中的一个重大创举。中国古代炼丹家们对医药方面的贡献也是十分杰出的。他们炼制的一些无机药品及对这些药品性能的认识，都走在世界的先进行列。如用水银、猪油合剂配置的软膏，比欧洲早 800 多年。用水银制剂作利尿药，比欧洲早 1200 多年。

中国古代发明的炼丹术，唐朝时传到了阿拉伯，12 世纪传入欧洲，对世界近现代的化学事业起到了重要的推进作用。

中国是最早发现氧气的国家

氧气，是人类生活中不可缺少的一种气体。有了氧气，人才能够生存，一般人只要离开氧气三四分钟，心脏就会停止跳动。可能大多数的人都认为氧气是外国人首次发现的，其实不然。据史料考证，最早发现氧气的国家是中国。

世界上最早发现氧气的是我国唐朝的一位名叫马和的炼丹家。马和在炼丹的过程中认真地观察各种可燃物体，如木炭、硫磺等在空气中燃烧的情况，又经过多次的实验证明：空气的成分非常复杂，主要是由阳气（氮气）和阴气（氧气）两种气体组成的，其中阳气比阴气多得多。在燃烧物体的过程中，马和还发现阴气可以与可燃物一同燃烧掉，把它从空气中除去，而阳气却仍然可以安然无恙地留在空气当中，说明了阴气是可以燃烧的，但是阳气却不能燃烧。马和还进一步指出，阴气存在于青石（氧化物）、火硝（硝酸盐）等物质当中，只要用火来加热它们，阴气就能放出来。马和还认为，在水中也存有大量的阴气，不过很难把它们放出来。马和对氧气研究的这些重大发现，比欧洲早1000多年。

马和把毕生的精力都放到了对氧气的科学研究当中，并把一生的研究成果收录于一本名叫《平龙认》的书中。该书共68页，于唐肃宗至德元年（756年）出版，一直流传到清朝。后来，德国侵略者为了让全世界人认为这些研究成果是德国发现的，在八国联军侵略中国的时候乘乱抢走。但是，史料俱在，史实不容篡改，中国古代著名科学家马和对氧气的研究成果，已经载入世界科学发明与创造史册。

中国古代玻璃小史

关于玻璃的由来，国外有这样一种说法：在3000多年前，一艘满载着大块的天然苏打的大商船由于海水落潮，在地中海沿岸的贝鲁斯河口旁的沙滩搁浅了。腓尼基人从船上搬来了做饭的大锅，又用几大块天然苏打支起锅做起饭来。吃过饭后，他们收拾好东西，准备回船了。一个船员突然喊道："你们快看，这是什么东西？闪闪发光。多好看！"大家围上来仔细看，只见这些东西玲珑剔透，晶莹明亮。原来，这海滩上都是石英砂，在船员们烧火做饭的时候，支着锅的天然苏打在高温下和石英砂发生了化学反应，变成了玻璃。腓尼基人在无意中发现了这个秘密后，就开始了玻璃的生产。他们用特制的炉子把石英砂和天然苏打一起熔化，炼出玻璃液体，然后再做出各种各样的玻璃制品来。不久，他们这种制造玻璃的秘密就被人泄露了出去，埃及人开始用这个办法制造玻璃。

1974 年，中国的考古学家在河南洛阳一座西周早期墓葬中发现了白色的玻璃珠，1975 年又在陕西宝鸡的西周墓葬中发现了上千件透明的玻璃管和玻璃珠。西周距今大概有近 4000 年的历史，经专家鉴定这些西周早期的玻璃制品是一种铅钡玻璃，与西方的钠钙玻璃分属两个不同的系统。古墓玻璃的发现，证明了中国玻璃不是从西方传入的，而是采用一种特有的材料独立制造出来的。

据考证，中国在战国至秦汉时期，玻璃制造业得到了进一步的发展，而且出现了蓝、绿、黑、红等彩色玻璃，以及俗称"蜻蜓眼"的多色玻璃珠。我们经常玩的弹球，大概就是那个时代流传下来的吧。可到了三国以后，中国的玻璃制造方法曾一度失传。北魏时，大月氏人曾到山西大同传授烧制玻璃的技术，中国的玻璃工业才开始复兴。到了隋朝初期，人们又重新研制出了绿色透明玻璃。现在，中国的玻璃制造工艺仍处在世界先进水平。

久负盛名的中国瓷器

瓷器，是中国古代劳动人民的伟大发明之一。从制作的工艺原理上来说，瓷器是由陶器发展而来的，但和陶器又有本质的区别。远在新石器时代晚期，我们的祖先就已利用瓷土做原料，经高温烧制精美的硬陶，这为后来瓷器的发展创造了一个重要的条件。到了商朝，人们又发明了玻璃质釉。这一切为中国瓷器开启了新纪元。

到了魏晋南北朝时期，中国的瓷器业飞速发展，制瓷区也从南方逐渐扩大到了北方。烧制瓷器的技术慢慢成熟，瓷器的质量也提高了，数量剧增，种类很多，图案装饰丰富多彩。这时，中国人已成功地烧炼出了白瓷，这是制瓷技术上的一个重大突破，而且还发明出了在釉下挂彩的技艺。

隋唐时期是中国瓷器业的繁荣时期。隋朝时的制瓷厂分布很广，有的厂规模还很大。瓷器的品种不断增加，器形多样，有的瓷器还代替了金、银、铜、陶等生活用具。隋朝瓷器的硬度和釉色的洁净，都超过了前几个朝代。烧制的白瓷，色调比较稳定，白度较高。而且那时的瓷器的釉色和花纹装饰都比以前复杂，并出现了彩色的瓷器。考古学家从张盛墓中出土的两件白瓷文官俑，其头发、眉毛、胡须、眼睛、鼻子、耳朵、嘴巴、帽子、剑鞘、衣服等，都用黑色的墨点画，形态生动、逼真。

唐朝时期的瓷器业已经发展成为一个当时社会上独立的行业。烧瓷的地区越来越多，技术有了显著提高，器形和装饰形成了独特的风格，那时的瓷器已经成为人们生活中不可缺少的生活用品和装饰用品。当时的青瓷以越窑（今浙江省余姚市）的名声最大，产品质量很高，瓷细壁薄，釉色晶莹，制作精美，当时就畅销国内外。此外，唐朝时的白瓷也很著名，色彩类雪似银，其中最有名气的是江西景德镇和四川大邑的白瓷，质量在全国名列前茅。

宋朝时期的瓷器业发展很快，制瓷的技术有了许多创新。各地出现了不同风格的瓷器。许多名瓷厂制造的瓷器，在胎质、釉色、花纹、式样等方面，更加精美。元朝时瓷器行业突出的成就就是烧成青花和釉里红瓷器。青花这种瓷器开始于宋朝，成熟于元朝，极盛于明朝。直到今天，青花这种瓷器仍在大批烧制，深受国内外人们的喜爱。

明朝时期的制瓷技术又有了新的发展。仅单色釉的瓷器方面，就可以烧成鲜红、宝石红、翠青、娇黄、孔雀蓝等；彩瓷也取得了巨大的成就；青花也远远超过元朝的水平；稍后创制的"斗彩瓷"，为后来绚丽多彩的多彩瓷器的发展开辟了道路。到了明朝晚期，人们又发明出了"五彩瓷"，技术更加先进。

清朝时期的瓷器生产，达到了历史最高水平。这时的工匠们已能够准确配料和掌握火候，使彩瓷的立体感更强。

中国在世界上有"瓷器之国"的美誉，英文中，"中国"与"瓷器"为同一单词。中国的瓷器不仅是很好的生活用品，而且也是珍贵的艺术品，深受全世界人民的喜爱。

首屈一指的长距离光纤温度传感器研究

1993 年底，在英国肯特大学工作的中国青年女科学家鲍晓毅，在长距离温度传感器研究领域取得了重大成就，成功研制 51 千米长距离光纤温度传感器，登上了这一领域的世界最高峰。

长距离温度传感器是许多国家竞相研究的一个课题。它的第一代产品是瑞典埃里克森公司根据瑞利散射机理研制成功的，长度只有 2 千米。第二代产品是英国约克公司根据拉曼散射原理研制的，最大距离为 10 千米。鲍晓毅在不到两年半的时间内，研制成了 51 千米长距离光纤温度传感器。她的这种长距离温度传感器的产品属于第三代新产品。

鲍晓毅研制成的传感器的优点是监测距离长、灵敏度高、反应时间快，其距离分辨率为 5 米，温度分辨率为 1℃，即每 5 米就能给出一个温度变化的读数，误差不超过 1℃。

另外，由于她的传感器采用普通的单模光纤，成本低，还可用于光纤通信。

光纤温度传感器用途广泛，凡是需要监测温度变化的环境都能派上用场。当一个封闭的环境，比如在地铁系统发生火灾时，对于紧急救援人员来说，最要紧的是要尽快知道火灾发生的准确位置。鲍晓毅研制的这种长距离温度传感器就能解决这个问题。一些大型建筑比如图书馆、电影院、博物馆和办公大楼以及森林都离不开这种传感器。除了用于防火报警以外，这种传感器还可用于监测地震、水坝、桥梁以及用于医学和军事等领域。

鲍晓毅还成功研制了 22 千米长距离应力传感器，同时用于监测温度和应力的传感器以及新型防火报警系统。鲍晓毅为了报效祖国，决定让自己的科研成果在中国开花结果。

医疗卫生

辉煌 5000 年的中医药学

中药，自古以来就是中国人民战胜病魔的有力武器。从古代起，中国民间就有"神农尝百草"的说法。据考古学家考证，"神农尝百草"的年代大概是新石器时代，可见中国人民研究中药的历史非常久远。

早在春秋时期的《诗经》书中，就记录了一些中药的名字，如车前、贝母、益母草等。中国 2000 多年前的著名书籍《山海经》中，记载了 120 多种中药，其中分植物、动物、矿物 3 大类，并写出了这些药物的主要用法和性能。书中记载的一部分中药名字还很独特，至今科学家们还不能够分析出这是现代的哪一种中药。这说明，中国人早在 2000 多年前，就对中药有了很深的认识和独特的研究。

由于大部分的中药来自植物，所以中国古代的人们把中药叫作"本草"。汉朝时期，中国出现了一本现存最早的专讲中药的书籍《神农本草经》。书中记载了当时的 365 种中药，并把这些中药分成了上、中、下 3 个等级。而且把每种中药的产地、性质、主治病症等都做了比较详细的记载。

随着人类文明的不断发展，《神农本草经》后来又不能够满足人们的需求了。过了大约 300 多年后，又出现了一本关于中药的《本草经集注》。这本书是南宋时期的博物学家陶弘景写的。他把前人积累的经验和知识统统搜集起来，共在书中记录了 730 种中药，比《神农本草经》的中药多了 1 倍。《神农本草经》使用三品分类法把中药分类，仅概括地指出有毒、无毒。而《本草经集注》中却把中药分成了花、草、树木、鸟虫、禽兽、玉石、果菜等 7 种。这种分类法成为后来中国古代药物分类的标准分法，一直沿用了 1000 多年。

　　唐朝是中国历史上一个繁荣富强的时期，医学自然也成了当时重要的一门学科。在这期间，中国出现了第一部由朝廷主持编写的药物学著作——《新修草木》。这本中药书籍图文并茂，内容丰富。书中记有中药多达 844 种，分成了 9 大类。而外国较早的由政府主编的药物学专著，则是 1494 年意大利的和 1542 年的纽伦堡政府的书籍。这两部书籍都比中国的《新修草木》晚得多。《新修草木》的编写和出版，对中国医药学的发展起到了重要的推进作用。

　　中国历史上中医药学真正的大发展是在明朝时期。当时的中国在封建主义社会中渐渐出现了资本主义的萌芽。商业发达，交通方便，中外交流频繁，药物学知识空前的丰富，矿业、农业等生产也达到了历史上最高峰。这时，由于中药颇多，所以许多前人所著的中药学著作都不能满足人们的需求。于是，这个艰巨的任务落到了著名医药学家李时珍的头上。李时珍走遍中国的山山水水，终于在晚年时完成了《本草纲目》这部世界医药学历史上的巨著。这本书共分为 52 卷，图文并茂，记载了 1892 种中药，收入方剂 11000 个，并纠正了前人的许多错误。书中涉及的领域非常广泛，如动物、植物、化学、矿物、地质、农业、天文等学科。此书对后世人类文明的发展影响很大，现已被翻译成日文、英文、德文、法文、拉丁文、俄文等多种文字，在世界上广泛流传。著名的英国生物学家达尔文，就曾称《本草纲目》这本书是"中国古代的百科全书"，并在《物种起源》等著作中引用了《本草纲目》中的内容。

　　中国古代关于中医药学的著作还有许多，其中一些具有代表性的作品为推动人类文明的发展起到了重要的作用。我们的祖先在长期的医疗实践中，积累了许多宝贵的中医药学经验，是中国古代文化遗产的一个重要组成部分。

领先世界 2000 年的内分泌科学

早在公元前 2 世纪，中国人就能从人的尿液中分离出性激素和垂体激素，并将其应用于临床医疗。在公元前 125 年以前，中国早期的科学家、淮南王刘安，首先用"秋石"这个名称表示所获得的激素结晶体。

几个世纪之后，文献中出现了有关"秋石"药剂的确切记载，刊录于张声道所著的《经验方》中，该书刊印于 1025 年。从这一年到 1833 年，在 39 种不同的书籍文献中都有关于从尿液中获得性激素和垂体激素的记载，其提取方法不下 10 种。这些激素采用大规模的方式生产，每一批需要数百升人尿，最后制得成千上万剂的药品以供医用。

在欧洲，直到 1927 年才发现从尿液中可以提取类固醇激素和垂体激素。显然，在这方面中国人在世界上领先了约 2200 年。

中国人在偶然的情况下发现，类固醇激素在低于其熔点的温度下是稳定的。当温度高于 130℃时，就能够升华。欧洲人直到 20 世纪才观察到这种现象。令外国人震惊的另一种技术，是中国人在提取过程中使用皂角豆汁作为沉淀剂，使激素从尿液中沉淀出来。直到 1909 年，温道斯才发现这类激素物质可以被天然皂类所沉淀。显然，中国人的发现领先于世界。

中国人除分离出性激素外，还从尿液中获取了垂体激素。垂体前叶分泌的被称为促性腺激素的物质，可以促使性腺产生类固醇激素。因此，古代中国医生通过给病人服用"秋石"，产生双重疗效：既可补充外源性的性激素，又可促使患者自身分泌更多的内源性性激素。

中国人主要用这些性激素治疗与生殖器官有关的各类疾患，其中包括：性腺机能减退、阳痿、性逆转、阴阳两性人、遗精、痛经、性功能低下等。当然，有关古代中国人提取性激素方面目前仍有一些难以回答的问题，但毋庸置疑，是中国人最早开始研究内分泌科学。

中医诊断疾病的独特方法——脉诊

生病是我们常遇到的事，如果生了病，就要去医院诊治。现代的医院利用高科技技术，诊断各种疾病的手段越来越多。但在古代，医生诊治疾病时，就只能够靠眼看、鼻闻、耳听、口问、手摸等方法来进行诊断。在古代，世界上要数中国人的医学经验最为丰富，中国古代诊断疾病用得最多的方法就是脉诊。脉诊又叫"切诊"，是当时中医的"四诊"（望、闻、问、切）之一。

脉诊在中国有着十分悠久的历史，它是中国古代医学家经过长期医疗实践总结出的诊断方法。《史记》中记载的名医扁鹊，就是因精于望、闻、问、切这4种方法，而名扬各地。司马迁在《史记》中甚至说："至今天下言脉者，由扁鹊也。"他把中国古代脉诊的发明完全归功于扁鹊，其实，这是不确切的。据史料记载，中国早在春秋战国时期，脉诊的技术已经相当完善。那时，中国出现了有关脉诊的《黄帝内经》《难经》等书，这些书都对当时的脉诊技术有着详细的论述。

1973年，中国考古学家在马王堆3号汉墓中发现了2000多年前的医药文献帛书——《脉法》《阴阳脉症候》以及其他一些当时用脉诊判断疾病的材料。这说明，在那时候，脉诊就已经成为中国古代医学的一个重要组成部分。

到了汉朝时期，中国的脉诊技术已经非常普遍。《史记》中记载的另一位中国古代的名医淳于意，就曾向他的老师学习脉诊技术达3年之久。从记载来看，他治病时，必先诊脉。在东汉的另一位名医张仲景的《伤寒杂病论》中，可以看出，当时的脉诊已经普遍用于临床诊断，并且有进一步的发展和提高。

到了晋代，名医王叔和综合前代有关脉学的知识和经验，写出了《脉经》一书，这是中国现存最早的一本脉学专著。此书把脉学分为24种，并对每种脉象都做了详细的说明，叙述了各种切脉的方法和多种杂病的脉症，把脉诊和病症结合起来，使脉学成为一门更加实际的学问。从此以后，中国的脉学专著逐渐增多。脉诊成为中国古代医学中一个必不可少的学科。清朝时期，中国已有关于脉学的专著 100 余种，反映出中国古代脉学的发展。

中国古代人民发明了脉诊，为全世界医学界提供了一个很好的诊疗方法。至今，脉诊仍是中医诊断病情的一种重要手段。

中医治疗疾病的独特方法——针灸

针灸，是中国医学的一个重要组成部分。关于针灸学起源的说法，往往与伏羲氏、黄帝相联系，这说明中国古代针灸学的起源是相当早的。

据史料记载，针灸疗法在战国时期已经相当普遍。在这个时期出现了一些名医，其中最著名的要数扁鹊了。从发掘出的文物来看，当时的许多书籍、文物上都记录了有关针灸医术的发展过程。针灸学的发展，必然会导致针灸工具的改进。在金属针出现以前，针灸用的针是用石头或者骨头做的。从目前发掘出的文物来看，中国古代针灸用的最早的金属针是在中国河北省满城西汉刘胜墓中出土的 9 根金银针。针灸工具的改进，还表现在针形的增多和定型上。在古籍《黄帝内经》里，曾多次提到"九针"这个名字，并对其主要用途和形状做了详细说明。这九针分别是长针、大针、毫针、圆针、锋针等。九针这个名字和针的形状虽然后来有些变化，但还是一直被人们沿用了 2000 多年。

针灸学发展到汉晋时期，已经逐渐完备，并开始利用图形来表示针灸的穴位。一些关于针灸学的著作也随之出现，其中《甲乙经》这本书，是我国现存最早的针灸著作。该书对针灸治疗及穴位都记载详细，而且有条有理。

唐朝时期，朝廷开设了专门的"针灸科"，还给研究和学习针灸学的人封了各种职称，如针博士、针助教等。宋朝时期，是中国古代针灸事业的一个大发展时期，针灸学家们不断地发现了许多新的重要穴位。1026 年，翰林医官院的医官王唯一，科学地总结了古代针灸学的成就，整理出了一部关于针灸学研究的书，后来又铸了两个人体铜模型，模型的全身布满了穴位。据有关资料说，中国明朝时期的铜人模型，已有666个穴位。

随着针灸事业的发展，元、明、清三代，针灸学家们编写了一些关于针灸学的著名专著。这无疑对中国古代针灸学事业的总结和发展起到了重要作用。

新中国成立以后，人们通过高科技的手段，又发现了100多个新穴位，丰富了针灸医疗的内容。

世界上第一部法医学专著——《洗冤集录》

具有5000年文化的中国，对法医学研究有着十分悠久的历史。据考古学家考证，中国早在汉朝时的《礼记·月令》一书中，就有"瞻伤、察创、视折、审断，决狱讼必端平"的记载，这是世界上人们对法医学研究最早的记载。

在唐朝以前，古人已积累了许多法医学的知识，但还没有一本真正的法医学专著。到了五代后晋时期，和凝、和蒙父子合著了一本叫《疑狱集》的书，这是中国现存最早的关于法医学研究的著作。到了宋朝，《内恕录》《平冤录》《检验格目》《折狱龟鉴》《棠阴比事》等有关法医学研究的书籍相继出现。但是，这些书籍的内容还比较粗糙，体系也不够完整。真正被世界上公认的第一本法医学专著，是宋朝时期宋慈1247年所著的《洗冤集录》，这本书比意大利人菲德里1601年著的法医学专著《医生的报告》早350多年。

据史料记载，宋慈曾任宋朝时期的高级刑法官。他任职时，审案很认真，特别是对于一些重大案件，总是反复思考。在检验犯罪的现场时，他还始终监视着尸体检验员，找寻现场实证。由于宋慈长期从事审判工作，出入案件现场，他又善于学习和钻研，所以积累了丰富的法医检验知识和经验。宋慈在总结前人的经验基础上，于1245年开始编写《洗冤集录》一书。他把各种关于法医学研究的书籍加以综合提炼，并加进了自己的一些正确看法，汇编成了《洗冤集录》。两年之后，《洗冤集录》被奉旨颁行，成为当时乃至此后历代审判官员的案头必备的参考资料。

宋慈的这本《洗冤集录》内容丰富，范围广泛，涉及解剖、生理、病例、诊断、治疗、急救、内科、外科、妇科、儿科、骨科等方面的知识，许多内容在今天看来仍有非常高的科学价值。由于科学技术还不发达，受当时历史条件的限制，书中有的地方对病情的观察不够严密，缺乏科学根据，有的还带有一些迷信色彩。这在那个时代也是难免的，但瑕不掩瑜，整本书的主题思想仍是难能可贵的。

从 13 世纪到 19 世纪，《洗冤集录》在中国被沿用了 600 多年。这本书不但在中国有很大的影响，而且还享誉世界。1862 年，荷兰人曾把它译成荷兰文本。1908 年，法国人又把这本书译成法文本。以后，《洗冤集录》又陆续被翻译成德、朝、日、英、美、俄等各国文字。

神医华佗的腹腔手术和麻醉术

腹腔手术和麻醉术在现代医学领域中，占有非常重要的位置。这种手术的难度非常大。据《后汉书》等中国古代的文献记载，早在东汉三国时期（公元 25—280 年），中国古代著名的医学家华佗就已经能够运用当时的麻醉术对病人进行一些复杂的腹腔手术，因此，他被称为"外科圣手""外科鼻祖""神医华佗"。

《后汉书》中有一段记载写道：当疾病聚集在人体内部，用针灸和服药的办法都不能够治愈的时候，必须让病人先用酒冲服麻醉药，等病人犹如酒醉而失去痛觉后，就可以开始动手术。首先，要切开病人的腹腔或背部，把肿瘤切除。如果病在肠胃，那就要把肠胃切开，除去里面的肿瘤，然后清洗干净，把切断的肠胃缝合，在缝合处敷上膏药。这种在当时算得上比较危险的疗法，却能够在四五天内伤口愈合，一个月之内恢复正常。《后汉书》的这段生动详细的描写使我们知道了中国人早在三国时期，就已经能够做腹腔、肠胃肿瘤的切除手术,并且能够使伤口在一个月内完全恢复。我们都知道,即使在科技非常发达的今天,这种手术仍是比较大的手术,这在当时的年代是难以想象的。

像这种大的外科手术,能否顺利地进行并取得成功,与当时中国发达的麻醉技术是有密切联系的。华佗能够非常顺利地进行这样高明而且成效卓著的外科手术,是和他掌握的麻醉术分不开的。华佗的麻醉术,继承了原来先秦时期用酒作为麻药的经验,创造了用酒服麻沸散的办法。直到现在,有的外科医生仍用酒对病人进行麻醉。可惜的是,关于麻沸散的药物组成,现在已完全失传。

据现代的科学家研究,麻沸散可能和睡圣散、草乌散、蒙汗药类似。古籍《扁鹊心书》有记载,用睡圣散作为麻醉药,它的主要药物就是曼陀罗花。日本外科医生华冈青州于 1805 年用曼陀罗花作为手术麻醉剂,被誉为世界外科学麻醉史上的首创,其实,这比中国晚了至少 1500 年。

现在,中国的外科医师和麻醉师合作,用曼陀罗花等作为手术的麻醉药,取得了可喜的成绩。实践证明,这种天然的麻醉药不仅效果可靠,而且有抗休克、抗感染的优越性,这是其他现代西方的麻醉药所不能比的。

人类的福音——中国人发明蚊香

盛夏的时候,人们一般使用点燃的蚊香来驱赶蚊子。蚊香是我国古代人民的一项发明,这里面还有一个故事呢。

传说在远古的时候,蚊虫成灾,专门吸人血。人们无法逃脱,只好分批送人"喂蚊子"。一天,轮到了一个别名"大烟鬼"的老头子"喂蚊子"时,他带了很多的烟去,走到"喂蚊子"的地方,左一袋烟右一袋烟吸个没完没了,一直到了天亮也没有一只蚊子去叮他,在他的周围却躺着许多死蚊子。这个消息迅速地传到了每一个人的耳朵里,人们灵机一动,开始点着草熏蚊子,蚊子果然被熏死了。后来,人们根据这个道理,就发明了蚊香。当然,这仅是个传说。

据史料记载，远在北宋，我国人民就已经开始用艾叶来做蚊香驱赶蚊子了。宋朝的一本古籍《埤雅》上就记载："蚊性恶烟，以艾叶熏之则溃。"此外，《古今秘苑》还载有那时做蚊香的方法，即用浮萍、樟脑、鳖甲等中草药做成饼状，燃烧后的烟可以驱赶蚊子。

20 世纪初期，外国发明了化学蚊香。实践证明，用含有滴滴涕等有机氯农药制成的蚊香在短时期内灭蚊有奇效，但是时间一长，蚊子对这种蚊香产生了抗药性，灭蚊效率会越来越低。而中国古代劳动人民发明的用天然中草药制成的蚊香，虽然已经使用了几百年，却仍未使蚊子产生抗药性。现在，我国一般也不用化学药物来做蚊香的原料，而用除虫菊等中草药来制作蚊香。

世界上首次用人工方法合成胰岛素

人工合成的结晶胰岛素，是一种具有生命活力的蛋白质，主要用来治疗糖尿病。1965 年 9 月 17 日，中国科学家在向人工合成生命物质进军的道路上取得重大突破，在世界上首次用人工方法合成一种活性蛋白质——结晶牛胰岛素。这项成果为人工合成生命物质开拓了道路。在这之前，胰岛素主要是从家畜胰脏中抽取纯化而得。人工合成胰岛素成功后，就可以大规模生产胰岛素了。

人工合成生命物质，不仅是揭开生命奥秘的关键，而且在哲学上有重大意义，因此成为当代引人注目的研究课题。19 世纪中叶以来，人们已经能够从动物组织中分离出一些蛋白质，如卵蛋白、血红蛋白等，并认识到蛋白质与生命现象密切相关。因此，用实验方法制成有活性的蛋白质，揭示蛋白质的秘密，证实生命是由无机物质产生的，就成了人类的迫切愿望。然而，蛋白质的结构极其复杂，蛋白质分子中所含的氨基酸有几十个，几百个甚至几万个，合成实验工作非常困难。

胰岛素是最简单的蛋白质，它的分子量是 5750，由 51 个氨基酸组成。它是动物胰腺分泌的一种激素，具有降低血糖和调节体内糖类代谢的功能，是生命活动不可缺少的物质。因此，科学家在合成蛋白质工作中就选择了胰岛素。

尽管胰岛素分子比较简单，但合成起来也是存在很大困难的。一个胰岛素分子有两条氨基酸组成的链条。要想人工合成，首先要把氨基酸按照一定的顺序连接起来，制出像天然胰岛素一样的两条链，然后再把两条链连接在一起。这项工作艰巨复杂，不少科学家费尽心机，到1958年也只能把13个氨基酸连接起来。就在这一年，中国科学工作者向人工合成胰岛素进军了。他们从天然胰岛素分子的拆合开始，经过6年零9个月坚持不懈的努力，最后实现了全合成。经过晶体结构测定，证明它具有和天然胰岛素一样的生命活力和物理化学性质。

在人工合成胰岛素的过程中，人们弄清楚了一些蛋白质的氨基酸的连接结构。人工合成胰岛素也为研究蛋白质的结构与功能的关系创造了条件。比如，在分子结构上作些改变，导致功能的变化，进而摸索到了蛋白质结构与功能的一般规律性。这将促进复杂蛋白质的人工合成，并为合成核酸积累了经验。

中国现代医学史上的奇迹——"再造手"

手是人们生存的一个重要器官。有了手，人才能劳动，才能够创造出我们这个五彩的世界。但自古以来，世界各地有许多人因事故失去了手。这是多么的痛苦啊！他们都梦寐以求地想要"再造手"，以此来获得新生。全世界医学界有多少权威人士千方百计地想创造出"再造手"的奇迹，好为病人解除痛苦。因此，医学界里的权威们运用高科技技术，创造出了机械手和电子手等假肢。但这些都是没有感觉的手，如果离开眼睛的配合，连简单的动作都难以完成。

中国医学界的骄傲——于仲嘉，在1978年创造出了世界医学界的奇迹，他制造出了"再造手"。这种手与正常的真手一样，不但能活动，而且有血有肉，有皮有筋，还有感知功能。难怪全世界医学界的有名人士都惊呼道:"这是一个奇迹!"这是"中国手",是"医学第一"。

在第七届国际显微外科会议上,与会的世界上60多个国家的400多位医学专家,在听完于仲嘉关于"再造手"的报告后,掌声雷动。坐在前排的国际评委全都站了起来,一一与于仲嘉握手,祝贺他试验成功,并赞扬他"突破了19世纪意大利医生文海蒂和第一次世界大战前后德国医生柯根勃发明的用手术办法增进假肢或利用前臂残端功能的做法"。

但在这荣誉的背后,于仲嘉付出了多少的艰辛与时光啊!于仲嘉1959年从安徽医学院毕业以后,就来到了上海第六人民医院工作。这所医院曾以断肢再植而闻名于世。但能不能够制造出一双真手呢?于仲嘉始终探索着这个问题。

经过长期的苦思冥想,于仲嘉终于想出了一个很好的方案:先用钢叉和断臂的桡骨相接,代替手掌骨,外面加上肌肉、血管、神经和皮肤制成手掌,再从病人自己的脚上移植几个脚趾作为手指,不就造出一只人造手了吗?

为实现这个方案,于仲嘉一头扎进了动物房、解剖室,废寝忘食地不断做着各种实验。他要在高倍的显微镜下,用比头发还细的针缝合细微的神经和血管。一般的人看这种显微镜,几分钟就头晕眼花了,于仲嘉却能够一口气看上几十分钟。

1978年10月的一天,是于仲嘉永远也忘不掉的日子,也是人类在显微外科史上值得纪念的日子。这天,于仲嘉带领一批助手,用了整整12个小时的时间,使一名断手的农村青年重新"长"出了一个有2个指头的手掌。这是人类医学历史上的第一个真正的"再造手"。半年以后,这只手已经能够端碗、用筷、下棋、写字,还能够提起6斤多重的物品。

现在,于仲嘉已经能够做6种类型的再造手了,所以中国至今在世界显微外科的领域里遥遥领先。

控制人类生育的马昆基因

中国科学院昆明动物所的旅英学者马昆,在人类基因研究方面取得重大突破,在世界上首次成功地分离出了负责控制产生精子的基因。这一基因被命名为马昆基因。

马昆的发现受到国际生物学界的瞩目。世界生物学权威性杂志《细胞》,于1993年12月31日发表了这一研究成果。英国《独立报》《每日电讯报》和《苏格兰人报》也都做了详细报道。科学家们认为,这一发现有可能导致男性不育新疗法的产生,还可为实现男性避孕提供一个新途径。

科学家们发现,在不育症的病例中,大约有三分之一是由于男性不能产生足够的活性精子引起的。1976年,意大利科学家推测,Y染色体长臂上有一个区域对于精子的产生具有十分重要的作用。这个区域名叫精子缺乏因子,它极有可能就是控制精子产生的基因组。这个基因位于600万个碱基对之中。马昆的任务就是从这600万个碱基对中找出这个基因,其难度犹如大海捞针。1992年,马昆的研究取得进展,他把这个基因的位置缩小到了Y染色体长臂上的60万个碱基对中。1993年9月,马昆分离出了这种基因。它就是精子缺乏因子蛋白。虽然对于这种基因的确切功能尚不完全清楚,但可以断定的是,它控制负责制造精子的基因的活动。

马昆认为,这种基因直接指导、控制和参与细胞里有关"信息"蛋白的合成。如果这种基因发生了变异或出现了缺损,就会致使男性不能产生正常的精子或根本不产生精子而丧失生殖能力。

马昆还在其他哺乳动物身上进行了同样的实验,比如在鼠、羊、牛体内也发现了这种控制精子产生的基因。

英国科学家在评价这一成就时说,这个基因的发现是走向通过DNA分析法而诊断男性不育症的重要一步,了解了这种基因的功能以后,就会帮助我们找到实施男性避孕的新方法。医生可以通过基因疗法纠正有缺损的基因,从而达到治疗男性不育的目的,也可以通过"关闭"这个基因而达到避孕的目的。马昆在取得这一成果后，又开始用动物进行试验，计划将他的这一研究成果最终运用于男性避孕方面。

生命起源于磷酰化氨基酸的科学发现

地球上生命起源的问题，一直是世界上众多科学家进行研究和关注的尖端科学。中国科学院院士、清华大学教授赵玉芬和上海机械新技术研究所高级工程师曹培生经过 3 年多的合作，1994 年首次发现并证明了磷酰化氨基酸是生命起源的种子。

长期以来，在生命起源这一重大科学问题上，世界著名科学家分成两大学派：一派认为蛋白是生命的起源，也就是说先有蛋白，后有核酸；另一派则认定核酸是生命的起源，也就是说先有核酸而后有蛋白。赵玉芬用大量的实验及深厚的理论，证明了磷酰化氨基酸作为最小的、有生物活性的分子可以同时产生蛋白和核酸，这就是说，生命起源于磷酰化氨基酸，它是蛋白和核酸的共同本源，在它身上具备着核酸与蛋白相互作用的基本规律。

曹培生则以一个非线性方程表达式阐明了磷与糖及氨基酸的相互关系，其中磷为主控函数，并从理论上指明了磷的化学原则调控着糖（核糖）及氨基酸上的化学性质。磷是生成核酸及蛋白的中心元素。赵玉芬、曹培生将这一重大发现写成了论文，并由赵玉芬于 1994 年 8 月 27 日至 9 月 2 日，在意大利举行的由第三世界科学院、联合国教科文组织、欧共体及国际科学基金会共同主办的纪念苏联生命科学家奥巴林诞辰 100 周年大会上，作了《生命化学的基本构件》报告。报告引起了与会的美、日、俄、法、德、印度、巴西等国科学家的震动及赞赏。大会主席普纳坡鲁马称赞这是非常重大的发现，热情地邀请赵玉芬参加第三世界妇女科技组织，并主动提出让以第三世界基金资助研究生命起源的学者到清华大学参加国际研讨会。他还向前届国际生命起源大会主席欧罗等科学家郑重地推荐赵玉芬的论文在 SCTEN 及 NATURE 这两份国际权威的自然科学杂志上发表。

矿 产 冶 炼

中国人最早利用植物探矿

有些植物或植物群落与生长地区的土壤及地下的矿物成分有关联，因此人们可以利用这些植物来寻找矿藏，并把这类植物叫作指示植物。用指示植物寻找矿产资源的方法叫植物探矿，它是当代地质勘探重要的辅助手段之一。

中国人最早发现了指示植物，并利用它们来寻找有用矿物。《山海经》中记载着一种名叫"薰棠"的植物，它只生长在金矿附近，当然，它到底是什么植物，现在很难查清。单纯从名称上看，可能是一种兰科植物，但蔷薇科植物的山楂属、李属等都有许多种类与之相近。

从公元前5世纪时的名著《禹贡》中可以看出，当时的劳动人民对土壤性状与植物生长的关系已颇有研究。在这部著作中，出现了专业性很强的学术术语。由此可知那时的人们已掌握了有关指示植物的丰富知识，并且已经用这些知识来寻找有用的金属矿物。但是，可能出于保密的原因，这些史料对植物探矿的详细叙述不多，所以至今尚未能拿出充分的证据来揭开这一历史发现之谜。

不过，在公元元年以后，植物与矿产关系的记载资料越来越多。约完稿于公元前380年的《文子》《通玄真经》中，记录有公元前3世纪前后的资料："山中有玉者，木旁枝下垂。"现在发现公元6世纪至少已有3本关于植物探矿的专著。其中一本叫《地镜图》的著作记载道："草茎黄锈，下有铜器。""草茎赤秀，下有铅。"唐朝文学家段成式在他的《酉阳杂俎》中也写道："山上有葱，其下有银；山上有薤，其下有金；山上有姜，下有铜锡。"

尽管上述史料多出自文史学家之手，其真实性还有待商讨，但是可以肯定的是，中国古代劳动人民很早以前就已经注意到了植物生长和许多微量元素有着密切的关系。宋代著名天文学家、医药学家苏颂在《图经本草》中曾记录了一种叫马齿苋的植物，"其节间有水银，每干之十斤中得水银八两至十两者"。也就是说，这种植物含有相当数量的汞，从每 10 斤这种干燥的马齿苋中可以提炼出 8 至 10 两汞。

问世于 1421 年的《庚辛玉册》，系统地记载了一些植物和矿物间的相互关系，其中写道："蔓菁中含有金气，石杨柳中含有银气，艾蒿、粟和大小麦中含有铅、锡气，三叶酸中含有铜气。"

相比之下，欧洲人认识指示植物就晚得多。1600 年前后，英国的查洛纳爵士兄弟，在约克郡吉斯巴勒找到一个铝矿。查洛纳爵士发现矿区及附近的栎树叶子比其他地区的栎树叶子更显深绿，树木显得矮小，但主杆粗壮，枝繁叶茂。查洛纳爵士想，这会不会和地下的铝矿有关呢？他大胆地提出了自己的推断，后来，在意大利另一个铝矿地区证实了这个推断。如果这件事算是欧洲人利用指示植物探矿的首次尝试，那么它大约比中国古代记录下同类的事例晚了 2000 多年。

天然气的开采和利用

中国是世界上最早开采和利用天然气的国家。在欧洲，英国是最早使用天然气的国家，时间是 1688 年，比中国晚了 1800 余年。

天然气是一种燃烧热值较高的燃料，其主要化学成分是甲烷，另外还有少量低级烷烃、烯烃。在古代，人们把生产天然气的气井称为"火井"。据《汉书·地理志》记载："西河郡，武帝元朔四年（公元前 125 年）置……鸿门，有天封苑火井祠，火从地出也。"西河郡鸿门县位于今陕西神木市一带，上述记载说明当时那里已经有了火井，距今约 2100 年。这是中国生产天然气和拥有天然气井的最早记录。西汉扬雄（公元前 53—公元 18

年）所著的《蜀都赋》中也有关于天然气的记载，说四川地区有火井。

祖先们最早开发生产的天然气，主要是用来煮盐。在四川成都和川西临邛（今邛崃市）等地出土的东汉画像砖上都刻有煮盐图，即利用天然气煮井盐水以制盐。西晋的张华在所著的《博物志》一书中记载道："临邛有火井，深六十余丈，火光上出，人以简盛火，行百余里，犹可燃也。""临邛有火井一所，纵广五尺，深二三丈……井上煮盐。"东晋时期的常璩所著《华阳国志·蜀志》也记述了临邛取井水煮盐的情况。此外，《初学记》、刘敬叔的《异苑》《续汉志》、西晋左思的《蜀都赋》《御览》《元和志》《太平广记》等古籍中也都有火井的记载。这表明中国在 2000 余年以前就开始使用天然气。明代宋应星的《天工开物》，除对气井煮盐有更详尽的文字叙述外，还绘有插图，清楚地表现了古代天然气井的井架、水塔、笕管、石圈井口等结构。

中国的天然气开采技术在当时也比较先进，像小口深井钻凿法、套管固管法、笕管引气法、试气量法和裂缝性气田的钻凿等技术，均为世界首创。

中国是最早发现和使用煤的国家

据考古学家考证，中国是最早发现和使用煤的国家。

我们的祖先最早把煤叫作"石涅"，后来又叫"石墨""石炭"。古籍《山海经》里曾写道："女床之山其阴多石涅。"可见煤作为一种矿物质，在战国时期就已被我国古代的劳动人民发现和利用。这在我国的古籍中有明确记载，如《史记·外戚世家》：窦太后"弟曰窦广国，子少君……为其主入山作炭，暮卧岸下百余人，岸崩，尽压杀卧者，少君独得脱"。据考古学家考查发现，在我国汉代的冶铁遗址里，有冶炼时使用的各种燃料，其中就有煤饼（即蜂窝煤）。这一重要发现，说明在西汉时期，煤已经用于工业，而且那时的人已经会把开采出来的煤制成煤饼。

据史料记载，到了三国时期，曹操在汉献帝建安十五年（210 年）修筑铜雀台时，在室井内储存了煤，以备打仗时燃用。后魏时期的一本古籍《水经注》上，有这样一段话："邺县西三台，中曰铜雀台……上有冰室，室有数井，井深十五丈藏冰及石墨焉。石墨可书，又燃之难尽，亦谓之石炭。"由此可见，当时的皇家贵族已经开始用煤作燃料。

到了隋朝，煤在民间已经开始通用。历代王朝为了增加财政收入，独揽厚利，把煤作为自己的专卖品。到了宋朝，朝廷已经设有专门卖煤的职务了。到了元朝，人们把石炭开始称为"煤炭"。

在明朝的一本古书《神宗实录》中，记载了一次煤业民户为反抗封建统治者而进行群众性斗争的史实。这说明，我国的煤业生产在当时已经是一个大的生产行业，煤的开采与使用也已经十分广泛。

明末清初，我国的煤业已经达到当时世界上最高的水平，已经能炼出焦炭。欧洲有关煤的开采的最早记载见于13世纪，比中国晚了1000多年，而且欧洲直到18世纪才会用煤炼出焦炭来。

古巴蜀人在制盐中发明钻井技术

钻井技术在中国可上溯到公元前4世纪。李约瑟博士曾公正地评价道："今天勘探油田所用的钻探井或凿洞坑术，肯定是中国人发明的。"事实确是如此。在西方连杆式钻井技术和现代化的旋转钻头技术中都能找到中国古代钻井技术的痕迹。西方的深井钻探技术实质是从中国传入的，而现代石油工业也是建立在比西方要早1900多年的中国技术基础之上。

中国钻井技术的起源和发展与制盐业有着密切的联系。第一座盐井出现在古巴蜀地区，即现在的四川地区。在古代，运输业极不发达，海盐很难运到地处内地、道路艰险的四川。但古巴蜀的人们发现自己的脚底下就蕴藏着丰富的岩盐和盐分很高的卤水，他们即因地制宜，开采地下盐（四川人称食盐为盐巴）。在四川，产盐的地区主要集中在自贡，井架林立的自贡因此有"盐都"之称。

采盐的需要促进了深井钻探技术的发明和发展。战国时期，盐井均为大口浅井，到汉代逐渐变为小口深井。钻井深度越来越深，钻透盐层再往下便是天然气层，卤水制盐需要熬制，使用天然气作燃料既方便又经济。由此可见，天然气就是在深井制盐业的促进下开发的，天然气的发现和钻井技术的发明基本上是在同一时期。

由于天然气层较深，要开凿气井必须有优良的钻井设备。中国当时已有先进的铁制业，为钻井提供了铸铁造的钻头。动力则用人力，人先跳到杠杆的一端把钻头抬高，再跳下来使钻头砸下去。钻井用的竹缆是由 10 多米长的竹条制成的。竹缆具有很强的抗拉强度，与一些钢缆的抗拉强度相当。而且竹缆有极好的柔韧性，容易绕在钻头提升鼓上。竹缆的第三个优点是遇水后强度增加。钻井通常使用的大钻头长约 3 米、重 140 千克，用来冲击岩石，扩大由小钻头钻的孔；小钻头只有几十千克重。

在不断地劳动实践中，古巴蜀人民发明了一系列专用的钻井工具，总结出一整套钻井技术，开凿出一大批很深的天然气井。据有关资料记载，在清乾隆年间，自流井地区（现自贡）有一口天然气井深度为 530 米，产气量为每日 160 立方米。到了清朝末年，钻井深度为 1200 米以上，日产气量 1 万立方米，天然气的气井有 10 多口。

中国古代劳动人民在开采天然气过程中发展的深井钻探技术，大约在 1828 年传到欧洲。当时一位名叫英伯特的法国驻华外交官给法国一个科学协会写了一封信，信中说，他亲眼看到中国人用周长 10 多米的轮子，转动 50 次，提取一桶桶盐水。有位名叫约巴德的工程师，立即试用了中国人的方法。后来，约在 1834 年，欧洲人首次成功地用中国的钻探技术开凿了盐井，1841 年又开凿了油井。1859 年，德莱克上校在美国宾夕法尼亚州石油湾用中国的竹缆方法钻出了一口油井，而此项技术很可能就是从当时在美洲修筑铁路的中国劳工那里获得的。至此，中国的深井钻探技术迅速传播开来，被世界各国效仿采用。

中国古人对铜矿的开采

据考古学家考证，中国古代对铜矿的开采在商朝时就已初具规模。

1989年1月27日《中国文物报》报道，在江西瑞昌铜岭，科学家们发现一处中国商朝时期的大型铜矿遗址，这是科学家目前发现的中国最早的一处采铜遗址。这个遗址的面积约25万平方米。科学家们在已挖掘出的300平方米范围内，发现有竖井24口，平巷3条，露天采矿坑一处，选矿槽一处。这些发现说明：中国古代劳动人民在商代时期就已会采用竖井、平巷、坑采等开采方法来联合开采矿物。

1979年4月，科学家们在湖南麻阳发现一处春秋战国时的铜矿遗址，这里有古代的矿井14处，其中一处是露天开采，其余的是地下开采。1974年，湖北大冶铜绿山曾发掘出春秋战国时期的另一处铜矿井，这个古矿井保存得非常完整，是一个很有价值的历史实物。考古学家们从中发掘出两处井口："十二线老窿"和"二十四线老窿"，两处相距300多米。十二线老窿的发掘点距地表40多米，在50平方米的发掘面积里，发现了8个竖井和1个斜井。竖井的井口直径约80厘米。二十四线老窿的发掘点距地表50多米。在约120平方米的发掘面积里，有5个竖井、1条斜巷和10条平巷。竖井的井口直径是110到130厘米，比十二线老窿大。

这样的采矿规模和技术，在中国古代的史书中少有记载。宋朝孔平仲写的《谈苑》中讲到了铜矿开采情况。"韶州岑水场，往岁铜发，掘地二十余丈即见铜。今铜益少，掘地益深，至七八十丈。役夫云：地中变怪至多，有冷烟气中人即死。役夫掘地而入，必以长竹筒端置火先试之，如火焰青，即是冷烟气也，急避之，勿前，乃免。"这段话讲的是今广东韶关一带，原来的铜矿比较丰富，现在铜矿少了。文里所说的"冷烟气"可能指的是含一氧化碳较多的天然气。这里讲到了矿井的深度和防止天然气中毒的办法，但对整个矿井的结构没有记载。在明朝宋应星著的《天工开物》中曾提到："湖广武昌、江西广信皆饶铜穴。""凡出铜山，夹土带石，穴凿数丈得之。"

到清朝时，中国关于矿井的文献记载才逐渐多起来，譬如王崧的《矿厂采炼篇》、张泓的《滇南新语》等。

世界上最早的镜子——铜镜

在原始社会时期，世界上是没有镜子的，但中国古人想出了一个用陶盆盛水照自己的影子的办法来看自己的容貌。在甲骨文和金文中，就已有"监"这个字，形状如人临器皿俯视的样子，即古文中所说的"人监于水"。在世界上的第一部字典《说文解字》中，也有"监，临下也"的解释。

现在的镜子多采用玻璃材料，然而在中国古代，人们却是"以铜为鉴，可正衣冠"。据考古学家考证，中国古代铜镜的铸造时间是非常早的。古籍《黄帝内传》上写道："帝既与西王母会于王屋，乃铸大镜十二面，随月用之。"《玄中记》中曰："尹寿作镜，尧臣也。"这说明，中国早在 3600 多年前的商朝，就已会做铜镜了。1976 年，考古学家在河南安阳殷墟 5 号墓里，发现了 5 面商代后期的铜镜。这是世界上目前发现的最早的铜镜实物。

铜镜在战国时期开始流行于中国。那时，铜镜的镜面多为圆形，虽然铜镜上大都没有文字，但刻有各种花纹。在现在的故宫博物院里，就收藏有一件花纹是蛙形的战国铜镜，实为罕见。

西汉时期，汉武帝曾在宫殿里设有专门掌管铜镜的尚方官。当时的铜镜非常厚重，形状仍为圆形。有的铜镜背面还刻有吉祥语，如"长命富贵""长宜子孙"等。当时有的铜镜还有透光效应，一般称为"透光镜"，这种铜镜只要用日光或灯光照射镜面，与镜面相对的墙上就会出现镜子背面的花纹的形象，这种铜镜被古人称为"魔镜"。

东汉至魏晋南北朝时期，中国古代劳动人民又创造了浮雕纹饰的画像镜。画像镜多以历史或神话故事为题材，如姜子牙、伍子胥等人物造型。

唐朝时期，铜镜仍比较厚重，因为镜子内锡的成分增多，镜面显得洁白光亮。其形状有圆形、八棱形、菱形，还有带把柄的铜镜。花纹有蝴蝶、葡萄、猛兽、凤鸟、鹦鹉、人物故事及神话传说等。这说明，那时中国的铜镜的制作工艺有了很大发展。

宋朝时期，菱形的铜镜开始流行起来，而且一般都带把柄。但到了宋朝后期，中国铜镜的制作水平却开始下降。元、明、清三代，除仿制以前朝代的铜镜外，铜镜的制造业已经开始走下坡路。到了清朝乾隆年间，中国开始流行玻璃镜子，铜镜也就因此退出了历史舞台。

世界上最早的鼓风设备——风箱

风箱，是中国古代劳动人民发明的、一种世界上最早的鼓风设备。这种古老的设备能够使炉中的火焰熊熊燃烧起来。考古学家从文献记载上看到，中国古代的大哲学家老子曾经说，"天地之间，其犹橐龠乎？虚而不屈，动而愈出。"这句话的意思是说，天地万物其实就像一个很大的皮革做的鼓风器，里面充满了空气，所以天不会塌下来。它越是活动，放出的空气就越多。"橐龠"就是古代的一种鼓风器，是"风箱"一词的古称。老子生活的年代是公元前 4 世纪，因此科学家推断出，中国早在公元前 4 世纪时，民间就已经普遍开始使用风箱这种鼓风器了。

在中国古代，风箱是一种非常重要的工具。尤其在冶炼金属方面，风箱更是必不可少的设备。宋朝时期，中国古代的劳动人民发明了一种双动式活塞风箱，这种风箱有许多优点，所以刚发明出来，就在中国民间普遍使用，甚至直到今天，北方农村里有些人家仍在使用这种风箱。

双动式活塞风箱整体为一个矩形的木箱，箱内用一个隔板分为两层，上层内装有活塞，活塞与拉杆相连而且又和风箱外的拉手相接，在活塞与隔板相接的地方，有一些羽毛，这样可以防止空气溢出。下面一层是风道，隔板的两端有两个风口，箱两端各有一个进风孔，口上装有一个活瓣，活瓣使空气只朝一个方向流动。使用这种风箱的时候，只要把风箱上的拉杆一拉一推，即可把空气压向炉中，炉中的焰火在风的吹动下就会越烧越旺。风箱在中国的发展经历了漫长的岁月，从战国时期的皮革橐龠到东汉时期的木扇式水排，再到宋朝时期的双动式活塞风箱，中国古代在这方面的研究一直处在世界先进行列。

16 世纪时，中国的风箱传入欧洲。1916 年，欧洲人在中国发明的风箱上做了一些小的动力改进，发明出双动式水泵。19 世纪时，一位西方的科学家认为世界上最完美的鼓风器就是根据中国风箱改进的水泵。可见中国古代发明的风箱在世界上的重要地位。

建 筑 工 程

迄今发现建造时代最久远的木桥

在古代，如果仅从架设桥梁的材料上分，木材应该是最先造福于人类的。世界上第一座真正的桥梁很可能是木桥，在古代的江河溪流上，肯定到处都会看到它的姿影。但是，现代的人类却无法知道世界上的第一座木桥究竟诞生于何时。

1989 年，在陕西省咸阳市沙河古道发现两座古代木桥建筑，专家们考证认为，其中一座建于西汉，是国内外迄今发现的时代最久远、规模最宏大的木桥遗址。

两座木桥遗址，是咸阳市台乡王道村农民挖沙时发现的。现已查明，一号桥址 16 排 112 根木桩，每排间距 3 至 6 米，已露出的木桩高 1.6 米左右，直径约 40 厘米，上端残缺不全，有火烧痕迹，桥面已不复存在，桥南端发现面积约 8 平方米大型铁板 6 块。二号桥在一号桥东 300 米处，发现 5 排 41 根木桩，排距 8 米左右，露出的木桩高 2 至 3 米，还发现 9.54 米的方形大梁 1 根。两座木桥均宽 16 米，皆为榫卯结构。

两座古桥虽掩埋于早已枯竭的沣河溢水道沙河内，但根据对沙层的分析，上层是沙粒较大的沣河沙，下层则是含土量较大的渭河细沙，说明此处为渭河的古河道。据测定，一号桥桩距今已 2100 余年，很可能是史书记载的汉武帝建元三年（公元前 138 年）建造的丝绸之路必经的西渭桥遗址。这两座古桥的发现，不仅为研究秦汉时期的政治、经济、文化提供了宝贵的实物资料，而且在中国和世界桥梁史上也有着十分重要的意义。

有史料记载的第一座桥是中国浮桥

各国考古学家综合各种史料证明：人类有史料记载的第一座桥是中国的浮桥。

中国古代劳动人民曾经在江河之上、峡谷之间建造了无数的桥梁。但桥梁究竟起源于什么时代，现已无从考证。也许最初的桥梁是一棵因自然现象歪倒在小河边伸向对岸的大树，但是人类有目的地建造并有文字记载的桥梁出现在西周时期。中国古文中记载最早的有关桥的事，是西周初期周文王为了迎亲，用船在渭水上搭的浮桥，距今已有 3000 余年；又据《史记·秦本纪》记载，公元前 257 年秦昭襄王时，在山西蒲州（今风陵渡）黄河上曾架设了一座大浮桥，这是有史料记载的在黄河上架设的最早的一座大桥。

自从渭河浮桥、黄河浮桥书写在中国史书上后，各种各样的桥梁相继出现在中华大地上。按使用材料分，有木桥、竹桥、藤桥、石桥、铁桥等；依据构造样式又可分为板桥、索桥、拱桥、墩桥等。竹桥，较著名的如四川都江堰上的安澜桥，最初完全用竹索修建，建于秦昭王（公元前 306—前 251 年）时；石拱桥，较著名的如河北赵县的赵州桥，建于距今 1400 多年前的隋朝，还有北京丰台区的卢沟桥，建于距今 800 多年前的金代；铁桥，较著名的如四川泸定县的铁索桥，即泸定桥，建成于清康熙年间（1706 年）。

中国古代桥梁建筑堪称世界第一。勤劳、智慧、勇敢的中国人民在中华辽阔的大地上建造起了难以计数的各式各样造型优美、方便实用的桥梁。有些桥梁经历了漫长岁月中的无数次洪水和地震的考验，仍然完好无损地发挥着巨大的作用，这充分显示了中国古代劳动人民的伟大智慧和高超技术。现在，中国的造桥业也处于世界先进水平，长江、黄河等大江大河上的许多大桥和城市中的大型立交桥就是明证。

造型优美如长虹卧波的弓形石拱桥

在众多式样的中国桥梁中，最负盛名的是石拱桥。中国的石拱桥在世界桥梁史上占有显著的地位。中国人很早就发明了石拱桥，从出土的汉代画像石上可看到石拱桥的图案。据《水经注》记载，282 年晋代时，河南洛阳东六七里有一座石建的旅人桥，这是古书上记载最早的石拱桥。这是座半圆形的石拱桥，桥建好后，桥上行人，桥下行船。

世界著名的石拱桥要数中国河北赵县的安济桥，也称赵州桥，是由隋朝工匠李春设计、监造的。唐代有名望的中书令张嘉贞在《安济桥铭》中说："赵郡洨河石桥，隋匠李春之迹也，制造奇特。"安济桥建于 591 年至 599 年，它的奇特之处在于李春改变了拱的形状，把半圆形拱改成弓形拱，这就使桥面坡度减小，便于车马通过和人们行走。安济桥全长 50 多米，桥面宽 9 米，桥下仅有一个大孔，两个桥墩之间的距离达 37 米，几乎占桥长的 4/5，拱高却仅有 7.23 米，跨度大而桥面低。另一奇特之处是在拱两端各设两个小拱，也称"敞肩拱"。以往的石拱桥都是采用实肩拱，敞肩拱的出现是李春对桥梁建设的一项重大改革，也是一项创举。采用敞肩拱有以下五个优点：一是大桥载重时，小拱可以承担部分压力，以减少主拱的压力，从而提高了整个大桥的承载能力和抗形变能力；二是减小洪水对桥身的冲击力，洪水泛滥时，可以从小拱中进行分流，避免大桥被猛烈的洪水冲毁；三是减轻大桥自身的重量，自然也减少了桥墩对河岸的垂直压力和水平推力，保护河岸；四是节省建筑材料；五是使大桥在造型上更加优美。

另一个著名的弓形石拱桥是位于北京丰台区永定河上的卢沟桥。它修建于 1187 年至 1192 年间，是中国桥梁建筑史上的又一杰作。永定河实际是一条不安定的河，几乎年年春季有冰流，夏季有洪水，自古又称其为"无定河"。据《金史·河渠志》记载："大定二十七年（1188 年），卢沟河使旅往来之津要，令建石桥。……明昌三年三月（1192 年）成。"卢沟桥为联拱式石桥，宽 8 米多，全长为 265 米，共有 11 个桥孔，每孔的平均跨度约 19 米。为了防止河水冲垮桥梁，在建桥过程中，工匠们将桥墩扎得很深而且坚固，并特别修建了护墩的尖嘴，用于劈波斩浪，减轻洪水及冰流对桥墩的正面撞击。此外，工匠们还在桥上精心雕刻了 485 个形态各异的石狮子，使这座古桥既有实用性又有观赏性。意大利旅行家马可·波罗于 1275 年来到中国后曾在这座桥上漫步，他赞美这座桥是"一座极美丽的石桥，实在是世界上最好的独一无二的桥"。

《马可·波罗游记》记述了中国的许多先进科学技术，其中包括桥的弓形拱原理。而敞肩拱也在稍晚些时期传到了欧洲。于是，欧洲人开始广泛地建造弓形拱桥，如建于 1345 年的佛罗伦萨著名的维奇奥桥，还有跨越在法国罗纳河面上的圣埃斯普里桥等。

凌空飞渡的铁索桥

在现代中国，说到索桥，人们首先会想到位于四川省泸定县大渡河上的铁索桥。仅从制作架设上看，这座桥即可视为世界历史上铁索桥的代表。1935 年 5 月，此桥是中国工农红军二万五千里长征途中的一个重要关口，22 位勇士脚踏已被抽去桥板的铁索，迎着枪林弹雨，飞夺泸定桥，其不朽功绩永留史册。红军的壮举使这座铁索桥更加声名显赫。其实，在泸定桥附近地区，许多河面上还架设有各种各样的索桥。

在中国西南、西北地区，因为谷深流急，索桥的发展较早。据古书记载，中国在北魏时期就出现了索桥，而西方却到 18 世纪才出现索桥。在中国古代，索桥的种类很多，若以材料区分，主要有藤索桥、竹索桥和铁索桥。这种桥一般架在峡谷处，两岸山崖较陡，深水激流中不易立柱作墩。于是，当地人在生活实践中用悬索为桥，凌空飞渡的索桥由此诞生。这种桥在如今的一些地方被称为"悬桥"。跨越峡谷的一条绳索，就构成最简单的索桥，当地人称为"独索溜筒桥"。在峡谷两侧架起绳索的办法，是把绳子一端系在一根箭上，向对岸射去，并设法系在石头上或大树上。但是，在深谷上方吊在索上溜过是非常危险的。古代人曾想出两种解决方法：一是把绳索在固定之前穿过木筒，当地人俗称"溜壳子"，"渡者以麻绳悬缚筒下，俯面缘绳而过"；二是"筒下系作布兜，人坐其上，双手抱筒，绳一起落，则可至彼岸"。后一种方法比较舒适，也比较安全。索桥用的绳索必须有足够大的强度。中国南方盛产竹子，当地的绳索内外两层均取材于竹子，即用竹子作为内芯，外由竹条（篾片）编成的辫子紧紧缠绕，便制成了一条结实的竹索。

铁索桥即是在竹索桥、藤索桥的基础上由中国人发明的。从史料记载看，铁索桥又分独索和多索两种。独索桥就是在河岸或者峡谷的两边，先立两个柱子，上面拴一条结实的铁索，索上有一个木筒，筒下有绳。过河时，将绳拴在自己的身上，扶住木筒，顺着铁索而过。多索桥就是并列放几根铁索，上面铺上木板，人从木板上走过。现存最早的铁索桥是著名的四川灌县都江堰上的安澜桥（最初为竹索），它全长 320 米，有 8 根铁索，吊桥上铺上木板便于行走。据考证，它是李冰在公元前 3 世纪建造的。

铁索桥的架设，肯定是在铁链悬吊技术发明之后出现的，中国在钢铁技术方面曾走在世界的最前列，在公元 1 世纪就采用熟铁铁链作吊桥了。如前文所说的现存于四川的泸定铁索桥，就代表了中国古代的最高造桥技术。泸定桥全长 102 米，桥宽 3 米，桥身用 9 根铁链深嵌于两岸石台上，两侧各有两根铁链作为扶栏。铁链由 28 毫米粗的铁棒手工锻打成长形环扣连接而成。扣环每个长 17 厘米～21 厘米，外径宽 9 厘米。13 根铁索共有 12164 个扣环，重约 21 吨。如再加上桥上其他的用铁量，总计达 40 吨。在当时，桥工们是如何把每根长 120 多米、重 1.5 吨的铁索绷紧在河面上，又使各根铁索处在预定的位置上，这的确需要高超的技术。此桥建成于清康熙四十五年（1706 年）四月，原名为安乐桥，桥建成后，康熙皇帝亲自题名泸定桥，可见这座桥在当时就受到朝廷的重视。据推断，在此以前很早的年代，该处即有类似的铁索桥。

中国出现索桥的时间甚早，但其准确年代已无法考证。除四川外，在中国其他地区也有许多不同类型的索桥。贵州的吊桥曾引起了耶稣会传教士和其他于 17 世纪到中国访问的西方人的注意。1655 年，意大利人卫匡国描述了贵州境内一条河上的铁索桥，他的描述可以在其著《中国新图志》

中见到。

南美洲秘鲁的安第斯山脉中有一种葡萄藤索桥，据推测可能是仿照中国的方法建造的，那座索桥大约出现于 1290 年。西方的第一座铁索桥——温奇桥，是在 1741 年建成的，跨于英格兰的提兹河上，只有缆索而没有桥面。欧洲人于 1809 年才建成第一座可以通行车辆的索桥。由此可见，中国在索桥建造方面至少比西方早 1600 年。

中国水利史上的一项伟大工程——都江堰

闻名世界的都江堰水利工程，位于四川省成都平原西部灌县（今都江堰市）附近的岷江上。这个规模宏大的水利工程是秦昭襄王五十一年（公元前 256 年），中国古代著名的水利学家李冰在任蜀郡太守的时候，亲自领导群众修筑的。它是中国古代民众智慧的结晶，反映出中华民族在治水方面的高超技术。

都江堰水利工程是由分水鱼嘴、飞沙堰和宝瓶口三项主要工程组成。分水鱼嘴把著名的岷江一分为二：东边是内江，西边是外江，外江即是现在岷江的正流。宝瓶口则是劈开玉垒山而修建的渠首工程。飞沙堰是调节入渠水量的溢洪道。

内江和外江分开以后，内江便从宝瓶口以下的水渠流入成都平原肥沃的农田，进行农田灌溉。因此，自从李冰领导群众修建了都江堰水利工程以后，成都平原"旱则引水浸润，雨则杜塞水门"，从此成为中国的一个重要"粮仓"，享有"天府之国"的美称。

都江堰水利工程的规划、设计和施工，具有比较典型的科学性和创造性。工程规划非常完善，分水鱼嘴、飞沙堰和宝瓶口三项工程联合运用，不但能满足成都平原上的灌溉和防洪水的需要，还可以分配洪、枯水的流量。据古籍《华阳国志》记载，当时的人们为了控制内江的水流量，曾在进水口"作三石人立于水中"，使"水竭不至足，盛不没肩"。可见，这些石人起着水尺的作用。从石人的脚到肩这两个高度的确定，可以发现当时的人已经掌握了岷江洪、枯水水位变化的一般规律。再通过内江进水口水位的观察，就可以掌握进水流量，然后利用分水鱼嘴、飞沙堰和宝瓶口这三项工程来调节水位，这样就能够准确地控制渠道进水的流量。由此可以说明，中国古代的劳动人民早在2200多年以前，就已经利用并且掌握了在一定水头下通过一定流量的"堰流原理"。这座规模宏大、具有重要实用价值和现实意义的都江堰水利工程，直到现在仍在为成都平原上的人民造福，有力地促进了四川农业的生产。

世界上最早的运河和著名的京杭大运河

运河，是指人工开挖的水道，用以沟通不同水系或海洋，连接重要的城镇和工矿区，发展水上运输。

据史料记载，中国是世界上最早开挖运河的国家。早在公元前600年的时候，楚国和吴国共同挖了一条运河。后来，吴国夫差要做中原的盟主，在山东、河南之间接通了泗水和济水的航运。以后，中国北方开凿运河的技术传到了南方，并在那里得到了推广。

隋朝统一以前，经过魏、晋、南北朝时期的发展，中国江淮及江南地区一带，已成为国内经济、文化最发达的地区。如何加强对南方富饶地区的控制，便成为建立在中原的隋朝统一政权的大问题。同时，因为国防的关系，在那时的边疆，国境东北部涿郡（今北京），需要建立一个军事上的大基地，但如何把全国的军需物资输送到这个军事大基地，又是当时统治者考虑的另外一个大问题。中国的河流，大都是由西向东流。于是，隋炀帝决定开凿运河，将横贯的诸水连接在一起，成为一条贯通中国南北的河流，以解决以上所遇到的两大问题，也就是要在经济和政治上迅速沟通南北。这条大运河是中国古代最长，并且有着重要作用的运河。它在唐朝以前称为"沟渠""漕沟""漕河""运渠"等，直到宋朝时才有"运河"这一称呼，元朝以后，运河的名称就逐渐固定下来。

隋代大运河是以当时的都城洛阳为中心，分为四段：第一段是永济渠，北起涿郡，南到洛阳东板渚（今河南荥阳东北）；第二段是通济渠，北起洛阳东，南到山阳（今江苏淮安）；第三段是邗沟，北起山阳，南到江都；第四段是江南河，北起江都，南到杭州。此外，在洛阳西面，有从长安到潼关的"广通渠"。

这条隋朝时期的大运河沟通了海河、黄河、淮河、长江、钱塘江五大水系。元、明、清时期，朝廷对这条大运河进行了修整。随着中国政治经济中心的转移，现在，这条大运河全长已达1797千米，成为中国最著名的南北大运河——京杭大运河。

世界地下建筑史上的奇迹——秦始皇陵

中国陕西临潼的秦始皇陵，现冢高76米，底为485米×515米，面积近25万平方米。20世纪70年代初，一位农民在挖井时发现了秦陵兵马俑坑。1974年，在陵墓东侧1.225公里处，又发现3座陪葬的兵马俑坑，发掘出6000多躯兵马俑。这相继发现的兵马俑坑，分别命名为一号、二号、三号、四号坑。仅这4个陪葬坑的规模已是举世无双，人们禁不住会想，被如此宏大的陪葬坑包围的地宫将会怎样的惊世骇人！

据探测，秦陵陵寝分内外两城地宫，有内城墙和外城墙，墓室为4条墓道的亚字形墓，这是秦代最高级别的墓葬。全部陵园面积218万平方米，远超过日本仁德天皇陵（占地总面积46.4万平方米），是世界上最大的陵墓。秦始皇在位36年（公元前246—前210年），陵墓修筑了38年，比埃及的胡夫金字塔建造时间多8年。曾征集72万劳力，集中修建了11年，建陵人数最多时80余万，是建造胡夫金字塔人数的8倍。

据西汉司马迁的《史记·秦始皇本纪》记载，墓内地底见水，用铜加固，上置棺椁，并"令匠作机弩矢，有所穿进者辄射之，以水银为百川，江河大海，相机灌输，上具天文，下具地理。以人鱼膏为烛，度不灭者久之"。墓里面埋藏无数奇珍异宝，陵墓外围有"兵马"保护。有关地宫的深度，司马迁有"穿三泉"的记载。据此推测，地宫深达50米，相当于一座近 20 层大楼的高度。但也有学者认为，从地宫的水文地质角度考察，深度应为 26 米。即便如此，也有近 9 层楼高，足以使世人惊叹。东汉史学家班固在《汉书》中也有与司马迁相同的记载。20 世纪 80 年代初，中国科学院地球物理研究所的科研人员用汞量测量法先后对秦陵封土进行了两次测试，结果发现秦陵内土壤汞异常，且成等距离几何分布，面积达 12000 平方米，证明了司马迁"水银为百川江河大海，机相灌输"的记载。

秦始皇兵马俑坑被冠以"世界第八大奇迹"的称号，但与秦陵地宫比起来，它只是天河一星，不管地宫何时开挖，都将轰动全世界。1961 年 3 月 4 日，秦始皇陵被中国国务院公布为第一批全国重点文物保护单位。1987 年 12 月，联合国教科文组织将秦始皇陵及兵马俑坑列入世界遗产名录，从此，秦始皇陵受到全世界的保护。2021 年 10 月 18 日，入选全国"百年百大考古发现"。

世界文化遗产——万里长城

万里长城，是中华民族的一个主要标志，也是中国古代第一军事工程。宇航员从月球上用肉眼看地球，能看清楚的唯一人造建筑就是万里长城。它雄踞中国北部，东西走向，横贯黄土高原、沙漠地带，跨越千山万水、河谷溪流。它雄伟壮观，工程十分艰巨，是世界建筑史上的奇迹之一。

万里长城的主要功能是军事防御，其修建历史可以追溯到公元前 9 世纪的西周时期，周王朝为了防御北方游牧民族的攻击，曾筑"列城"以作防御。公元前七八世纪，春秋战国时期列国诸侯相互争霸，互相防守。那时，中国已形成了许多大城市，如秦国的咸阳、燕国的下都、魏国的大梁等，而北方的许多少数民族，如匈奴、东胡、林胡等，趁中国腹地战争不断时，大有南下侵略的企图。因此，各诸侯国为了保卫自己国家的安全，纷纷在北方边境修建了长城，史称"先秦长城"。可以说自春秋战国时期，开始到清朝的 2000 多年一直没有停止过对长城的修筑。

后来，秦国灭掉了其他六国，建立了中国历史上的第一个中央集权封建制的大帝国。为了防范北方少数民族的侵袭，秦始皇决定把原来各国修建的大大小小的长城连接起来。他动用了 30 多万人力，费时 10 多年，才把万里长城这项巨大的工程初步完成。秦朝修建的这座万里长城，西起临洮（今甘肃省的岷县），沿黄河到达内蒙古的临河，北到阴山，南到山西雁门关，再接上原来燕国的长城，东到燕山、锦州，一直到达辽东。

汉朝时期，朝廷又用巨大的人力和物力修建了中国西边的长城，最远到达今天的敦煌和玉门关。当时修建这西长城的主要目的是保证河西走廊的畅通，维持对西域各少数民族的统治，同时又能切断匈奴和西域的交通联系。

明朝时期，朝廷又重新修建万里长城。今天人们旅游的北京居庸关、八达岭等地的长城，就是在明朝时期修筑的，前后一共经过了 100 多年才完成。明代长城西起嘉峪关，东达辽宁虎山，总长 8851.8 千米，有17703.6 华里，所以称万里长城。

万里长城这座雄伟的军事防御工程，凝聚了中国古代无数劳动人民的血汗和智慧，是我国历代人民热爱和平的历史见证。我们为祖先的这项伟大创造感到骄傲和自豪！1961 年 3 月 4 日，长城被中国国务院公布为第一批重点文物保护单位。1987 年 12 月，联合国教科文组织将长城列入世界文化遗产名录。

世界建筑史上的奇观——北京城

中国明清时代的北京城，在规划思想、布局结构和建筑艺术上，继承和发展了中国历代都城规划的传统，在世界城市建设史上占有重要地位。北京城始建于明永乐四年（1406 年），平面轮廓呈凸字形，包括内城和外城。内城东西长 6635 米，南北长 5350 米；外城东西长 7950 米，南北长 3100 米。北京城的规划贯穿礼制思想，宫城（紫禁城）居全城中心位置，宫城外圈套筑皇城，皇城外套筑内城，构成重城圈。宫城南门前方两侧布置太庙和社稷坛，再往南为五府六部等官署；宫城北门外设内市以及为宫廷服务的手工作坊。这种布置方式承袭了"左祖右社，前朝后市"的传统王城形制。运用中轴线手法，是北京城布局的一大特点。北京城中轴线南端至永定门，北端至鼓楼、钟楼，全长 8 公里，是布局结构的骨干。皇帝所居的宫殿及其他重要建筑都沿着这条轴线布置，重点突出，主次分明。内城有城门 9 座，外城有 7 座，除位于中轴线的正阳门和永定门以外，各城门均两两相对，整齐严谨，端庄宏伟。

北京全城的中心是故宫，现为故宫博物院，它是世界现存最大的古代宫殿群，是建筑史上的创举。故宫是明清两代的皇宫，于明永乐十八年（1420 年）建成。它长 960 米，宽 750 米，面积 72 万平方米，建筑面积近 10 万平方米。皇宫四面各有一门，宫外有护城河环绕。内分前朝和内廷两大部分：前朝以太和殿、中和殿、保和殿三大殿为中心，是皇帝召见大臣和举行大典的地方；内廷有后三宫、御花园及东西六宫等，是皇帝处理政务和居住的地方。故宫建筑庄严宏伟，结构严整，金碧辉煌，集中体现了中国古典建筑风格。

天坛是北京城中的一个著名建筑，是明清两代皇帝祭天和祈祷丰收的地方。它是被保存下来的封建王朝祭扫建筑中最完整、最重要的一组建筑，也是现存艺术水平较高、独具特色的优秀古建筑群之一。天坛有内外两重围墙，内外墙的南面两角都是方角，北面两角都是圆角，以附会"天圆地方"之说。坛内主要建筑有两组，即祭天的圜丘和祈谷的祈年殿，分别布置在南北轴线的两端，中央用 359 米的砖砌高甬道连接，通称丹陛桥。祈年殿的设计以圆形平面象征天，以 4 龙井柱象征四季，以 12 根金柱和檐柱分别象征 12 个月和 12 个时辰。此殿气魄雄伟，构架精巧，室内空间层层升高，向中心聚拢，外形台基和屋檐层层收缩上举，都造成强烈的向上动感，以表现与天相接的思想。圜丘和皇穹宇都有环形围墙，声波经围墙反射可造成特殊的音响效果。天坛象征天，所以其主要建筑都是圆形。圆形建筑简单、明确的形体，加上统一的色调，造成庄严肃穆的效果。

北京城著名的园林建筑是圆明园，位于城西北郊，是一座闻名世界的名园，始建于清朝康熙四十八年（1709 年），由圆明、万春、长春三园组成。圆明园面积 347 公顷，全部由人工建造。造园匠师运用中国古典园林掇山和理水的各种手法，创造出一个完整的以山水地貌为造景的骨架。圆明园之景都以水为主题，因水而成趣。利用泉眼、泉流开凿的水体占全园面积的一半以上，并串联成为一个完整的河湖水系，构成全园的脉络和纽带。叠石而成的假山，聚土而成的岗阜，遍布园内的岛、屿、洲、堤，约占全园面积的 1/3。它们与水系相结合，构成山重水复、层叠多变的 100 余处园林空间。配置在山水和树木花卉之中的类型多样的大多建筑物，创造出一系列丰富多彩、格调各异的大小景区，共有 150 多处。园内建筑大多是供宾客宴饮的园林建筑，一部分是具有特定使用功能的宫殿、住宅、庙宇、戏院、藏书楼、陈列馆、店肆、山村、水居、船坞等。建筑物一般外观都很朴素雅致，少施彩绘，与园林的自然风貌十分协调，但室内的装修、陈设却极其富丽。圆明园在继承北方园林传统的基础上，广泛汲取江南园林的精华，还容纳了西方建筑的风格，成为一座具有极高艺术水平的大型人工山水园林，被赞为"万国之园"。1860 年 10 月，英法联军侵入北京，在圆明园抢劫后，放火烧园，现存遗址。

北京城还被称为"地球表面上，人类最伟大的个体工程"。现代的北京城作为中华人民共和国的首都，在保留原有古代建筑的基础上，又有许多著名建筑闻名于世，古今同辉，笑迎天下宾朋。

交 通 飞 行

从圆木到独轮车——中国最早发明车子

车是谁发明的呢？在中国古代传说中，有的说车是 4000 多年前的黄帝发明的，也有的说车是夏代的奚仲创造的。

若论车的发明，还得先说轮子的发明，因为有轮子才能有车。从发掘出的中国夏朝时期的文物中发现，轮和车肯定在夏朝时就已出现了。

早期的车轮，实际上就是光滑的圆木，人们借助于这些圆木在地面上移动笨重的物体。历史上没有详细记录是谁在什么年代发明了木轮，后来，发明轮子的人把木轮安装上轴时，人们就开始利用轮子把一个物体从一个地方移到另一个地方。4000 多年后，轮子的模样一直没有什么变化。今天，我们所看到的齿轮、滑轮等都是原来的木轮的"后代"。

据考古学家考证，中国在 3000 多年前的殷代，就已发明了造型非常精美的马车。那时的马车包括了车架、车轴、车轮三部分。到了周朝时期，马车已经得到了广泛应用。当时的马车除供贵族出行外，还用于战争。战国时期，马车的车厢被改成了方形或长方形。在那时，一个国家战车的多少，已经成为这个国家强弱的标志。因此，出现了"千乘之国""万乘之君"的说法。

殷周时期的车子都是单辕双轮的，到了汉代，人们才发明了双辕的车子，这时车子的构造也更加复杂，坐车的等级更加严格。低级的官吏只能乘坐无遮挡的车子，高级的官吏则可以乘坐一种高大的棚车，贵族妇女要坐有布遮挡着的车子。如果拉车的马有 4 匹，就说明这是当时皇帝乘坐的豪华车，即是当时最好的"驷马安车"。

那时，一般的平民百姓只有坐牛车的权利。到东汉时期，以牛车为贵的风气开始渐渐盛行。在现在看来很落后的独轮车，却是在三国时期才发明出来的。当时，诸葛亮率兵在现在的四川省行军，看到山地崎岖，双轮车不便运粮草，就发明出了独轮车。这种车，中间只有一个轮，一般一个人推动，不论平原、山地还是狭窄的小路，都可以使用。这种操作方便实用的独轮车，1000多年以后才在欧洲出现。

古代世界上跑得最快的车——中国帆车

帆船是中国古代劳动人民发明的，这种船用风作为推动自己前进的动力。现在，帆船已在全世界各地流传开来，并成为运动会的比赛项目。但是帆船的同胞兄弟——帆车，却随着历史车轮的前进渐渐被后人淡忘了。

帆车是中国古代劳动人民发明的一种简便的陆上运输工具，这种能够在陆地上快速行驶的帆车约发明于550年。梁元帝曾在《金楼子》一书中，记录了当时人们制造帆车的事情。他在书中写道，当时有人能够制造一种"风车"，这种车可以载30人，一天能行几百里路。这种"风车"指的就是用风推动的带帆的车，现在叫作"帆车"。

据《续世说》一书记载，610年时，宇文恺曾为隋朝皇帝制造过一辆很大的宫廷式的豪华大车。这辆车能够容纳卫兵好几百人，行驶起来就像有神的力量相助，跑得飞快，凡见到过这辆车的人都很吃惊。这是因为这辆车除了一些普通的动力装置外，还装有帆，所以这辆车行驶起来就如同在水上航行，既省力气，又快速。这种车辆叫作"半航行车辆"，或"帆助马车"。

后来，这种简便的陆上运输工具逐渐普及，大街上处处可见帆车的影子，景象如同现代的汽车奔驰在高速公路上一样。这种帆车后来还用到了耕犁和独轮手推车上。在北方地区，古代的中国人民还把帆车的动力原理用到了冰车上，这样可使冰车在光滑的冰上面飞快行驶，据说速度最高可达到每小时150千米！这样快的速度，在那个年代，真有点儿不可思议。

到了 16 世纪，中国人民发明的帆车被传到了国外，立即成为轰动一时的新闻。欧洲人在各地纷纷成立了帆车俱乐部，许多商家也因为大量制造帆车而大发横财。从那时起，世界各地印刷的中国地图上，就都有了帆车的图案，帆车就如同埃及的金字塔一样，成了古代中国的一个重要标志。

现在，世界上的人们又使帆车这种古老的富有刺激性的运输工具重新兴起。于是一种有趣的娱乐和体育运动——沙滩帆车和冰上帆车又在世界风靡起来。

自行车动力装置是中国人最先发明的

据国外许多史料记载，世界上的第一辆自行车是由外国人首先发明的。但恐怕世界上许多人还并不清楚，以链式传动原理推动自行车前进的动力装置则是中国的劳动人民最先发明创造出来的。

考古学家根据各种文物和文献断定，世界上第一个链式传动装置是在 976 年，由宋朝的张思训最先发明的。古籍中记载，张思训发明链式传动装置，是为了解决时钟的动力问题。这时，他想到了中国古代农业上经常使用的龙骨水车，水车上的链式传动原理启发他把这一原理用在时钟上，从而解决了大型时钟的动力传输问题。而龙骨水车则是中国古代劳动人民早在公元 1 世纪时就已经开始普遍使用的灌水工具。

1088 年，北宋时期的发明家苏颂，设计制造了一座大型的天文钟楼（即水运仪象台）。这座天文钟楼高约 12 米，宽约 7 米，是一座上狭下广、呈正方形的木结构建筑。1094 年，苏颂把关于这座天文钟楼结构的"说明书"《新仪象法要》呈献给了皇帝。这本书中十分详细地叙述了天文钟的构造，并记载了 150 多种机械零件。其中用来带动钟楼内所有机械的动力装置，即是一个链式传动设备。苏颂把链式传动的这种动力装置叫作"天梯"。这是世界上最早的一个链式传动的动力装置。但是，苏颂发明的这个链式传动的动力装置的运动并不十分精确，这是因为链子的各个连接部位比较松弛，不紧凑，后来人们就把链子用到了一些精确度要求不高的机械上。

在西方，最早的链式传动的动力装置，是在 1770 年，由一个名叫德·沃康松的工程师将其安装在推磨机上的。又隔了 1 个世纪，西方的一个名叫特烈特兹的人才将这种动力装置安装在自行车上。

世界上最早的邮政

在很久以前，那时候还没有文字，中国古代人就创造了"以物示意"的方法，互通信息。例如：把辣椒捎给朋友，说明自己生活非常艰难；若是送上弓箭，表示有打仗的危险，等等。到了 2700 多年前，中国人用火光作为通信的工具，在边疆设烽火台，当敌人侵犯时，人们立刻在土垒的烽火台上烧起木柴、畜粪，用浓烟火光作为信号，向远处传递消息。长城上的烽火台，就是用来报警的。

这以后不久，中国就出现了文字的通信以及世界上最早的邮驿。邮，就是步行送信；驿，是指骑着快马来传递信件。当时全国设立许多驿亭，驿亭的亭长管理送信的事。那时送信就像现在体育游戏跑接力赛一样，一个接一个地向前传。遇到军情紧急时，就在信封上插根羽毛，驿亭接到插有羽毛的信后，便马不停蹄，飞速把信传递到收信人的手中。

到了 700 多年前的元朝，中国的邮驿通信已经非常发达。那时，除马驿外，还出现了用来送信的狗驿。狗跑得快，又能认路，无需人骑，只要在它身上缚一个装信的小袋，狗就能很快把信送到固定的地点。当时，最大的狗驿，驯养着 3000 多只专门送信的邮犬，这也是当时世界上最大的狗驿。

到了近现代，中国的邮政事业又有了新的发展。1865 年 8 月，上海工部局发行了世界上第一套龙图邮票，这枚邮票主图为云龙，铭记为"上海工部书信馆"，所以在集邮界被称作"海工部大龙"或简称"上海大龙"。邮政在中国近代发展很快，甚至连农民起义军也非常重视邮政。世界第一套起义军发行的邮票，就是中国黑旗军于 1895 年 9 月在台湾地区发行的。

那一年，甲午中日战争以清政府的失败而告终，日本据"马关条约"侵占台湾。黑旗军在民族英雄刘永福的率领下，建立了"台湾民主国"，并发行虎图邮票，俗称"独虎票"。全套 3 枚，面值分别为 30 钱、50 钱、100 钱。中国在邮票的制作上也很讲究，世界上从发明邮票以来，最大的邮票就是中国 1913 年发行的特种邮票——中国快运邮票，这枚票长 24.8 厘米，宽 7 厘米。

1988 年 11 月，中国又首创邮政编码图集，把邮政业务与地图学相结合。它的发行，对实现邮政现代化起到了促进作用。

从独木舟到远航船

关于船的发明，可以追溯到 20 万年前的原始社会时期。

考古学家从出土的文物发现，在那个时代，我们的祖先就已经创造出了世界上最古老的船——中国独木舟。这种船的构造很简单：整个船身是用一个比较粗的树干制成，人们把树干中间挖空，人坐进去，就可以手拿木桨划船。这是人类历史上最早的船只。

到了商朝，我国人民发明出用木板造船的方法。春秋战国时期，我国南方的一些地方已经开始有专门制造船只的工厂了，当时称之为"船宫"。那些造船厂已经能够制造出一种可载 50 人和 3 个月粮食的大船。史料记载，秦始皇在统一中国南方的战争中曾经组织过一支能运输 50 万石粮食的大船队。到了汉代，人们制造出了各种客船、运输船、渔船。其中在战船中有一种楼船，这种船像楼房一样。隋朝时期，我国曾经制造过一种高 15 米、长 60 米的大龙舟。唐朝时期，我国人民发明了世界上最早的"轮船"，这种由机械控制的轮船体形巨大，长 60 多米，载重达 1 万石，可容纳 700 多人。

宋元时期，全国的一些重要口岸有了官府的造船厂，每个厂的年产约在 1300 艘，还有许多民办的造船厂，当时我国的船只之多可以想象。

明朝时，我国的造船业开始有了统一的规格和严格的用料标准。明初时期造船的年产量达到 3000 艘，船体也很大。著名的航海家郑和的远洋船队就是由 62 艘"宝船"和 200 多艘其他小船组成的。船上约有船员 2.7 万，其中一艘最大的船只长 147 米，宽 60 米，可以说是当时世界上最大的船只了。中国古代的造船技术和航海技术始终居于世界先进行列。

中国是最早使用风帆作船舶动力的国家

船是现在的人们经常使用的一种水上交通工具。现代化的船所用的动力一般都是石油、煤、电等资源。而在古代，人们只能利用自然风来驱动船舶航行。

中国古代的造船技术在世界上遥遥领先。据考古学家考证，汉魏时期，中国的造船技术就已经相当成熟了，达到了当时世界上的最高水平。那时船上的水手们经常把风帆转到一定的角度，它的使用面积是随着风力的变化而变化的。

宋朝时期，人们对利用风行船有这样的阐述："风有八面，唯当头不可行。"这句话明确地说明中国在 13 世纪以前，在船舶使用风力方面，除当头的风以外，其余七面的风都可以任意利用。而西方的船舶却在 16 世纪以后，才能做到这一点。可见中国古代的船舶制造技术水平是很高的。

中国古代制造的帆船虽然不能够随便使用当头的来风，但可以逆风行舟。逆风行舟在中国已经有 400 多年的历史。史书上记载，如果船只要逆风行舟，就必须斜着像蛇一样拐过来拐过去，绕着走，否则就不能够前进。但为了不改变航向，必须走"之"字形。逆风行舟，船只的披水板、船舵和风帆必须密切配合，否则就有船毁人亡的危险。

船舶上风帆的利用，初期是单桅单帆，由于帆不大，所以船的速度也不快。后来，人们逐渐把船上的桅杆发展成为 3 帆、4 帆、5 帆、6 帆……最多时达到了 12 帆。虽然风帆增多可以充分利用风力，但同时也增加了操作船只的难度，加重了水手们的劳动。如果突然遇上风暴，没有及时把帆降下来，就有折帆倾船的危险。于是，以后的船舶又逐渐减到了一桅一帆。

15 世纪以后，中国古代的帆船逐渐简单化，但帆的面积增大了。

在中国古代，如果是长途航行，人们才使用风帆，若是一般的短途航行，普遍还是采用船桨。南北朝时期，著名的数学家祖冲之曾造过"千里船"，日行可达 100 里。这种千里船可能是一种桨轮船。但这种桨轮船不如帆轮船经济省力，所以并没有被人们广泛使用。

造船史上的世界奇迹——水密隔舱

最早称为船的独木舟，整条船实际上只有一个船舱，这是很不安全的。因为即使船身上出现一个不大的洞，船也会因漏水而沉没。那么，如何让船只在有损坏的情况下不沉没呢？古代中国人巧妙地解决了这个问题。

据说先辈们是受到了竹子的启发，他们在劳动中将一根粗竹竿劈成两片，清晰地看到竹竿里面虽然是空的，但节与节之间并不相通，每节都有隔膜分隔着。大概在公元 2 世纪，中国船工们把船的底层舱用隔板分隔成若干个互不相通的水密隔舱，一旦出现了什么意外情况，其中一个舱进了水，其他舱是不会进水的，不至于全船沉没，从而大大提高了船舶的抗沉性。这一原理仍普遍应用于现代船舶。水密隔舱舱壁也为船壳提供了许多坚固的横木，这些横木能够承受桅杆的重量，这也就是中国古代航船上能够采用多种多样桅杆的关键所在。不仅如此，水密隔舱还可以作为临时的养鱼舱，渔民们把捕获的鱼暂时放养在舱内，这种传统做法现今仍在使用。

据南朝《宋书》记载，晋代农民起义军有一种战船，叫作"八槽舰"，很可能就是具有 8 个水密隔舱的战船。1960 年江苏扬州出土的唐代木船也采用了水密隔舱结构。宋元时期，中国船舶的水密隔舱名扬世界，当时许多外国人提到中国船，就要称誉中国船的抗沉性和水密隔舱。一艘典型的中型货船通常设有 16 个水密隔舱，相当于 16 条小船连接在一起，如果只有"一条小船"出了危险，是不会危及整个"船队"的。

马可·波罗在 1295 年便写文章介绍过中国的这种造船技术，但欧洲的造船者很保守，以致水密船隔舱原理传到西方 500 多年后才被普遍采用。

到 1824 年一些人还在不遗余力地宣传这个简单的造船技术，在《力学杂志》上有一篇文章报道说："有一个办法几乎可以使轮船不沉没。这种办法现在中国人正在使用。就是把船的底层舱分隔成若干个水密舱。这样，如果船底有漏缝或船边穿孔，船仍能浮着。"

一位名叫塞缪尔·本瑟姆的英国爵士，在 1782 年时曾到中国旅行，专门研究了中国的航船结构。后来，他曾长期担任英国海军总工程师，将中国的先进造船技术运用到实际之中。1795 年他受英国海军大臣之命，设计出 6 艘具新型结构的海船，便是按照中国人首创的隔舱原理进行构思的。而正是这些采用了中国造船绝技的舰船，被后来的西方列强用作打开中国闭关自守大门、疯狂侵略中国的武器，使中国一度沦为半殖民地半封建社会。

远航的首要造船技术——船尾舵

众所周知，用桨橹推进的船舶，可以不需要船尾舵，但这样的船舶只能在浅水河流中划行。而帆船却非有船尾舵不可，人们只有依靠它才能够轻便灵活地掌握行船的航向，劈波斩浪去远行。常言道：大海航行靠舵手。可见舵是相当重要的。

中国人发明船尾舵的时间大概在两汉之交，即公元 1 世纪。秦汉时期，中国的船舶技术已经相当发达，橹、舵和布帆等一系列发明和应用让中国的造船技术居世界领先地位。这些在东汉刘熙的《释名》一书中有明确的记载。世界上最古老的舵的式样，是 1955 年从广州近郊东汉古墓中出土的陶船模型上发现的。该模型船尾有舵，比近代的舵稍长一些，装置情况也有所不同，是一种早期的形式，还保持着从长桨发展变化而来的迹象。而约在公元 1180 年，在欧洲的教堂的雕刻中才出现了舵的图案。

随着船舶技术的不断发展和完善，船尾舵也日渐进步，其式样和种类越来越多。在 2 至 4 世纪，中国开始出现了真正的舵——垂直舵，这对于提高船舶操纵性能具有重大意义。大约在 12 世纪，中国的垂直舵传入欧洲。另外，平衡舵和开孔舵（亦称窗孔舵），也是中国人发明的，时间是十一二世纪，它们都可以降低转舵力矩，使用起来更加省力和灵活。欧洲人直到 18 世纪末 19 世纪初才应用平衡舵。1843 年英国制造的"大英帝国"号轮船，就是欧洲最早使用这种舵的船。直到 1901 年开孔舵才传入西方，用在当时以煤为燃料、航速可达每小时 30 海里的鱼雷快艇上。

中国远洋航行用的舵有好几个人那么大。有了这样的舵的大船，中国的航海事业在相当长一段时间里一直处于遥遥领先的地位。中国人和欧洲人曾以不同的方向绕道非洲的好望角，但中国人去那里的时间远早于欧洲人。第一个发现澳大利亚的也是中国人，当时登陆的地方就是现在的达尔文港。宋朝时中国的商船就已经活跃在南海和印度洋沿岸。所有这些丰功伟绩都与先进的船尾舵技术分不开。

欧洲人在采用中国的舵以前，还用桨来划船。所以远洋航行对他们来说简直是不可思议的。所以，可以毫不夸张地说，哥伦布（1451—1506年）于 1492 年至 1502 年从欧洲航海到达美洲、达·伽马（约 1460—1524年）于 1498 年从欧洲经好望角到达印度等著名的远航，都是在采用了中国的航海技术之后才实现的。近代英国海军在全世界的优势，在很大程度上也是因为他们比其他欧洲国家更早地采用了中国的舵的发明技术。

造船史上的里程碑——桨轮船

中国人最先制造出桨轮船。418 年的一份中国水军行动报告中，已有桨轮船的记载。这次行动是刘宋的一位水军将领王镇恶指挥的。487 年编写的《宋书》卷四十五中有这样的描述："镇恶所乘皆蒙冲小舰，行船者悉在舰内，溯渭而进，舰外不见有行船人，北士素无舟楫，莫不惊以为神。"

494 年至 497 年，祖冲之制造了一艘船只，被称为"千里船"，它不用风力，一天能行很远。这只船可说是早期设计的桨轮船的代表。

梁朝的一位水军将领徐世谱，在 552 年同侯景作战时使用了桨轮船，称为"水轮船"。573 年在黎阳的围攻战中，另一位水军将领、同时也是一位很有名的工程师黄法，制造并使用了一些"步舰"，这种船是用脚踏作动力来操作的桨轮船。

在 782 年至 785 年，李皋任杭州知府时，进一步改进了桨轮船。史书《旧唐书》卷一百三十一记载："（李皋）常运心巧思为战舰，挟二轮蹈之，翔风鼓浪，疾若挂帆席，所造省易而久固。"又据《宋会要稿》记载，1168年，水军将领史正志制造了一艘排水量达 100 吨的战船，由 12 个叶片组成的桨轮来驱动。《金陀续编》卷十九中记载了从 1130 年开始的一些水军轮船制造情况的报告，说程昌寓"打造八车船样一只，数日并工而成，令人夫踏车于江流上下，往来极为快利。船两边有护车板，不见其车，但见船行如龙。观者以为神异，乃渐增广车数，至造二十至二十三车大船，能载战士二三百人。凡贼之棹舻小船，皆莫能当"。轮船的技术改进很快。不久程昌寓制造了近 100 米长的轮船，能载 700～800 人。

在 12 世纪，宋朝军队同反抗者作战时，桨轮船的制造发展到历史最高峰。朝廷的军队制造的船更大，有约 120 米长，14 米宽，桅杆 24 米高。从记载看，船上的船夫曾达 200 人。中世纪时桨轮船可以达到 50 马力，平均速度可达每小时 4 海里。

在第一次鸦片战争期间，中国在抗英战斗中还使用了这种船只。英国人当时以为，这些船是中国人看到英国海军的桨轮船而赶制出来的，殊不知那时中国人使用这种船已有 14 个世纪了。

帆船的辉煌技术——可转动桅杆与浮板

长期以来，欧洲的船在各方面都比中国船逊色。欧洲人造的船没有舵、没有浮板、没有水密舱、仅有单一的桅杆和方形帆，这样的船只能听从风的摆布，甚至到 19 世纪初，这种情况仍没有什么改变。

中国帆船一开始就比西方的优越。中国人利用本土生长的竹子造筏，后来又用竹子造船帆，这样以竹条做骨架并铺上一层竹席子的帆就出现了。这种帆很容易拉上拉下，就像百叶帘一样。使用竹席帆要比西方使用帆布帆方便得多，因为当风向改变时，水手没有必要沿着桁端爬上去把帆卷起或打开，水手可以在甲板上用卷扬机和升降索来做这个工作。然而，中国帆最大的进步是从方形帆发展成使用四角帆的纵向帆装（特有的帆、桅形式），这样，船就可以逆风航行。据说中国平底帆船上的四角帆是世界上迄今最好的帆，这种帆的一种现代形式是斜桁帆。

要做到抢风转变航向就必须有纵向帆装。在这样的帆装里，桅不再是挂着帆的长杆，而是船抢风转变航向时使帆在左右迎风转动的枢轴。这一点只有中国人做到了。2世纪时，中国已经有了使用四角帆的纵向帆装。因为在3世纪万震写的《南州异物志》一书里已经清楚地记载了使用这种帆装的船。260年，康泰写的一本书里叙述了有7根桅杆的船，这些船用来远航。早在3世纪，在我国南方沿海地区，中国人已经知道避免船因无风而停止不动的最好办法是在桅杆后面再竖立一根桅杆。他们并不是简单地沿着船心的纵长竖立一排桅杆，而是横向交错地在两边竖立桅杆。这一杰出的做法西方从未采用过。

桅杆的发明和应用，是航船技术的一个重大进步。后来中国人在实践中，又有了新的发明。因为当逆风航行时，抢风转变航行的船往往会经历较长一段时间的背风漂浮过程。这就是说，船不得不左右漂动，前进十分缓慢。为了避免这一点，中国人又发明了浮板（横漂抵板），实际上就是从航向的背风面放入水里的一块木板，以增加对水的压力，防止漂浮，同时也使船的航向不偏斜。中国在8世纪就有了浮板。

李约瑟说："中国的平衡四角帆的确是人类在利用风力上取得的第一流的成绩。"无论在索具、导航、动力装置或者操舵等各个方面，欧洲都吸收了中国的经验。

中国是风筝的故乡

中国是风筝的故乡，风筝在中国已有2000多年的历史。早在春秋战国时期，鲁班制作的木鸢，"成而飞之，三日不下"。他还制作了一些有"特异功能"的风筝，比如有的能在天空中翻筋斗。所以，古代人最早称风筝为"木鸢"或"鹞子"。自汉代造纸术发明之后，人们就用薄绵纸糊在细竹扎成的架子上，系以长绳，利用风力，送上空中，叫作"纸鸢"。五代时又在纸鸢头上安装一个竹哨，风入竹哨，声如筝鸣，因此有了"风筝"这个名字。唐代以后，风筝在娱乐和体育上的地位越来越显著。古人说，放风筝"能清目""可以泄内热"。宋高承在《事物纪原》中有"纸鸢俗谓之风筝"的记载，可见在宋代时风筝已经很普及。现在美国华盛顿空间技术博物馆中，有一块说明牌上醒目地写着："最早的飞行器是中国的风筝和火箭。"这也说明了中国是世界上最早制作风筝的国家。

中国古代风筝的制作，并不是完全为了娱乐。它的出现，最初是由于生产和军事的需要，后来才逐渐成为娱乐和体育用具。有关风筝的传说和记载多半与战争有关，据《渚宫旧事》记载，鲁班制作木鸢，原来是为了"乘之以窥宋城"，即准备乘坐它去侦察敌方兵营的情况。又相传楚汉之战时，刘邦把项羽围困在垓下，韩信曾以绢绸制成风筝，用风筝发出的笛声，配合汉军大唱楚歌，引起楚军的思乡情绪，使其军心涣散，打击楚军的士气。在史书中还有不少关于把风筝作为空投信件工具的记载，如《独异志》记载：南北朝时的侯景带兵围困梁武帝于台城，谋士羊侃给梁武帝想出了一个妙法，在城里放风筝，把讨救兵的告急文书通过空中的风筝送了出去。不久，援兵赶到，梁武帝才被救出重围。宋朝时候，有人在风筝上装上火药，导火线上缚一段燃着的香火，把风筝放到敌营上空，风筝上的火药燃烧爆炸，扰乱敌军。这种风筝被称之为"神火飞鸦"。

中国风筝的种类之多，也是引人注目的，有的风筝大得需要几个人甚至几十个人共同放飞，而有的风筝却比手掌还小；有的风筝似一条飞龙，龙眼能动，龙尾能摆；有的风筝像鸟儿一样在天空中自由翱翔；有的风筝上还安上了琴笛，可以发出汽笛声、呜咽声或类似竖琴的声音；等等。有一本名叫《南鹞北鸢考工志》的书曾介绍了 43 种风筝的制作方法，对糊法、画法等都有详细介绍。《红楼梦》的作者曹雪芹对风筝也颇有研究。

欧洲人到 16 世纪才知道风筝为何物。1589 年，科学家德拉·波尔首次在《自然魔力》一书中提到风筝，他当时把风筝称为"飞帆"。大约在

18世纪中叶，风筝的制作工艺从中国传到了国外，它和不少外国著名科学家结下了缘分。1752年，美国的富兰克林在雷雨到来时，利用风筝证实了雷电原是云层中的放电现象，从而揭开了雷电的奥秘，使风筝为科技史增添了光辉的一页。中国古代的风筝作为最早的航空模型，对现代航空事业的产生和发展也有着直接的影响。

中国风筝，向来以精巧美观和独特的风格驰名中外，其花色品种繁多，千姿百态，绚丽多彩。风筝从结构上大体可分为"硬膀"和"软膀"两种，细分又可分为5类：一是硬翅类风筝，常见的有元宝翅人物、扎燕、米字风筝等；二是软翅类风筝，如鹰、蝴蝶、燕子、仙鹤、凤凰、蜻蜓、寒蝉等；三是串式风筝，又可分为软翅串类风筝和硬翅串类风筝，如串雁、龙头蜈蚣、七仙女下凡等风筝；四是桶形类风筝，也称立体风筝，此类风筝有宫灯、花瓶、火箭等；五是板子类风筝，也称"拍子"风筝，即人们所说的平面板形风筝，无凸起结构。最简单的一种是"瓦片"，南方称"二百五"，北方称"筝子"。从形态上大体可分为"担子活"和"挑子活"等类。像游龙和蜈蚣归为"担子活"，而双蝶和双燕等则归为"挑子活"。

北京、天津、江苏南通和山东潍坊等地，制作风筝的历史都很悠久。1915年巴拿马国际博览会上，天津的风筝艺人魏元素制作的彩绘风筝荣获了金质奖章。第二年，北京的巧手哈长英制作的花式风筝，也获得了银质奖章。北京风筝艺术公司的费宝龄研制的蝴蝶、燕子、齐天大圣等风筝，曾先后在20多个国家展出，受到了国际行家的赞美和好评。现在研究风筝的人越来越多，一些地方还成立了风筝协会，探讨风筝文化。从1984年起，在山东省潍坊市每年都举办一次国际风筝大会，吸引了全世界的风筝爱好者。天津杨柳青风筝厂为了适应出口和旅游事业的发展，生产品种达到200多种，近几年来试制成具有中国民族风格的塑料风筝，还制成了曹雪芹图谱中的比翼燕、肥燕、雏燕等具有民族特色、小巧玲珑的礼品风筝，远销世界上30多个国家和地区。

世界上第一所风筝学校，于1989年10月25日在"世界风筝都"山东潍坊落成并举行开学典礼，校名为潍坊风筝技工学校，首届20名学生开始了为期3年的学习。学校开设语文、数学、英语等基础课及绘画、制图、书法、风筝扎制、商品装潢等专业课。这所学校是在潍坊市连续举办了 6 届国际风筝大会后筹办的。

风筝是中国传统的大众娱乐项目之一，也是表现中国悠久的文化历史和精湛的手工技艺的制品之一。

现代飞机的雏形——中国古代的载人风筝

关于人在空中飞行的想法，在中国最早见于公元前 4 世纪屈原的《离骚》，他想象自己像鸟一样展翅飞翔或乘云雾腾空。在汉代，曾出现了腾空羽人画像石；在唐代，有飞人砖画。发明了风筝之后，人们就有了用风筝作为两翼，装在人身上使人也能像鸟一样飞翔的想法。

中国第一次的羽人飞行实验，是由王莽发起的。据《汉书·王莽传》的记载，"或言能飞，一日千里……莽辄试之，取大鸟翮为两翼，头与身皆著毛，通引环纽，飞数百步坠"。可见，那是一次不成功的实验。

而第一次较成功的实验却是作为残酷的刑罚而实现的。在北齐的历史文献里，人们可以看到有关载人风筝的确切记载，这些史料讲述了一个耸人听闻的故事。550 年至 559 年，北齐的第一个皇帝高洋在位。他是一个残暴的国君，他对他的政敌——拓跋和元氏两个家族，毫不容忍。这两个家族原是魏朝的统治者，高洋别出心裁地杀害了拓跋和元氏两个家族的全部成员。这位皇帝的手段是利用佛教中放生的说法，借机把人害死。放生，本应该是把捉到的禽兽从樊笼中放走，让它们回到大自然中去，自由自在地生活。而皇帝高洋在参加庆祝佛教圣职授任仪式的时候，却想出一种放生的新招术，就是把囚禁起来的拓跋和元氏家族的人作为放生的活物。他在被放生的人身上都安上用竹子或苇子编的粗席为翅膀，强迫他们从离地面 30 多米高的地方向下跳。史籍《隋书》第二十五卷中说，在高洋在位的最后一年里，即 559 年，这个手段极其残酷的皇帝不断地让被判死刑的囚犯从金凤台上跳下去，这样丧生的人就有 721 人。历史名著《资治通鉴》第一百六十七卷里也叙述了这件事，说齐显祖高洋"使元黄头与诸囚自金凤台各乘纸鸥以飞"。令人惊奇的是，有一位魏国的王子、元氏家族的一位著名人物，居然借助风筝在空中飞了起来，滑翔了近千米远后安然落地，但他还是没被放生，而是被关起来活活饿死了。

虽然很多风筝载人飞翔的试验都失败了，但这并不能熄灭人类对能在空中像鸟一样自由自在飞翔的美好愿望。此后，不少人对载人风筝进行了不懈的研究和探索，并掌握了一些切实可行的方法和措施。到了18世纪，载人风筝在中国已经广泛流行了。

在中国古代载人风筝的各种各样的构思和设计中，有一种翼形风筝。这种风筝像一对翅膀，翅膀顶部向上成弧形，下面是拱形或平面。这与现今西方国家一种简易的载人滑翔娱乐装置的外形是十分接近的。

在近现代，人类也尝试载人风筝的飞行。载人风筝，对近现代航空事业的影响是十分巨大的。1893年澳大利亚人劳伦斯·哈格雷夫创制了箱形风筝，而后来双翼飞机的制造者就是模仿了这种风筝而制造出了飞机。1894年巴登·鲍威尔成为进行载人风筝飞行并且取得成功的第一个欧洲人。从历史文献的角度来说，如果说559年中国元氏家族成员成功的飞行是世界上最早的载人飞行的话，那么在中国和欧洲首次成功飞行之间竟相隔了1335年之久。1901年以前有关航空学著作的序言里都提到了风筝，在20世纪初，早期的飞行员也喜欢用风筝来称呼飞机，这也说明飞机与载人风筝的密切关系。在德国慕尼黑市有一座大型的自然科技博物馆，与各式各样飞机并排陈列的就有载人风筝，它被视为飞机的雏形而使参观的人们驻足赞赏不已。

技 工 制 造

影响世界的中国勺子——指南针

公元前 300 年的战国末年，我国古代的劳动人民已经发现了磁石具有吸铁的能力，并且已经开始大量开采使用磁石。

他们利用磁石的特性，发明了"司南"，这是指南针的雏形。司南是把磁石磨成长柄的勺子形，放在一个分成 24 个方向的铜盘上，勺子底很滑，铜盘也很滑，使勺子旋转，停止时，勺柄指着的方向便是南方，勺头指的方向就是北方。

但是，天然磁石在强烈的震动和高温下，容易失去磁性，加上使用司南还需铜盘等许多辅助设备，很不方便。于是，我们的祖先又对司南进行了改造。到了 11 世纪后，人们又发现了铁在天然磁石上摩擦后，也可以产生磁力，而且比天然磁石稳定，于是便制作了人造磁铁。

后来，有人用人造磁铁制造了"指南鱼""指南人"等形状各异的用于辨别方向的指南器具。宋朝科学家沈括在他的著作《梦溪笔谈》中记载了几种指南器具，但这些指南器具还存在缺点。后来，人们不断总结经验，对指南器具进行改进。磁勺子由粗变细，逐渐改进成为一根针，磁针针尖指南，针尾指北，指南针便由此诞生了。

指南针为我们的生活带来了许多便利。无论人们是在浩瀚无边的大海，还是在高深莫测的天空，都可以用它辨别方向。在现代生活中，指南针有着更广泛的用途，如航海、航空、军事、地质勘测等。

中国人发明了伞

伞最早是中国发明的。但是，关于伞的起源，说法却不一。

一说是远在五帝时代，我们的祖先就开始用伞了。关于伞的发明，古籍中有这样的记载："华盖，黄帝所作也。与蚩尤战于涿鹿之野，常有五色云气，金枝玉叶，止于帝上，有花葩之象，故因而作华盖也。"这段话的意思是说：伞是黄帝发明的，黄帝和蚩尤在涿鹿大战时所用，而且是根据花盛开时倒扣的形状做的，称为"盖"。

此外，在《史记·五帝本纪》里也写到："舜乃以雨笠自捍而下，去，得不死。"这也是说雨伞在尧舜时代就已出现了。

另外，关于伞的发明还有一种说法。据传，春秋末年，我国古代最著名的木工师傅鲁班，常在野外工作，如果遇到雨天，就会全身淋湿。鲁班的妻子云氏想做一种能遮雨的东西。她把竹子劈成许多细条，在细竹条上蒙上兽皮，样子就像一座亭子，收拢似棍，张开如盖。

但不论怎么说，伞的故乡显然在中国。

在中国古代，伞面是用丝制的，后来伞变成了权势的象征。每当帝王将相出巡的时候，按照等级分别用不同的颜色、大小、数量的罗伞伴行，以此来显示威严。明代的时候，还规定一般的平民百姓不得用罗伞伴行，只能用纸伞。

中国的伞在唐朝的时候传入日本，到了 18 世纪中叶才传到西方。英国的第一把雨伞就是由中国带去的。1747 年，有一个英国人到中国来旅行，看见有一个人打着一把油纸伞在雨中行走，认为雨伞很适用很便利，就带了一把伞回到英国。

帝王和盗贼无意中发明了降落伞和跳伞运动

在西方社会，有人认为降落伞是著名的画家达·芬奇（1452—1519年）发明的。因为达·芬奇曾留下了降落伞的草图，这是欧洲人最初产生造降落伞想法的时间。但是，远在达·芬奇画草图之前1500年，中国人就已发明了降落伞，并且在实际生活中成功地运用了它，跳伞这项体育运动也逐渐兴起。有趣的是，降落伞和跳伞运动的发明者一个是帝王，一个是盗贼。

相传在公元前23世纪的时候，中国古代帝王舜，就曾经仅利用两个斗笠，从一根着了火的很高的木柱上跳下来。正在空中飞速下降的他，由于斗笠增大了空气的阻力，大大地减慢了下降速度，缓缓着地，也没有受伤。这个帝王急中生智，用两个斗笠救了自己的命。这件事记载于司马迁所著的《史记》中，他这样写道："舜乃以雨笠自捍而下，去，得不死。"因此有充分理由认为，司马迁生活的公元前100年，中国已经有了降落伞。司马迁有机会接触到许多历史文献，他把降落伞看作是很久以前的古物，这表明降落伞的起源可追溯到他所处时代的前几个世纪。还有许多史籍表明，在舜的"跳伞"壮举后不久，就有人用布制作了世界上最早的一个"降落伞"，进行空中杂技表演。这是世界上最早的降落伞表演，距今大约4500年。

岳飞玄孙岳珂在1214年所著的一本书中，曾记载这么一个真实有趣的故事：12世纪时，有许多阿拉伯人集居在中国的广州，他们有自己的清真寺。其中有一座清真寺建造了一个高耸入云的银灰色尖塔。在塔尖上安装了一只巨大的金鸡，栩栩如生。可是不久后人们发现，这只鸡少了一条腿。原来那条腿被一个窃贼盗走了，而窃贼就是借助降落伞逃跑的。这件事在当时成了奇闻，人们议论的不是他偷东西的事情，而是他"跳伞"的"壮举"。他的供词被保存了下来，他这样交代逃跑的经过："予之登也，挟二雨盖，去其柄。既得之，伺天大风，鼓以为翼，乃在平地，无伤也。"

　　17 世纪的时候，还没有发明现代形式的降落伞，中国的杂技演员借助两把普通的伞能演出惊心动魄的跳伞节目。他们把伞柄牢牢地系在腰带上，从大铁圈里钻过去往下跳，随风飘落，有时落到地面，有时落到树上或房顶，有时落到河里。尽管跳伞者自己无法控制方向，但靠这种伞毕竟演出了精彩的节目，而不至于发生意外事故。法国国王路易十四在 1687 年至 1688 年派驻泰国的大使德·卢贝尔曾亲眼看到了中国杂技演员在泰国的这种表演，并如实地写入他的《历史关系》一书。大约 100 年后，一个叫路易·塞巴斯蒂安·勒诺尔芒的法国物理学家读了这本书，非常激动，决定试验一下。他利用伞多次从树顶或房顶上跳下去，结果都很成功。于是，1783 年勒诺尔芒把这一发明命名为"降落伞"。

　　勒诺尔芒又把这一发明告诉了蒙高飞兄弟俩，蒙氏兄弟是著名的驾驶气球的先驱者，当时他们正在负责实施加尔内兰准备在 1797 年从气球上跳伞的计划。李约瑟博士恰如其分地指出，这是中外科技"交流路线可探查的并不多的明显的例子之一"。

　　当然，古代原始的降落伞是不可能与现今的降落伞同日而语的，但是，其本质都是充分借助空气的浮升作用。现代降落伞，几乎是与飞机同时出现。那时的飞机的安全性不高，很容易失事坠落，有了降落伞后，飞行员的安全就有了保障。一遇到飞机失事，飞行员就可立即从飞机中跳下，打开降落伞，安全着陆。降落伞的主要用途，在近现代主要是用在军事方面。第二次世界大战时期，同盟国空军开始培训大批伞兵，伞兵为战争的胜利立下了汗马功劳。如在诺曼底登陆战役中，盟军就利用大量的伞兵，海陆空三军结合，摧毁了德国法西斯的防线。

　　近 100 多年以来，人们不断改进降落伞的制作材料与外观设计，使它既轻便，又安全实用，而且形式美观，广泛应用于军事、救灾、科研和体育运动等领域。

中国独具特色的餐具——筷子

　　人类用餐时的餐具，东、西方国家有很大差异，西方人多用叉和勺，而东方人多用筷子。特别是对中国人来说，筷子承载着几千年的文化与传承，因为它是中国人发明的一种非常有特色的夹取食物的用具，在世界各国的餐具中独具风采。

　　在远古的时候，人们吃饭是用手抓的，但是在吃非常热的食物时，因为烫手，所以就必须借助木棍。这样，人们在不知不觉中练出了用棍子夹取食物的本领。大约到了原始社会末期，人们就用树枝、竹棍、动物骨骼来做成筷子使用了。到了夏商的时候，象牙筷和玉筷已经问世。春秋战国时期，出现了铜筷和铁筷。到了汉魏南北朝时期，各种规格的漆筷也生产出来了。没过多久，又有了金筷、银筷。现在，各种美观大方的筷子就更多了，其中较珍贵的要数象牙筷、犀角筷和乌木镶金筷以及玉筷。但人们最常用的还是竹筷、木筷。

　　古代的时候，当官的人家为了显示自己的富有，炫耀门第高贵，请人吃饭的时候常用典雅的象牙筷和金筷。古籍《儒林外史》中范进中举不久丧母守孝时，所有高贵的筷子都不用，而用白竹筷子，以表示孝敬母亲。帝王之家一般都用银筷，目的在于检验食物中有没有毒。民间嫁女的时候，嫁妆里必定少不了筷子，因为有"快生贵子"的意思。古时人死后，冥器里也必定少不了筷子，说是供亡灵在阴间用。此外，古时的筷子还起着许多其他物品无法代替的作用：张良用筷子对刘邦作形象的示意，帮他制定了消灭项羽的策略；刘备还在宴会中故意丢掉筷子，在曹操面前表明自己是无能胆小之辈；唐玄宗曾将筷子赐给宰相宋璟，赞扬他的品格像筷子一样耿直；永福公主在自己的婚姻上不服从父皇之命，以折筷表示自己决心已下，宁愿折断也不弯曲。自古以来，我国民间就有筷子诗、筷子谜语、筷子歌舞杂技等。

　　关于筷子的名称，各个时代叫法不同。先秦的时候叫"挟"，秦汉时期又叫"箸"，隋唐的时候也称"筋"。李白曾有诗句描写道："停杯投筋不能食"。直到宋代的时候，才有"筷"的称呼。

筷子使用轻巧方便，在 1000 多年前先传到了朝鲜、日本、越南等地，明清以后传入马来西亚、新加坡等地。别小看使用筷子这件小事，在人类文明的发展史上，这也称得上是一个值得推崇的科学发明哩！有人曾做过专门测验，证明使用筷子可以牵动人体的 30 多个关节和几十条肌肉。而这些关节和肌肉中的神经，又和大脑相通。所以，用筷子可以使你"心灵手巧"哦！

中国是钟表的故乡

钟表是我们日常生活中不可缺少的计时器。可能人们都认为瑞士是世界上钟表制造历史最悠久的国家，其实不然。钟表的制造，在中国古代可以追溯到距今近 2000 年的汉朝。

汉朝科学家张衡结合观测天文的实践发明了天文钟，可以说这是现在发现的世界上最古老的钟了。唐朝的时候，我国的制表技术有了巨大的发展。古籍《新唐书·天文志》中就记载了一行和尚与工匠梁令瓒制造水运浑天仪的故事。这个水运浑天仪是世界上最早的一个能自动报时的仪器，仪器两旁各站有一个木头做的小人，每过一刻钟，小人就敲一下仪器。这种能够自动报时的仪器比欧洲机械钟的发明至少要早 600 年。

17 世纪至 19 世纪初期，中国的钟表制造技术更加完备，出现了专门制造钟表的店铺，当时的钟表制造业已经能够制造出各种报时钟、摆钟等。表上的指针也从原来的一针、二针，发展到三针、四针，可以计日、时、分、秒。

现在在中国首都北京的故宫里，存放着一座中国自己制造的大座钟。它高约 6 米，钟后有楼梯，供人上弦和拨针时使用。这座钟表的机件虽然又重又大，可是所走的时间却十分精确。每逢整时刻打点的时候，声音非常洪亮。

世界上独特的艺术品——中国的扇子

扇子，在中国是一种古老的降温工具。晋代崔豹《古今注》一书中说："舜作五明扇""殷高宗有雉尾扇"。不过，古书上所写的这种扇子是长柄的，由侍者手执，为帝王扇风、蔽日。据考古学家考证，中国扇子的发明不会晚于西汉时期。目前所发现的有关扇子的最早记载是《方言》一书，里面说："自关而西谓之扇。"《春秋繁露》中也提到"以龙致雨，以扇逐暑"。

古代扇子的形状很多，有圆形、长圆、扁圆、梅花形、扇形等；其扇面的用料可分为丝绢、羽毛、纸等。到了三国时期，我国开始流行在扇面上写字绘画，因而扇子又从一种降温工具转变成为一种艺术品。王羲之、苏东坡等都有过"题扇""画扇"的动人故事。

古代中国，人们除了对扇面、扇形非常讲究外，对扇柄也十分讲究，仅材料就有许多种，如玉石、牙雕、木雕、竹雕、骨雕等。我国的考古学家于1975年在江苏一座南宋时期的墓里发掘出两把团扇，均是长圆形，以细木杆为扇轴，其扇面是纸质，呈褐色。其中一把扇子的扇柄为玉石。如此完整的宋朝扇子的发现，实为我国古代生活史上一件珍贵的实物材料。

北宋时期，折扇开始流行。明朝宣德皇帝朱瞻基的一把扇子共15骨，骨长82厘米，扇面纵长59.5厘米，横宽152厘米。扇两边的两根大扇骨上面小、下面大，整个扇子合起来时，就像一根被劈成两半的竹竿。扇子的两个扇面上都画有人物画，并有"宣德二年春日武英殿御笔"的题款，还有"武英殿宝"的朱文方印。

中国古代的风扇

在炎热的夏季，人们若坐在没有降温设备的房间里，即使不做什么事，也会热得满头大汗。现在世界上出现了许多降温的电器，各种电扇、空调纷纷跃上市场，为人类的降温提供了方便。其实，在我国古代，就已经出现了不用人摇的风扇。

考古学家发现，远在 1700 多年前，我国古代劳动人民就已懂得在寒冬腊月的结冰季节，预先将冰块储存起来，以备在夏天的时候从"冰库"中拿出来解暑。到了唐宋时期，我国的防暑降温方法又有了很大的进步。能工巧匠们创造了一种用水力推动的风扇，由于造价比较高，所以只供王公贵族享用。后来人们又发明了一种木制的器具，这种器具可以把水引到屋顶上，然后再让水顺着屋檐流淌下来，向四周喷洒，借此降温。唐玄宗曾在宫内修建了一座可以用来避暑的"凉殿"。此殿除了四周有水帘外，还在里面安装了许多水力风扇，即使在很炎热的夏季，坐在里面也会使人感觉到像凉秋一样。据说，当时的一个大学士，从炎热的阳光下到凉殿里去叩见皇上竟冻得浑身发抖。此外，在当时的御史大夫的府里，也修建了一座"自雨亭子"。每逢炎热的天气，他就躺在亭内消暑。

清朝乾隆年间，一些能工巧匠在修筑著名的"万园之园"圆明园的时候，设计装置了一种叫"水木明瑟"的机械设备，它是一种利用水力转动轴轮的风扇。

中国古代的艺术珍品——漆器

漆器，是中国人民在化学工艺和美术工艺方面的一项重要发明。它同瓷器一样，是中国古代劳动人民创造的一种非常有收藏价值的艺术珍品。漆器的外表光洁美观，而且坚固耐用，是中国古代人民的日常用品之一。中国古代发明的漆器具有强烈的民族风格，古朴典雅，从古至今闻名全世界。

中国古代劳动人民在制造漆器的时候，往往会加入桐油之类的干性植物油。桐油是人们从桐树的种子里榨出来的。桐油在加热后，会发生化学反应，因而产生一种薄膜。中国人民从很早的时候就已经认识了桐油成膜的性能，因而广泛应用，并让它与漆液合用，这在人类化学史上是一个卓越的创举。

虽然制造漆器所应用的化学原理直到20世纪才弄清楚，但是中国古代劳动人民却是世界上最早应用这一原理制造漆器的民族。从大量的文献记载来看，中国人民发明漆器的历史已经非常悠久，大约有4000年。战国时期的书籍《韩非子·十过篇》中写道："尧禅天下，虞舜受之，作为食器……流漆墨其上。""舜禅天下而传之于禹，禹作为祭器，墨染其外，而朱画其内。"古籍《禹贡·夏书》中记载，中国早在新石器时代，即氏族解体到奴隶社会时期，人们就已经把漆当作贡品了。

漆液从漆树里分泌出来后，经日晒能够形成黑色发光的漆膜，这是非常容易观察到的。中国古代的劳动人民用自己聪明的大脑和勤劳的双手，利用这种自然现象制造出了各种颜色的漆。科学家们曾在江苏吴江的新石器时代晚期遗址中，发掘出一个漆绘黑陶罐。考古学家通过发掘还发现，中国古代的劳动人民早在商代时期，就已经能够制造出非常精美的红色雕花的木漆器。因为考古学家们在安阳殷墟遗址中，出土了一个木漆器，上面有红色的漆纹印痕。这个木漆器的印痕是世界上现存最古老的漆器纹饰。

春秋战国时期，中国的漆器技术有所发展，当时的漆器彩绘中，已有红、黄、蓝、白、黑5种颜色，还有多种复色。秦汉时期，油漆技术又进入一个新的发展阶段，并且传播到全国各个地区。《史记·滑稽列传》中，有当时关于"荫室"的记载。荫室，就是专门制造漆器的特殊专用房屋。史料记载，汉朝时期，中国漆器主要生产地点是四川的成都和广汉。

唐、宋、元、明时期，中国的漆器技术都有所发展。清朝时期基本是继承了前代的技术。由于清政府的腐败，中国受到外国的侵略，漆器的油漆技术不仅没能继续向前发展，有些中国祖传的技法反而失传。

中国的漆器技术在很早的时候就已经传到国外，如朝鲜、日本、蒙古国、缅甸、印度、柬埔寨等中国附近的亚洲国家，构成了亚洲的一门独特手工艺技术。在朝鲜、蒙古、日本等国，曾出土了大量的中国汉唐时期的漆器。中国古代的漆器经过阿拉伯人、波斯人的西传，逐渐传入欧洲各国。在新航线被人发现以后，中国同亚洲、欧洲等地方的交往越来越频繁，葡萄牙人、荷兰人等不断把中国的漆器贩卖到欧洲，受到那里人民的热烈欢迎。17以后，欧洲各国开始仿制中国的漆器。

中国古代劳动人民发明的桐油自然也同漆器一样，从16世纪起，就被葡萄牙商人贩卖到欧洲。直到19世纪，美国人才知道桐油，1902年，美国也开始种植桐树。

把粮食加工成面粉的石磨

石磨是把米、麦、豆等粮食加工成面粉的一种石制工具，由两扇厚重的圆形石盘组成，上下对合，上名上扇，下名下扇。上下两个磨扇对合后，固定在下面的大磨盘上。上扇中部凿磨眼、磨腔、套孔，用以套下扇和填入粮食压磨；侧面凿曲柄孔，用来装曲柄。下扇凿定轴孔以定轴。两扇结合面凿成凸凹不平但十分匀称的锯齿状，使其相互吻合。用时推动曲柄使上扇旋转，就能磨细粮食，粮食粗细视扇距和需要而定。

传说石磨的发明者是春秋战国时期的巧匠鲁班。鲁班并不姓鲁，他原名公输般，姓公输，名般，般与班同音，故后人习称鲁班。他是中国古代著名建筑师，被历代建筑行业工匠尊为祖师。他发明了攻城的云梯、木匠的锯子等。传说他是世界最早发明石磨的人，但史籍没有明确记载，战国时期的实物也没被发现过。现在我们所能见到的最早的石磨实物，是1968年在河北满城汉墓中出土的石磨，距今约2100年，这也是世界最早的石磨。

这个石磨由两块厚重的圆形石盘（磨扇）组成，两块磨扇上下对合，在中央部位凿有磨腔，上扇还凿有填加粮食的孔道，孔道与磨腔相连。两块磨扇的对合面上，都凿成凸凹不平的锯齿状，称为磨齿。下扇的中心装有向上突出的铁制立轴，上扇的中心则凿有能套在下扇立轴上的套孔。两片扇叶套合后，推动上扇的手抓曲柄使其旋转。上扇在做旋转运动的同时，还由于磨齿相互间咬合和相避而作非常微小的升降运动。这样，就将类似杵臼的间歇冲击力和齿面摩擦力结合起来，粮食在双重作用之下被压磨成粉。磨扇在旋转过程中形成的升降运动，使上下扇之间形成瞬息的齿隙，使被加工的粮食又通过上扇的孔道不断进入磨齿。石磨的出现，使粮食加工变得容易，食用起来更加方便，这是我国农业的一件大事，在世界上也处于领先地位。

　　人们发明石磨以后，开始用人力和畜力带动石磨，在长期的生产实践中又不断对石磨加以改进和发展。到了晋朝（265—420 年），杜豫、崔亮等人又发明了水磨，史称"杜崔水磨"，距今约 1600 年，是世界上最早的水磨。这种石磨以水力代替人力，动力部分是一个卧式水轮，安装在石磨下，在水轮上安装一个主轴，主轴上安装磨的两扇，上扇固定在主轴上，下扇固定在地面上不动。然后流水冲动卧轮，使上扇磨转动。随着机械制造技术的进步，同时代的刘景宜还发明了"连磨"，这是一种构造比较复杂的水磨，一个水轮能带动几个磨同时转动，这种水磨叫作水转连机磨。这些发明也间接地促进了农业的发展。水磨也是水力发电动力原理的原始形式。大工业的发源地英国，到 17 世纪才开始用水轮带动两盘磨，这比中国晚了 1400 年左右，而且在功效方面远落后于中国。

从简单纺车到世界最早的水转大纺车

　　中国古人继使用纺专后，经过长期的实践与改革，又制造出手摇单纺车。它很快代替了原始的纺专，成为纺织手工生产的重要工具。后来，在手摇纺车的基础上又创造出脚踏纺车和水力纺车。东晋著名画家顾恺之的一幅画上就有脚踏三锭纺车。宋末元初，黄道婆改进后的棉纺车，是当时世界上最先进的纺车。后又出现了新的纺车，这种名为大纺车的锭子多达 32 枚。它的功效虽然没有机器纺车的大，但是它的基本原理和现代的纺车是一致的。与此同时，代表世界古代纺织机械最高水平的水转大纺车也在中国诞生。

　　在北京的中国历史博物馆中，现陈列着一架水转大纺车的模型。这个模型是根据古代的实物和记载按照 4∶1 的比例复原而成。据记载，水转大纺车在宋代已经出现了。元初学者王祯写于 1313 年的《农书》中，首次对水转大纺车进行了详细描述，并有附图，这是中国有文字记载的最早的水力纺织机械，在世界上也是最早的。水转大纺车是一种麻纺合线机，是以当时的大纺车改装而成的。它的体积较大，主要分为纺车和传动两部分，仅纺车部分就长 6.7 米，宽 1.7 米。在纺车的两侧，各有一个轮，其中一个轮的外端再装一个大水轮，水轮与织机的工作部分用皮弦相连，水轮纺车在流水的冲击下工作，工作效率大大提高。水转大纺车的发明，促进了宋代麻纺手工业的发展。

中国古代劳动人民于 13 世纪推出的这一伟大发明，在当时的世界上处于领先地位，在世界纺织工业发展史上占有重要位置。最初的纺车及另外一些纺织机械大约是元朝时期由到中国旅行的意大利人介绍到欧洲去的。欧洲人最早提到纺车是 1280 年，在当时德国的一家行会章程中有间接的记录。德国人较早地使用了纺车，他们把纺车视为古代文明的象征，在一个古老的小城沃尔博市的一家小旅店里至今还陈列着一架古老的纺车，和中国农村的纺车十分相似。1769 年，英国人理查·阿克莱首次制出水车纺机，并建立了欧洲第一座水力纺织工厂，这一记录比中国的水转大纺车晚了 4 个多世纪。

传动装置的重大发明——传动带

传动带是能够传送动力的带子，在现代工业生产中被广泛应用。这种能把动力从一个轮子（主动轮）传送到另一个轮子（被动轮）的传动带的发明，是工业生产中一个了不起的进步。因为，人们发现通过改变大、小轮直径的比值，很容易实现变速。如纺车，人手在纺车大轮上摇转一圈，通过传动带把动力传送到小轮上，速度可提高数十倍。正是这种变速，使纺线的效率大大提高。这项传动带的技术，即是中国人在发明纺车的同时所发明的。

纺车的动力来自人力摇动大轮，使小轮纺锤上的梃子做快速旋转，把纤维纺成线。这连接大轮与小轮梃子之间的动力传递，依靠的就是绳式传动带。大约在公元前 1 世纪，西汉扬雄在其著作《方言》中描述了纺车，其中就有对传动带的专门表述，这是关于传动带的世界上最早的文献记载。山东滕县（今山东省滕州市）宏道院汉代画像石上刻有一台纺车的图画，一个大绳轮和一根插置纱锭的梃子分装在纺车木架的两端，用绳子作为传动带。中国古代的纺车传动带，不仅适用于普通有轮缘的轮子，也可带动无轮缘的轮子。一般认为，无轮缘的轮子不能使用传送带，而聪明的中国人在轮子上做了稍稍有些下凹的小沟，传动带便可照常使用。

为了增大传动带与转动轮之间的摩擦力，中国人又对传动带进行了改革，采用链条传动装置，好似自行车的链条一样，转动轮的边缘做成链齿，传动链条与轮子上的链齿相互咬合，就不会打滑了。链条式传动装置使传送带更加稳定，效果更好。有关链条传动装置的发明，请参看前文《自行车动力装置是中国人最先发明的》一节。

欧洲最早出现传动带的时间是 1430 年，是由传动带带动一个水平旋转的石磨，比中国最早的传动带晚了 1500 多年。欧洲的旅行家从中国带回去许多先进技术，传动带即是其中之一，它是作为纺车的一部分与纺车一起被传到欧洲的。但是，在 19 世纪以前，传动带在欧洲很少能派上用场。直到 19 世纪末，扁平的传动带和钢丝缆索，才开始作为传动装置的重要部分得到普遍应用。

简易而实用的比重计

在现代物理学上，比重是指物体的重量和其体积的比值，是为了表示不同物质性质上的差别所引入的一个物理概念，也叫密度。中国对比重概念的提出和应用是很早的。在《孟子》一书中就有这样的记载："金重于羽者，岂谓一钩金与一舆羽之谓哉？"意思是讲平时所说金子比羽毛重，是指相同体积的金子和羽毛之比，绝不是将 1 块金子去与 1 车羽毛的重量去比较。

怎样才能方便而准确地测量出一种液体的比重呢？现代社会中，在需要测量一种液体的比重时，人们会使用一种叫作"比重计"的仪器。这是一根封闭的、附有标度的细长玻璃管，管底有一泡状部分，内装铅丸或水银。比重计插入待测液体后就直立浮起，液体比重越大，比重计浮得越高，与液面相平处的刻度值就是液体比重的数值。而使用这种原理制作的比重计在中国古代即已有了。

在测定物质比重上，中国古代的制盐工人创制出了世界上最早的液体比重计。宋代姚宽的《西溪丛话》中有这样一段话："予监台州杜渎盐场日，以莲子试卤，择莲子重者（五颗）用之。卤浮三莲、四莲，味重；五莲尤重。莲子取其浮而直，若二莲直，或一直一横，即味差薄；若卤更薄，即莲沉于底，而煎盐不成。闽中之法，以鸡子桃仁试之，卤味重则正浮在上，咸淡相半，则二物俱沉，与此相类。"这里记载了中国古代制盐工人测定盐卤比重的两种方法。一种是浮莲法。挑选比较重的莲子10颗，放入盐卤中，盐卤浮莲的数目越多，盐味越重。莲子直立浮者卤味为重，横着浮起则卤味较淡，莲子沉底，盐卤就煮不成盐了。另一种方法是用鸡蛋或桃仁的浮沉情况来测定盐卤的比重。当盐卤的比重大于鸡蛋或桃仁的平均比重时，鸡蛋或桃仁就浮出液面；如果盐卤淡，其比重小于鸡蛋或桃仁的平均比重时，鸡蛋或桃仁就下沉。这两种方法与现代所用的浮子式比重计的原理是一致的。

明代陆容，在《菽园杂记》中也有这样一段记载："（卤水）以重三分莲子试之，先将小竹筒装入莲子于卤中，若浮而横倒者，则卤极咸，乃可煎烧；若立浮于面者稍淡；若沉而不起者，俱弃不用。"这种与莲子配合使用的小竹筒，已成了一只携带方便的液体比重计，其原理与现代所用的浮笔式比重计显然相同。

现代陀螺仪的基础——常平架

现代航海、航空技术中导航和自动领航的磁罗经、电罗经均采用了常平架装置，欧洲人称这种装置为"卡尔达诺悬体"。它是现代陀螺仪的基础，在欧洲最早出现于9世纪。卡尔达诺悬体是以卡尔达诺（1501—1576年）的名字命名的。但是卡尔达诺既没有发明也没有制造过这个装置。他只是于1550年在他的一部著作中对常平架做过描述，后人因此用他的名字命名。但是在中国这种装置早在公元前2世纪就已经问世。

据《京西杂记》记载，中国西汉年间工匠丁缓曾制成久已失传的"被中香炉"。这种取暖用的香炉置于被中时，无论如何翻滚，炉内的炉火、炉灰都不会撒出，因此不会烧灼被褥。这种香炉采用几环互套，最内部是一个小香炉，炉体靠自身重量控制，不论外层各环如何转动，炉体始终保持平衡状态而不翻倒。这大约是常平架的最早记载。丁缓重新制造久已失传的被中香炉，说明在他之前就已有古人发明出了常平架装置。

被中香炉的设计构思非常巧妙，而且具有实用和艺术价值，在中国唐代曾制成"镂空银熏炉"和"镂空银熏球"等艺术珍品。唐代女皇武则天当政时，有人敬贡过一个"木制暖炉"，有本古籍描述其炉内"铁盏盛火，辗转不翻"。可见，它的制作原理与丁缓的被中香炉是相同的。

中国古人利用常平架原理制造过许多其他用途的物品，如香球、灯球、银袋、滚灯、香篮等。其中值得一提的是滚灯，这是中国春节时深受儿童们喜爱的玩具灯笼。这种灯笼为球形，任凭孩子们滚、扔、踢、舞，灯笼内的火种都不会倒置或熄灭。1734年成书的《西湖志》中提到滚灯内装有"连锁支轴"，这很可能就是常平架，不过这种灯现已失传。18世纪后期，中国的航海家曾把罗盘安置在常平架内，以免除海浪颠簸对罗盘的影响。

9世纪，常平架装置传入欧洲。16世纪意大利著名画家达·芬奇也提出过类似的设计。后来，著名科学家罗伯特·胡克等人利用常平架原理制造出"万向接头"，使汽车可以自动传输能量。中国人所发明的常平架，已广泛应用于机械制造等现代工业中。

科技精确度上新台阶——指针式标度盘

中国古人在从司南到罗盘的研制过程中，开创了世界上第一代指针式标度盘装置。这种装置对后来科学和技术的发展有极其重要的意义。科学史专家李约瑟博士指出：中国发明的利用指针标度盘的这些装置，是"所有指针式读数装置中最古老的"，并且"在通向实现各种标度盘和自动记录仪表的道路上迈出的第一步"。

说起指针式标度盘，现代人很可能不以为然，但是在人类发展史上，每一项发明创造，甚至是每一个小的改进，都是十分不易的一次飞跃。刚刚问世的指南针，最初并不是现在这个模样，它有个发展、变化和提高的过程。最早的指南针——司南、指南鱼和指南龟还没有使用针状的指针。随着实践经验的积累，后来才采用了指针这种巧妙的设计，把指针安放在环绕它的标度盘上，使指南针精确度大大提高。

在一些计算装置中，也应用了指针。在中国，在计算装置中使用指针的历史可追溯到570年。北周甄鸾在《数术记遗》中，介绍了一种像算盘的计算装置，它是基于指针式罗盘读数原理制成的。甄鸾称这种计算方法为"八卦算"。以乘法和除法为例，"乘时以针锋指之，除时则以针尾指之"，也就是说，被乘数用针尖所指标度盘上读数来表示，而被除数以针尾所指标度盘上读数来表示。

这种类似算盘的计算装置出自堪舆家古老的占卜盘。它很可能是三国时期一位著名的堪舆家赵达发明的。令人惊奇的是，古老的占卜盘具有十分精巧复杂的结构，其中有些指针式标度盘装置竟由40多个同心圆盘组成，在每个不同的同心圆盘上都标有一套不同的数字和术语，以测量各种情况，并可按指针的指向读出相应的结果。值得深思的是，古代利用这些指针式装置的指针，都是从正南方向起始的。这无疑说明，这些指针式装置与磁罗盘有着密切的联系。

因此可以说，中国古人在6世纪就已应用指针式标度盘装置，而且很可能早在 3 世纪就已开始使用了。

机械传动工业的革命——非圆齿轮技术

  人们在机械装置中所看到的齿轮，几乎全部都是正圆形。如果在制造中检验出某一个齿轮不是标准的圆形，那么，这个齿轮肯定会被打上不合格的标记，不准出厂。然而，随着技术的不断发展进步，人们在机械制造中又需要非圆的齿轮。这种非圆齿轮是各种凸轮上带有轮齿，即椭圆、三角、方块等各种非圆形齿轮。它综合了凸轮和圆齿轮的优点，以准确的变传动比传递动力。中国人民解放军第二炮兵工程学院 25 岁的工程师王贵海，经过 5 年不懈攻关，于 1993 年 4 月终于摘取了这一机械传动领域的"哥德巴赫猜想"明珠——非圆齿轮计算机辅助设计与制造技术。

  国内外专家认为，这一世界重大科研成果将给机械传动工业带来一场重大革命，王贵海独创的变位理论和节曲线离散化处理技术，在国际第八届机械与结构联合会年会上引起强烈反响，被专家们称为"王氏理论"；他领衔攻关的非圆齿轮 FYM 型液压马达转化成果，被专家们认为"达到了国际先进水平"。非圆齿轮技术设想是 20 世纪 30 年代初德国一位机械大师提出的，被称为机械传动领域的"哥德巴赫猜想"。由于它集机械结构学、齿轮学、计算数学、计算机技术、仿真学等新兴学科于一体，世界上众多科学家倾毕生精力也未能如愿。

  非圆齿轮技术辅助设计与制造，给传统的变传动机构设计提出了新的设计与制造方法，从根本上改变了机器的设计与制造。非圆齿轮技术具有节能、节材、传递动力大、能满足各种机械与机构变速运动理想的动力等优点。如汽车传动、变速和转向机构改用非圆齿轮技术，就可节油 30％，提高速度 33％，还能提高行车转向平稳度和安全系数。非圆齿轮技术广泛应用于航天航空、汽车船舶、轻重工业机械、仪器仪表等一切变速运动装置，能产生巨大的社会效益和经济效益。

文 化 体 育

中国对世界文明的巨大贡献——造纸术

纸是我们日常生活中常用的一种物品，是人们交流信息、传播文化、发展科学的有力工具。人们无论是看书、写字、画画、读报等，都要与纸接触。在工农业生产中，纸也是一种不可缺少的材料。这种重要的物品，是中国古代劳动人民通过长期实践发明创造出来的，是中国古代著名的四大发明之一，是中国对世界人类文明作出的一项巨大贡献。

人类先是有了语言，随后又出现了各种文字，纸这种物品最初就是为了书写记事而被发明出来的。在纸被发明以前，中国人写字主要是用龟壳、兽骨、石头、竹简、丝帛等具有平面的材料。但这些材料有的十分笨重，有的造价昂贵。随着人类文明的进一步发展，人们迫切地希望得到一种容易制造、价格便宜的新型书写材料。经过长期地探索和实践，人们发现用麻布头、破绳、旧渔网等废旧材料可以制成一种植物纤维纸。关于这种纸，《后汉书·蔡伦传》中的说法是东汉时期的蔡伦于汉和帝永元十七年（105年）发明的。

但是，据现代的考古学家研究，中国早在蔡伦发明纸之前，就已经有了植物纤维纸。1986年，科学家在甘肃天水市附近的放马滩古墓葬中，出土了西汉时期的绘有地图的麻纸，这比1933年发现的麻纸还要早，是目前人们发现的世界上最早的植物纤维纸，距今2100多年。1990年，考古学者又在敦煌甜水井西汉邮驿遗址中，发掘出了30多张植物纤维纸，其中3张纸上有文字。这些实物，有力地证明了中国古代劳动人民在西汉时期，就已经开始使用植物纤维纸写字了。而东汉时期的蔡伦，则发现了用树皮可以造出质量比较好、价格便宜的纸，并把这种纸推广到了民间。因此，蔡伦在造纸上的贡献仍是不可磨灭的。

2世纪以后，纸在中国已经成了竹简、布帛等书写材料的有力竞争者。4世纪时，纸已基本上成为中国唯一的书写材料了。6世纪到10世纪，中国人已经发明出了各种各样的纸，其中要数竹纸的质量最好。因为竹子本身质地坚硬。从一些史料记录来看，竹纸应出现在唐朝时期。而欧洲却直到18世纪以后，才有竹纸。

中国古代的造纸术在7世纪时，就已传入朝鲜，又由朝鲜传到了日本，8世纪中叶传到阿拉伯。阿拉伯人从中国人那里学会造纸术后，就用中国人发明的造纸的器具，建立了造纸厂，并向欧洲各国出售。后来欧洲人也学会了造纸技术。

从公元前2世纪到18世纪这2000多年间，中国的造纸技术始终居于世界前列。

活字印刷术对人类文明的贡献

书籍、报纸、杂志是我们日常生活中经常见到的东西。这些东西是人类传播信息、传承文明的重要工具。但是，书籍、报刊上的文字图画都离不开印刷。活字印刷术是中国古代劳动人民的一项重大发明，是中国古代的四大发明之一。这一发明创造，把人类文明向前推进了一大步。

在印刷术发明以前，人类文字的记载和文化的传播主要是靠手抄书籍。一部书的"出版"，在时间上要用几年甚至几十年，而且还有抄错的可能。社会急需要一种代替人手写的"印刷"手段。为此，人们在实践中开始把文字雕刻在木板上，用雕版印刷书籍。在雕刻出一块版后，就能在上面印出无数同样的书页来，比手写省力气多了，又节约了时间。根据《隋书》《北史》等文献记载，这种雕版印刷术大概发明于隋代，距今已有1300多年的历史。这种印刷术发明不久，就在全中国传开了。据说当时有的小贩曾用白居易的诗集刻本冒充白居易的真迹，以此来换取酒茶，维持生计。

可见当时的雕版印刷术在民间已经十分流行。有许多史料证明，四川是中国古代的印刷中心。

这种雕版印刷书籍的方法虽然一个版就可印成千上万页，但雕版时依然非常费时，需要非常仔细，如果一块版中间刻错一个字，这版字就要全部重刻。而且雕好后的版，还得用专门的屋子存放，不能让它生霉或遭虫蛀。所以这种在当时比较方便的印刷术，仍不能够满足人们的需求。大家都在试图创造出一种比雕版更好的印刷术。

宋朝是雕版印刷的极盛期。在许多雕版印刷工中，有一个人对雕版印刷颇有研究，这个人的名字叫毕昇，他把毕生精力都用在了研究印刷术上。毕昇通过亲身实践，把以往整版的文字一个个分割开来，然后再根据文章的需要把它们一个个组合在一个版上。就这一分一合，全世界的印刷技术发生了划时代的变化，活字印刷术诞生了！毕昇最初是用木活字，但由于木头遇油墨会膨胀，字迹就变得模糊，所以他改用烧制的胶泥活字，获得了成功。活字印刷方法既经济又省力，大大缩短了印书的时间。这在人类文明发展史上，是一次重大的改革，影响深远。

毕昇的这项重大发明，在宋朝著名科学家沈括的《梦溪笔谈》中有详细的记录。书中写道，宋仁宗庆历年间（1041—1048 年），毕昇曾用胶泥刻字，用火把胶泥烧硬。印刷时，先要预备好一块铁板，铁板上放着松香、蜡、纸灰等东西。铁板周围有一个铁框，在铁框里紧密地排好用胶泥做好的字钉，然后把铁板放在火上加热，框里的松香等东西就会熔化，然后把字钉排平，在字钉上涂一层油墨，就可以印刷了。人们为了节省时间，一般都使用两块铁板，当一块板正在印刷的时候，人们就赶紧排第二块板，循环作业。毕昇发明的这种活字印刷术如果印三五本书显不出其简便，但如果印上几百本、几千本的时候，就能显示出了活字印刷术的优越性。

元朝时期，中国古代的著名农学家王祯创造木活字，这在他的《农书》一书中有详细的说明。王祯创造出木活字印刷术以后，很快流传开来。活字印刷术的另一发展，是用金属材料锡制成活字，但由于锡不容易受墨，印刷字迹不清，所以未能流行。

唐朝时期，雕版印刷术首先传到日本。木活字印刷术于 14 世纪传到朝鲜。15 世纪，朝鲜人民又将活字印刷术发扬光大，创造出铜活字，这对中国的活字印刷术的发展产生了一些影响。以后，中国的活字印刷术又由新疆传到波斯、埃及、欧洲。活字印刷术传入欧洲后，为欧洲的文艺复兴运动提供了一个重要的物质条件，对欧洲文化的传播起到了重要的作用。

著名的政治家马克思在给恩格斯的一封信中说，"中国古代发明的活字印刷术、火药、指南针和纸是'资产阶级发展的必要前提'"。中国古代的发明对世界的意义，由此可见一斑。

中国《邸报》是世界上最早的报纸

世界上发行最早、时间最久的报纸，要算《邸报》。它由中国西汉初期的官员所办，约创始于公元前 2 世纪，距今 2000 多年。自汉、唐、宋、元、明直到清朝，《邸报》的名称虽屡有改动，但发行却一直没有中断过，它的性质和内容也基本未变。《邸报》为历朝历代的机关报，所载内容的范围，历朝都基本相近，"凡朝廷政事设施、号令、赏罚、书诏、章表、辞见、朝谢、差除、注拟等，令播告四方，令通知者，皆有令各条目，具合报事件报"。

西汉时，中央实行郡县制，在全国设立若干郡，郡以下设若干县。各郡在当时的京都长安（今西安附近）设有驻处，这个驻处被称为"邸"，相当于现今的驻京办事处，各郡县在邸派有常驻代表，相当于皇帝和各郡首长之间的联络官。留驻在这里的各郡代表，就是要在皇帝和各郡首长之间做上通下达的联络工作。他们定期把皇帝的诏书及宫廷的大事，写在竹简上或丝绢上，然后由信使骑着快马，通过秦朝建立起来的驿站马道，传送到各郡首手中。这就是《邸报》的起源，中国的第一张"报纸"就这样产生了。

西汉末年，随着造纸业的发展，《邸报》已用纸来抄写，更便于传递和发行。到了东汉年间，用植物纤维造纸的方法在中国已经普及，从而使《邸报》得到进一步发展。唐代由于驿道的改善，《邸报》的传送更加快捷。

这时,《邸报》已发行全国,读者对象主要是官吏。唐玄宗时(713—755年),《邸报》又称《开元杂报》,采用雕版印刷。宋朝时由于印刷术的进一步发展,《邸报》更加流行,已有比较固定的发行时间,读者群扩大,逐渐扩展到民间。这时的《邸报》又称《邸传》或《小报》。明朝设置通政司,专门管理《邸报》的出版发行。到明末崇祯年间,《邸报》从雕版印刷改为活字印刷,规模也更大。到了清朝,《邸报》又改名为《京报》。一直到1911年辛亥革命爆发,清朝最后一个皇帝退位,《邸报》才停止刊行。

西方有人认为,最早的报纸是罗马帝国恺撒大帝在公元前59年创办的《每日纪闻》,它是一种传递紧急军情的官报,其寿命不长,不久就停办了。其实,从办报的年代来看,中国西汉时的《邸报》要比《每日纪闻》早得多。《邸报》最早出现在西汉初年,即公元前2世纪左右,比罗马帝国的《每日纪闻》大约要早1个世纪。

中国现存最古老的报纸是《进奏院状》,发行于唐僖宗光启三年(887年),为归义军节度使派驻朝廷的进奏官张夷则发往沙州(今甘肃敦煌)的一份手抄邸报,用毛笔抄写而成。它长97厘米,宽34厘米,存有文字60行,约2000余字,内容记述了唐朝沙州归义军节度使张淮深派遣使臣前往朝廷请求赐给旌节的经过。这张中国唐朝的报纸也比西方国家现存最早的报纸早700多年,是世界上现存最古老的报纸。这份珍贵文物原藏于敦煌莫高窟,20世纪初英国籍匈牙利人斯坦因将其窃走,现存于英国大不列颠图书馆。这份报纸发行距今已有1100多年。

中国独特的艺术——剪纸

剪纸,是用镂空透雕的手法来创造美的一种艺术形式。中国早在新石器时代,人们就已产生了美的观念,并且产生了对镂空透雕的美的追求。黄河流域山东大汶口文化遗址中出土的陶豆,它的圈足就是镂空的花纹。南朝时的一本古籍上记载了荆楚(今湖北、湖南两省)一带的妇女,每当到了"人日"时,要用彩色的幡纸剪成人形贴在屏风上,还把用幡纸剪成的燕子戴在头上，作为节日的装饰。这说明那时，剪纸就已经在中国民间广泛流行。

目前发现最早的剪纸艺术品是北朝时期的作品。在新疆吐鲁番阿斯塔那地区的古坟墓中，先后出土了 5 幅剪纸。其中有 3 幅是花，层次交错，变化复杂，还颇有韵律感。

到了宋朝，剪纸艺术已经在民间普及。从有关的记载来看，宋朝时民间剪纸的应用范围很广泛。有的将剪纸作为礼品的点缀，有的被巫师拿来驱邪，有的作窗花使用，还有的用来装饰彩灯。尤其是当时发明的走马灯，对中国古代普及剪纸有着重要的促进作用。

明朝时的剪纸已经有很高的艺术水平。1965 年在江苏出土了一把明代折扇，在素色扇面的双层纸间夹着一幅深色的"梅雀报春图"剪纸，精美别致。据记载，著名的佛山剪纸在那时已经远销东南亚一带，博得海内外人民的一片赞誉。在明清时期的各种笔记和书籍当中，记载了不少擅长剪纸的名手。同时，明清时期的一些书法家、画家也被剪纸吸引，参与了剪纸的创作。清朝时期，中国流行的花字剪纸，就是当时书法与剪纸结合的产物。

新中国成立以后，剪纸艺术受到了国家的重视。邮政企业曾发行的十二生肖邮票，就是用的剪纸图案。

中国特有的毛笔

当今世界上被誉为中国的文房四宝之一的毛笔，已成为中国著名的工艺品。当然，它的主要用途是作为书画工具，这种特殊的工具使得汉字书法艺术和绘画艺术在世界上享有很高的声誉。

关于毛笔产生的年代，过去一直有"蒙恬造笔"的说法，《古今注》记载："自蒙恬始造，即秦笔耳。以枯木为管，鹿毛为柱，羊毛为被。"其实，中国使用毛笔的时间比《古今注》记载的要早得多。据专家研究，新石器时代彩陶上的花纹就是用毛笔描绘的，殷商时代的甲骨文也有用毛笔书写的痕迹。《诗经·静女》篇有"贻我彤管"的句子，有专家认为这"彤管"就是一种红杆的毛笔。春秋时期，中国已能批量制造毛笔。河南信阳、湖南长沙的春秋战国楚墓中，都曾出土上好的兔箭毛做成的毛笔。1954年，在长沙左家公山的战国墓穴中，出土了一套写字工具，其中就有一支上好的毛笔，说明中国在战国时就已开始使用毛笔。那时，笔在楚国称"聿"，在吴国称"不律"，在燕国称"弗"，只有秦国称为"笔"。此外，还有称"管城子""毛锥子""中书君""毛颖君""龙须友""尖头奴"的，名目繁多，直到秦统一六国后，才开始称"笔"。

中国人用毛笔的历史有3000余年，是世界上使用毛笔最久的国家。

毛笔在中国被普遍使用，促进了毛笔制作工艺的发展，主要可分为宣笔和湖笔两个阶段。公元前223年，在秦灭楚的战争中，秦将蒙恬来到今安徽宣城、泾县一带。他在那里对毛笔进行改造，使其轻便好使，史称"改良笔"，俗名"宣笔"，这就是最早的宣笔。在历史上，宣笔极负盛名，王羲之、柳公权等著名书法家曾用其写过《求笔帖》。自秦代以后，各地出现了许多制笔能手，如三国的韦诞、唐朝的铁头、北宋的诸葛高等。南宋时，京城南移，宣笔慢慢被浙江省湖州制作的"湖笔"所代替。

湖笔发源地在善琏村，即今浙江省吴兴县善琏乡。那里在隋朝时属乌程县，宋朝时改属归安县，因两县均为湖州府所辖，故这一带生产的毛笔统称湖笔。湖州一带自然条件优越，所产的山羊毛质地优良，具有很好的锋颖。所谓锋颖，是指羊毛前端有段透亮的毫尖，用这种羊毛制成的毛笔，具有笔锋尖锐、修削整齐、丰硕圆润、劲健有力等特点，书写起来得心应手，挥洒自如。但是，不是所有的山羊毛都有这样的锋颖，只有杭嘉湖平原牧养的山羊才有这种毛。然而，每只羊的取毛量平均也不过二三两而已。元代湖州笔工冯应科、陆文宝的制笔技术世代相传，不断发展，一直流传到现在。湖笔笔头的每根毛都是经过仔细挑选的，再经梳、结、压、择等几十道工序才制成。湖笔现在已发展成羊毫、兼毫、紫毫、狼毫等4大类250多种。

毛笔的制作工艺到了近现代又有了很大的发展。1984年，北京制笔厂制造出了现今世界上最大的毛笔，取名"经天纬地特大毛笔"，同年10月2

日在首都全国文房四宝展览会上展出。其毛笔长 2.7 米，杆长 2 米，笔头外露毛 53 厘米，重 23 千克，一次可吸墨 7 千克，人称"毛笔王"。5 年后，中国又造出了现今世界上最贵的毛笔，取名叫"翰珍毛笔"，由安徽砀山县碧云轩毛笔厂厂长邵家干研制，历时 5 年。这杆笔用精选的优质长羊毛制成，红木杆，笔腕和挂头用优质白牛角制成，全长 40 厘米。该笔弹性好，柔而不分岔，耐用。1989 年以 2.5 万元人民币的价格销往日本，是世界上迄今为止最贵的毛笔。

可以说，中国在毛笔的制作上创造了 4 个"世界之最"，即在历史上中国的毛笔发明最早、使用时间最久，中国人还制造出了当今世界上规模最大、价格最高的毛笔。

对记录历史文明有重大作用的墨

书画墨是中国民族传统的工艺品，墨是书画所用的墨色颜料，用松香等原料制成。中国是世界上最早发明墨的国家，墨在我国已有 2000 多年的历史。

相传在秦汉时期，陕西省千阳县就因产墨而著称；唐朝的易州（今易县）也因产墨而出名；到了五代时期，安徽徽州府歙州（今歙县）成了墨的集中产区。宋朝以后，安徽歙、黟、休宁、绩溪等地出了许多制墨的良工巧匠，墨的质量和装饰包装并佳，因为这些地方属徽州管辖，所产墨得名徽墨。它与湖笔、宣纸、端砚并列为文房四宝中的珍品。许多用徽墨写绘的字和画，虽然过了几百上千年，墨迹依然清晰，光彩夺目。

据史料记载，五代十国时，北方战争不断，有一位易州墨工奚氏避乱来到今安徽歙县，看到这里"山有黄海白岳之奇，水有练溪新安之妙"，到处是葱郁的古松，于是重操旧业。奚氏父子刻苦钻研技艺，制出了"丰肌腻理，光泽如漆"的好墨，受到文人墨客的好评。古人陶宗仪在所著《辍耕录》卷二十九中写道："上古无墨，竹挺点漆而书。中古方以石磨汁，或云是延安石液。至魏晋时，始有墨丸，乃漆烟、松煤夹和为之。所以晋人多用凹心砚者，欲磨墨贮沈耳。自后有螺子墨，亦墨丸之遗制。"

明正德、嘉靖年间，古人发明了用桐油烟制墨。到了万历年间，著名墨工程君房，精细研究各种配方，在桐油烟中加入麝香、金箔、珍珠、冰片、公丁香等配料，制造出超漆烟墨，使墨质进一步提高。用这种墨写字作画，墨趣生辉，墨迹经久不变，着水不化，防腐不蛀。与此同时，有人创制了"集锦墨""仿古墨"等，在墨面上绘画、题诗、描金点翠，再用罗、线等包装，更显金碧秀雅，供观赏、摆设、送礼，成为具有民族风格的工艺美术品。

徽墨制作精细，生产工艺复杂。要制成坚如玉、纹如犀、墨如漆，紫玉光泽的好墨，必须"千灯炼油烟，身如窑中炭"，经过辛勤劳动，才能"收此一寸玉"。

墨的种类很多，到现在已有400多种，有超漆烟、桐油烟、青墨、特级松烟、加香墨、朱砂墨、药墨、彩色墨、蜡墨等。明代时徽墨输出到日本、东南亚等地。墨对古代文化的发展和历史文明的传承，起到了巨大的作用。

古琴弦上的绝美音色

音色是由基音及所带的泛音组成的，有时也称作音质。中国人对音色在音乐领域的应用与研究，比世界上任何国家都早，而且有很高深的造诣。历史告诉人们，3世纪时，中国的琴艺高度发展，中国人在演奏古琴中最早认识和应用音阶，同时对音色有了相当深入地考察，其在琴弦振动的观察研究方面所达到的科学水平，欧洲人在1600年后才达到。

如中国古代的弹拨乐器古琴，李约瑟博士即说它"是世界上唯一的一种不带定音档的弦乐器，而实际上在指板上标出了振动节"。这种不带定音档的琴，最初使欧洲人感到非常惊奇。古琴的演奏方法同其他带有定音档的乐器，如吉他和小提琴的演奏方法不同。它在演奏时不能调正音域的高低，而是在同一音域奏出不同的音色。这种微妙的演奏技巧，使许多西方人士怀疑它所奏出的是不是真正的音乐。但答案却是肯定的，古琴奏出的音乐确实非常美妙动听。古琴的弦是用丝制成的。古琴的演奏技巧十分丰富，仅颤音的演奏就有 26 种方法。范·古利克在他 1940 年出版的《中国古代弦琴的学问》一书中这样描述一种演奏颤音的技巧："'听音法'令人叫绝。演奏者在演奏时手指的动作极其微妙，简直使人看不出手指在动。有些书上记载说，演奏者的手指完全不动，而依靠指尖的血脉跳动，使琴弦发声。"

中国人对古琴音色的研究，提高了他们对声音，如颤音等本质的认识。弦在振动时是呈波浪式的，这时弦上会出现不动的"节"。古琴演奏家当然懂得，在抚琴时，如果手指按在琴弦的节上，对琴弦的振动毫无作用。只有当手指按在琴弦的其他位置时，才会使振动停止。古琴演奏时手指的按法充分利用了这种振动现象。

中国人对于音色、泛音及和声的认识，和他们对谐和音与不谐和音的现象的细致观察，最终发明了按平均律调音的音阶。过去不少音乐家误认为音阶是西方人发明的，其实是中国人最早发明了音阶。

堪称一绝的定音钟与编钟

古籍《国语·周语》卷三有记载："是故先王之制钟也，大不出钧，重不过石，律度量衡于是乎生，小大器用于是乎出，故圣人慎之。"完全可以这样说，中国在公元前 8 世纪就制造出了经过精细定音的钟。中国人发明并完善了定音钟，并根据定音钟的音高制定了包括长度、宽度、重量和体积在内的一整套度量衡系统。

在欧洲，直到 1000 年，还看不到高于 70 厘米的钟。然而在中国山西省平定县，至今仍完好地保存着一口已有近 1100 年历史的铸铁钟。它高 300 多厘米。中国青铜钟的产生年代则可追溯到公元前 14 世纪。尽管在公元前 6 世纪，中国钟的高度不超过 70 厘米，可是那时在西方诸文明古国，高于 30 厘米的钟还闻所未闻。

把钟的音高转化为长度测量的标准,是通过一种叫作"均"的调音器来完成的。把均弦调节到一定的长度,使发出的音与钟的音高相一致,这一弦长随即就能量出。代表标准长度的京城的钟音,可以为边远城市的均定音,随后均音再为在那里铸造的钟定音。中国人把一个八度音分成12个乐音,从而产生了代表这12个基本乐音的12只一套的宫廷编钟。所有的乐器都根据宫廷的编钟来定音,并且每一段音乐的开端,均由适当的钟音来为乐曲定调。从古代的乐谱上看,中国的古钟似乎并不真正用作演奏乐器,而只是在乐曲的开端和结尾鸣响。研究结果说明,实质上钟音在乐队中起着一种古代音叉的定音作用。

1978年在湖北省随县(今随州市)擂鼓墩战国曾侯乙墓出土的编钟,是世界上现存最大、最完整的编钟。这套编钟共65件,其中纽钟19件,角钟45件,出土时,分3层8组悬挂在钟架上,依大小次序排列着,以及一件楚惠王送给曾侯乙的一枚镈钟,好像一间古代乐厅。钟架上层悬挂着3组纽钟,主要是定调的;中层3组角钟有3个半八度音阶,是这套编钟的主要部分,能配合起来演奏各种乐曲;下层两组角钟,体大壁厚,在演奏中起烘托与和声作用。最大的角钟,高152.3厘米,重203.6千克。演奏的工具是6根敲钟用的丁字形彩绘木槌,两根撞钟用的细长木棒。编钟的每件钟体上,都有错金篆体铭文,内容都是关于音乐方面的记载,通过测音表明,只要准确地敲击钟上镌刻的标音位置,就能发出一定音阶的乐音,而且音色优美。这套编钟的音域很广,经过试验,古今乐曲都能演奏。中央人民广播电台曾专门播出过这套编钟所演奏的音乐。整个编钟,结构严谨,美观牢固;钟架承担了2500千克的重量,经历2400多年仍未坍塌,令人惊叹不已。

有些中国古钟还有一种不同一般的特征,敲击它们的不同位置能发出两个乐音。两个乐音之间的音程包括大小二度、三度、四度和小六度。古人这种高超的铸钟技术,在早期的铸造史上不能不说是一个奇迹。

孔明灯与热气球的发明

中国是热气球的故乡。早在公元前 2 世纪，中国人就开始利用蛋壳来制作微型热气球。那个时期的古人所写《淮南万毕术》一书中记载：借助于燃烧着的引火物，蛋壳可以飞上天空。其做法大致是用一个空蛋壳，里面放上燃烧着的艾蒿，蛋壳便会腾空而起。在制作的时候，蛋壳的孔隙不能过小，也不能过大，以便能使足够数量的热空气保留在蛋壳内。

随着纸的发明与应用，微型热气球有了新的发展。由纸制成的传统灯笼问世，而灯笼的出现则促使人们进一步实验热气球。灯笼上端的孔隙很小，古人在偶然间突然惊奇地看到，有时灯笼会自行上升，甚至会飞上天空。或许正是受这种情形的启发，中国古代有多种微型热气球，而其中最为普遍并流传至今的要数孔明灯了。孔明就是三国时期蜀国的军师诸葛亮，他是中国人民公认的智慧的化身，用他的名字给这种热气球命名，其含义是不言而喻的。

在中国南方民间，现在仍有施放孔明灯的习俗。夏种之后，雨季到来之前，农活不忙了，人们在晚上除唱歌跳舞外，还要放孔明灯。人们用竹皮和油纸糊扎灯笼，扎好后放在阳光下晒干。在晚上使用时，把一小捆点燃的松树枝捆扎在灯笼的下面，不一会儿，灯笼便开始胀大，逐渐升高，可以在夜空中飘浮很长时间。最后，整个灯笼被点燃，掉了下来，人群中一片欢腾。

在中世纪的欧洲，热气球在军事上得到了广泛应用。在欧洲的编年史里多次提到龙状的热气球，或作为一种信号、或作为军旗。蒙古军队在1241 年的普鲁士城市格尼兹之战中所使用的军旗，就是一种热气球。

热气球在中国民间十分流行，但在古籍中却很少看到应用热气球原理的记述。

现在，从微型热气球至巨型热气球，从娱乐到广泛的实际应用，人们对热气球的认识与探索仍在继续。

现代电影的雏形——中国古代走马灯

现代都市的各种灯饰琳琅满目，但仍有一种历史悠久的灯深受大众的喜爱，这就是至今仍在流行的走马灯。中国有多种多样的走马灯，它不仅对少年儿童有很大的吸引力，而且也使许多成年人为之着迷。各类走马灯都有一个共同点，那就是中心区是光源，在其周围是许多图片或小玩偶，当灯点着后，周围的图片或玩偶会不断地绕光源旋转，给观赏者以动画般的感觉。

1868年，英国皇家学会副会长卡彭特曾说：法拉第在1836年发明了活动图片玩具灯，然而，这种玩具灯真正的发明者，实际上是古代中国的劳动人民。在中国，卡彭特所说的这种活动图片玩具灯叫作走马灯。在12世纪时，这种引人入胜的走马灯就相当普遍了。当时到中国旅游的欧洲人把它带到了欧洲。1634年，约翰·巴特在《自然和艺术的奥秘》一书中曾对走马灯做过生动的描述。

走马灯在中国的渊源可以追溯到公元前2世纪。据文献记载，公元前121年，有一个魔术师在为皇帝表演魔术时，就曾把一些活动的影像投射在墙壁上。到了大约180年，有一个叫丁缓的匠人制作了一个"九层博山炉"，香炉点着以后，许多珍禽异兽的模型伴着灯火的闪烁，绕香炉徐徐转动，令人叹为观止。6世纪的一部名叫《西京杂记》的书记载着另一种式样的走马灯。书中说有人制作了一种玉管，"玉管长二尺三寸，二十六孔，吹之则见车马山林，隐磷相次，吹息亦不复见"。这种玩具大概是将绘好的图画置于管中，利用流动的空气使其运动，其他人则从管孔处看到画面相继显现，如同今天看电影一般。

走马灯有的是利用灯火产生的热气流或由人工使外围的图片及玩偶相随转动，有的则是将影像投射到墙壁上供人观赏。18世纪末，中国民间还出现了一种箱式走马灯。这种走马灯更为复杂，它置于轻便的暗箱里，人们可以从箱上的小孔中看到不断运动的画面。

由此可见，现代的投影幻灯，就是源于中国古代的走马灯。事实上，1654年在比利时首次使用幻灯进行讲演的卫匡国，正是欧洲到中国传教的耶稣会士。他受到中国走马灯的启发，回到欧洲后制作了投影幻灯。也正因为如此，研究中国古代科技成果史的李约瑟博士，不仅指出走马灯是中国古代劳动人民发明的，而且还认为，在很久以前，箱式走马灯的观看孔处就安装了镜片。所以他推断：中国艺术家们很可能根据走马灯的制作最先发现和应用了电影原理。

中国人发明的扑克纸牌

打扑克是世界上非常普及的一项游戏。这项娱乐活动不分男女老少，不限人数多少，闲暇时只要有个能放扑克牌的地方就可玩上几把。对于扑克的各种牌，人们印象较深的除王牌外，大概要数那3张绘有高鼻深目、卷发碧眼的人头像的K、Q、J牌了。也许，大多数人由此认为扑克牌发源于西方。但史书告诉人们，扑克牌实际上最早起源于中国。众所周知，纸是中国人发明的，因此中国人首先发明扑克纸牌就没有什么值得惊奇的了。

扑克牌在9世纪就已经出现了。据中国唐朝（公元618—907年）大文学家欧阳修的记录，纸牌的使用与书的印刷形式的变化有关。也就在那时，中国的扑克牌传到了邻国印度。当时的扑克牌是以木刻版画形式印制的，上面的图案主要以戏剧、神话传说中的神仙为主。现保存下来的扑克纸牌，背面有小说《水浒》中的人物像，牌长约5厘米，宽2.5厘米，用的纸也相当厚。

作为一种娱乐工具，扑克牌的优点很多：它便于携带，不受时间、地点、气候等条件的限制，几乎在任何环境里都可以玩。扑克牌为什么要采用黑桃、红心、方块、梅花这4种花式以及现在的这种结合形式呢？据说，这4种花式同历法有关。一副牌54张，其中52张是正牌，2张是副牌。色彩鲜明的大王代表太阳，黑白图案的小王代表月亮。正牌表示一年有52个星期，而黑桃、红心、梅花、方块，分别代表春、夏、秋、冬4季。每种花式各 13 张牌, 是说每季有 13 个星期。每一季节是 91 天, 而 13 张牌的数字相加正好也是 91。如果把每种花色的总数相加, 再加上小王一点, 正好是 365 天, 是阳历平年的天数。如果再加上大王的一点, 正好是 366 天, 是闰年的天数。扑克牌的颜色只有红、黑两种, 红色代表白天, 黑色代表黑夜。每副扑克中的 K、Q、J 共有 12 张, 表示一年有 12 个月, 又表示太阳在一年中经过的 12 个星座。总之, 扑克牌的结构与历法是相吻合的, 在一定意义上, 扑克牌是一年中历法的缩影。

1096 年, 西方十字军东征, 欧洲人看到并接受了更多令其惊诧的东方文明。来自欧洲大陆和英伦三岛的士兵们从印度带回了婆罗门 (僧侣) 所玩耍的一种扑克牌。又经过几个世纪的改良和发展后, 扑克牌又从欧洲传回东方, 于是, 像其他很多东方文明一样, 新型的扑克牌也充满了浓郁的西方色彩, 有了 A、K、Q、J 这些带有明显西方情调的图案。如 K 是英文 King 的缩写, 是国王的意思; Q 是英文 Queen 的缩写, 王后的意思; J 是英文 Jack 的缩写, 士兵的意思。中国元朝期间, 各国之间自由往来频繁, 商人和游客使扑克牌迅速传播开来, 这项娱乐工具融合了东西方的文明, 在玩法的技巧上有了很大发展。1377 年, 德国和西班牙也出现了扑克牌。意大利、比利时和法国在以后几年中也出现了这种娱乐活动。

磷光的发现和磷光画的发明

中国人早在远古时代就注意到天然物质的发光现象。公元前 7 世纪时的《礼记·月令》在描述盛夏萤火的情景时说道: "季夏之月, 腐草为萤。" 古人在此提出了一种模糊不清的观察结果, 不知他们是说腐草发生萤光, 还是他们认为萤火虫是由腐烂的草变成的, 但无论如何这都表明了中华民族的祖先在那时已充分注意到了磷光这种自然现象。稍晚的《诗经》中, 也有一首关于 "萤火" 的民歌《豳风·东山》。古人吟唱道: "……町畽鹿场, 熠耀宵行。不可畏也, 伊可怀也!" 歌词讲了一位远征的战士, 离家多日, 看到荒芜的田园中磷火闪烁, 产生了对家乡的怀念之情。

也许在远古时期，古人真的以为萤火虫就是产生于腐草，但到后来，人们渐渐认识到萤火虫和腐烂植物发光显然是它们本身的原因。著于公元前2世纪的《淮南子》一书中就有这样的记载，说"老槐生火"。著于488年的正史《宋书·五行志》则记载道："（南北朝）宋明帝泰始二年（466年）五月丙午，南琅邪临沂黄城山道士盛道，度堂屋一柱自然（燃），夜光照室内。此木失其性也。或云木腐自光。"这种对"木腐自光"和"老槐生火"的认识，显然已接近对事物的本质揭示，比"腐草为萤"的表述明确得多。

当然，科学发现到其被应用之间往往要经历漫长的历史岁月。对萤火现象的明确认识，又由于在同时有了许多关于沼泽火的描述，而变得复杂起来。这些沼泽火，可能是沼泽中沼气的燃烧现象。290年，中国魏晋时期的政治家和诗人张华在他的《博物志》一书中描写了磷火和静电现象："磷着地及草木如露，略不可见，行人或有触者，着人体便有光，拂拭便分散无数，愈甚有细咤声如炒豆，唯静住良久乃灭。后其人忽忽如失魂，经日乃差。今人梳头脱着衣时，有随梳解结有光者，亦有咤声。"张华把古代中国原始科学家那种细致的、以经验为根据的观察能力，描述得有声有色。他记载的这个传闻，在11世纪，已应用在磷光画制作方面。这可以在一本《湘山野录》的古籍中看到有关的记述。"江南徐知谔为润州节度温之少子也，美姿度，喜畜奇玩。蛮商得一凤头，乃飞禽之枯也，彩翠夺目，朱冠绀毛，金嘴如生，正类大雄鸡，广五寸，其脑平正，可为枕，谔赏钱五十万。又得画牛幅，昼则啮草栏外，夜则归以栏中。谔献后主煜（即南唐李煜），煜持贡阙下。太宗张后苑以示群臣，俱无知者。惟僧录赞宁曰：'南倭海水或灭，则滩碛微露，倭人拾方渚蚌，胎中有系泪败滴者，得之和色著物，则昼隐而夜显。沃焦山时成风挠飘击，忽有石落海岸，得之滴水磨色染物，则昼显而夜晦。'诸学士皆以为无稽，宁曰：'字张骞《海外异记》。'后杜镐检《三馆书目》，果见于六朝旧本书目载之。"从上面文字的字里行间可以看到，在中国东汉时，就发现并偶尔应用了天然发磷光的物质，并被记入历史文献中。到了11世纪，中国的一些民间艺人已能熟练地使用这些磷光物质绘制具有魔法般魅力的图画。

1768 年，欧洲的科学家约瑟·坎顿首次制成磷光材料。他通过添加硫磺焙烧碳酸盐的方法，用牡蛎壳制出一种混有杂质的硫化钙。这种物质在光线暗弱的地方能发出微弱的淡绿色磷光。这件事在当时的欧洲引起相当大的轰动，人们把这种磷光体称作"坎顿磷光体"。然而，中国古代的劳动人民在公元前 7 世纪就发现了磷光现象，到 11 世纪左右，又有关于使用磷光物质制作出神奇的绘画作品的确切记载。中国应用磷光物质的时间比欧洲早 700 多年。只是在中国古代封建社会中，这些技艺被视为雕虫小技，不受重视，所以磷光画的第一个发明者已无可查考，这一绘画品种也逐渐被历史的风尘湮没。

世界上最古老的"足球"——蹴鞠

现代的足球运动起源于英国。1863 年 10 月 26 日，在英国伦敦成立了世界上第一个足球协会，这标志着现代足球的诞生。在 1900 年举行的第二届奥运会上，足球被列为正式比赛项目。1904 年 5 月 21 日，国际足联在巴黎宣告成立。1930 年，在乌拉圭举办了首届世界足球锦标赛。

其实，中国是足球运动的发祥地，也是世界上第一个开展足球运动的国家。在中国古代，足球叫"蹴鞠"，那时的蹴鞠是用非常结实而且富有弹性的兽皮制作的。"蹴"即踢，"鞠"最早是外包皮革、内实米糠的球，蹴鞠就是用脚踢的球。据《战国策·齐策》中记载，战国时期齐国的都城临淄（现山东淄博地区），民间就普遍开展足球运动。当时有名的说客苏秦到齐国游说，看到那里的市民平时的娱乐，除奏乐和下棋外，还有一项奇特的活动——踢蹴鞠。据古书记载，刘邦称帝时，把父亲接到宫中，可爱好蹴鞠等娱乐活动的父亲过不惯那种生活。于是，刘邦就在长安的东边，仿照家乡的容貌，建起了一座乡村式的宫殿，里面还设有专门的蹴鞠场，并将父亲以前非常要好的老邻居、好朋友以及一些球友们都迁于此。其父非常高兴，整天与这些老朋友们下象棋、踢足球。由此可见当时中国的踢蹴鞠之风已非常盛行。

《汉书·艺文志》中记载："鞠以革为之，踏之为戏。"《太平清话》中也写道："踏鞠……以革为元囊，实以毛发。"由此可见，那时的蹴鞠是以毛发充塞在皮囊中的。到了唐朝以后，才改为充气蹴鞠，内层用动物的膀胱做球胆。东汉时期，中国开始举办蹴鞠对抗赛，当时的球场上一共有6个球门，以进球的多少来判决胜败。唐朝时期的球门已和现代足球的球门差不多，是用两根大竹竿，中间竖立起一个网。据考古学家考证，距今1800年前的东汉时期，中国已有"女子蹴鞠队"。宋朝时期，中国已有"国家蹴鞠队"，那时称"宫廷队"，专门供皇帝观看。中国汉朝到唐朝的蹴鞠赛，一般每队上场6人。宋朝时，蹴鞠赛改为单门，每队上场12至16人，并出现了被称作"香云社"的球会组织。明朝时期的皇帝崇祯，尽管在上朝时是个严肃的皇帝，但在退朝后，他就立刻变成一个酷爱蹴鞠的球迷。他除自己亲自参加蹴鞠赛外，还经常在宫内组织蹴鞠赛，自己站在看台上摇旗呐喊。

现代的足球运动是鸦片战争以后传入中国的。1897年，香港开始举办特别银牌足球赛。那时，在上海、南京、北京等大城市也有了现代足球运动。1908年，在香港成立了中国近代历史上最早的足球运动组织——南华足球会。

拔河运动起源于中国

拔河，是世界现代社会中一项比较普及的体育活动，它的起源地在中国。

早在春秋战国时期，这种活动首先在军队中兴起。那时的楚国为了强化部队士兵的身体素质，用一种一端带有铁钩的绳子，来训练士兵。这种"牵钩"在打仗时可以拉住敌人的战车和战船，这就是拔河运动的最早形式。

到了唐朝，拔河运动进入兴盛时期。人们在大绳中间挂一面大旗为界。站立绳子两端的人们在一声令下后，互相往自己的一边使劲拉绳，最后把绳上拴着的旗子拉过自己边界的一方为胜，对方为输。拔河时，周围的观众叫喊喧闹声不绝于耳，非常热闹。

皇帝唐玄宗也很喜欢拔河，他举办的拔河比赛，据说参与者有几千人，分为两队，手持一条 150 多米的大绳子，两边还拴着近百条小绳子，供拔河者手挽，人们互相争夺，声势浩大，喧天动地，观者云集。当时的进士薛胜曾写有一篇《拔河赋》，描述了千人拔河的空前盛况。

围棋源于中国

围棋源于中国，是中国的一项传统棋艺。它比中国象棋出现的时间还要早，距今至少有 2500 年的历史。据有关的文字记载，围棋的历史可以追溯到春秋时期。关于它的发明，现在说法不一。有的说围棋起源于古代部落会议，会议为商讨对敌战争，就地画图，并用两种颜色不同的小石子来代表敌我双方，以后就演变成了民间的智力游戏。也有人说，由于古代帝王舜的儿子太愚蠢，所以舜就发明了围棋这种智力游戏来教育他。但不论怎么说，围棋起源于中国，这是毋庸置疑的。中国自古有琴棋书画之说，可见围棋在中国古代传统文化中的重要性。

早期的围棋盘，有纵横各 11、15、17 道 3 种。现在用的 19 道的围棋盘，大约是在南北朝的时候出现的。

围棋在古代的时候称作"弈"。春秋战国时在《论语》《左传》和《孟子》这些典籍中都有关于弈的记载。其中《左传》是最早提到下围棋的书。但是最早的棋谱却出现在三国时期李逸民的《忘忧清乐集》一书中。围棋在中国古代非常流行，不管是文人学士、官僚地主、战将谋士，还是才人淑女、道士和尚，都以下围棋为时尚。唐代大诗人杜甫、杜牧，宋代词人苏东坡都有咏围棋的诗词。

围棋大约在西汉的时候传入古印度，隋、唐的时候又传到了朝鲜，然后又由朝鲜传入日本。最后，日本又把围棋传播到了欧美各西方国家，使围棋的种子撒播在世界各地。

外

国

篇

天 文 地 理

古罗马恺撒大帝与太阳历的普及

现在世界上通用的历法是阳历，全称是太阳历，因通行于全世界，又称为公历。阳历最早出现在古埃及，是古代天文学家根据地球绕太阳公转的周期而制定的历法，故称太阳历。众所周知，地球绕太阳一周是365天5小时48分46秒。地球围绕太阳公转一圈又回到以前的位置上，因此人们把地球绕太阳一圈所用的时间称回归年。为了方便起见，人们就将时、分、秒省去，以365天为一年，叫平年。一年分12个月，逢单月为大月，为31天；逢双月为小月，为30天。这样一来，一年就是366天，超过了回归年，所以必须减掉一天。但严格的天文学是不容人们想加就加、想减就减的。为了将这多余的一天去掉，许多天文学家都在动脑筋，却没有一个令人满意的答案。

公元前46年，罗马著名执政官盖厄斯·儒略·恺撒大帝（公元前100—公元前44年）采纳了埃及天文学家索亚尼斯的建议，下令在罗马帝国的统治区域内统一使用阳历。可如何解决原来的太阳历366天的问题呢？据资料记载，在古罗马时代，被判处死刑的罪犯一律在2月处决，因此人们都不喜欢2月。这样一个不愉快的"杀人月"，人们希望它快快过去。于是恺撒决定把2月减少1天，成为29天。但每年余下5小时48分46秒怎样处理呢？恺撒又想了个办法，规定每隔3年为一闰，即每4年加1天，这1天仍加在2月。

恺撒死后，他的侄子盖乌斯·屋大维·奥古斯都（公元前63—公元前14年）继位，为了显示他作为帝王的尊贵，高人一等，就让修订历法的人把他自己出生的 8 月加 1 天，这样本来 8 月是小月，是 30 天，就变成了 31 天，为大月。他还学着恺撒的样子，以自己的名字作为 8 月的命名。7 月是恺撒的出生月，7 月一词是按儒略的音来排的，8 月这一词是按奥古斯都的音来排的。由于奥古斯都从 2 月抽去 1 天补给了 8 月，2 月在平年只剩下了 28 天，闰年才 29 天。这样改动后，为了避免 7 月、8 月、9 月连着 3 个大月，又把 9 月、11 月改为小月，把 10 月、12 月改为大月。到 1582 年，罗马教皇格里高利把 4 年一闰改成 400 年 9 闰，这叫"格里高利历"，就是现行的公历。格里高利历的精密度是相当高的，3320 年才和地球公转回归年相差一天。因为它是一部当时世界上最好的历法，所以许多国家都先后采用。中国于 1912 年开始采用公历。

在中国有这样一首歌谣，能帮助人们清晰地记住阳历的大小月份：

一三五七八十腊（十二月），

三十一日皆为大，

四六九冬（十一月）三十日，

唯有二月二十八，

闰年一天二月加。

现在，科学家早已研制出一种更为精确的历法，称为"世界历"。但由于长时间的使用，阳历早已经融入人类的生产生活，很难改变，所以联合国迟迟未能在全世界启用这种新的历法。

人类记录历史时间的界碑——公元

公元、世纪和年代是人类用来记录大段时间的单位，这个看似虚拟的单位，对人类的作用却非同小可，它们是人类历史时间计量单位的基础。

公元即"公历纪元"，国外也叫"基督纪元"，这种纪年法普遍为世界上多数国家采用，联合国也公认这种纪年法是标准的公历纪元，简称"公元"。据史料记载，"公元"这种记录时间的方法始行于基督教盛行的 6 世纪。525 年，一个名叫狄奥尼西的东正教僧侣，主张以耶稣诞生年作为

"纪元元年"。这个主张很快得到了教会的大力支持。那时的人们都极为虔诚,对基督教坚信不疑。532年,教皇们将此纪年法在教会中使用,并很快传播到各个信奉基督教的国家。

但是,公元纪年法当时只在教会中使用,并未在民间流行。直到1000多年以后的1582年,罗马教皇格里高利十三世(1572—1585年在任)制定纪年法时,才决定继续采用这种纪年法。由于格里高利十三世制定的历法精确度很高,为国际通用,故称"公历"。由此,耶稣基督诞生的那一年,便被称为"公元元年"。耶稣诞生前则是"公元前",以 B. C. 表示,英文为"Before－Christ",意为基督之前;耶稣诞生后为"公元后",用A. D. 表示,拉丁文是"Anno Domini",意为主的生年。现在,使用公元纪年在表达公元后××年时通常省略"后"或"公元后"。公元元年相当于我国西汉末期平帝刘衍的元始元年。我国采用公历是在辛亥革命以后的1912年,但与当时中华民国纪元的纪年法并行。中华人民共和国成立后,才完全采用公历纪年。我国台湾地区现在仍采用的是民国纪元,如2000年是民国八十九年。

"世纪"一词,也来自拉丁文,意思是"100年"。现在,人们已把世纪作为计年单位,即每100年为一个世纪。从耶稣诞生的那一年算起,公元1年至100年为第一世纪,称1世纪。101年至200年为第二世纪,称2世纪。20世纪,是指1901年至2000年这100年间。所以21世纪应从2001年开始,而不是从2000年开始。相反,从公元元年的前一年往前推算,也以100年为一个世纪,称为公元前××世纪,例如我国夏朝建立的年代约在公元元年以前2100年,就可以说它建立于约公元前21世纪。

此外,纪年法还有"年代",年代是指在每一世纪中以10年为一阶段,如30年代、80年代等。一般一个世纪的最初10年不用"10年代"来称呼,而称"最初10年",最后10年则可称为"90年代"。

观察月相而得来的"星期"

"星期",也叫"周",与人们的生产生活有着密不可分的关系,地球上的很多事物都与星期有关。星期的历史相当悠久,公元前的古埃及人就注意到月亮圆缺的变化。月相由朔月到上弦月或由上弦月到望月的时间,大约需要7天。于是,古埃及人就用月相变化7天这一个周期来记日期。后来,古埃及人的这种计时方法传入西方。

古罗马人也很早就知道星期的概念了,他们以金星、木星、水星、火星、土星五大行星和太阳、月亮的名字,给一个周期中的7天分别命名。这样,以7天为一个周期的计时法就得了"星期"这个称呼。在中国古代,人们把日月和五大行星合称为"曜",所以星期还叫"七曜"。而国外许多人常常把星期叫作"礼拜"。现代历法学家认为,礼拜这个提法与古人的集市贸易活动有关。史书记载,古巴比伦人为了适应产品交换的需要,于公元前7世纪到公元前6世纪时,把集市日固定为每7天一次。在集市日那天,古巴比伦人不工作,专门聚在一起做生意,买卖一些日常生活用品,并举办宗教节日。后来,随着生产力的提高,人们也不需要专门的集市日了。但这个古老的习惯改不掉,于是基督教把集市日定为在教堂集会做礼拜,把这一天又称为"礼拜日"。作为崇拜上帝的日子,要进行祈祷、唱诗、读经、讲道等活动。在礼拜日以后的天数则以礼拜一、礼拜二、礼拜三……礼拜六依次来命名。因此,星期的计时法就正式出现了。

三四世纪时,星期计时法传入中国,人们为了统一称呼,也仿效礼拜计时的命名方法,结合自己的"七曜",把这个周期中的各天分别用"星期日、星期一、星期二……星期六"来命名。

科学家们发现一种简易推算法,可以不用查日历,就能知道一年中任何一天是星期几。掌握这种方法,须牢记4句口诀:"星期减去一,相加再除七,七内算得数,七外看剩余。""星期减去一",就是将月历每月第一天对准的星期数减去一,那么当月代号就出来了。例如1984年的每月代号依次是 6、2、3、6、1、4、6、2、5、0、3、5；"相加再除七"，则是知道了每月的代号，可将本月的任何一天数字与代号相加，然后除以 7；"七内算得数"，假若代号和日期相加小于 7，其代号和日期相加的得数就是日期的星期数。以 5 月 3 号为例，5 月的代号为 1，1＋3＝4，那么 1984 年 5 月 3 日这天便是星期四；"七外看剩余"，以 3 月 6 号为例，3 月份的代号是 3，3＋6＝9，9 除以 7，剩余数是 2，6 号就是星期二。用这种算法可以方便解决一些生活中的困难，学会它无疑是有很大好处的。

星期概念的提出和使用相当早，目前它已被世界各国所接受，也是制定工作日、休息日的依据。

由法庭审判引出的世界标准时间

1858 年 11 月 24 日，英国多塞特郡的时针指在上午 10 时 6 分，该郡的法官判决一名诉讼人败诉，理由是他没能在 10 点钟准时到庭。2 分钟后，那人到庭。他向法官指出按照他家乡肯柏兰郡喀来耳镇火车站的时钟，他是准时到达的，因此该案必须重审。火车站与法庭出现的时差，促使英国政府想到了必须统一一个标准的时间。1880 年，英国决定以格林尼治时间为全国标准时间。

地球总是不停地由西向东旋转，所以东方总比西方先看到日出，也就是说东边比西边的时刻要早。如中国和美国正好东西相对，北京和华盛顿日出的时刻相差约 13 个小时，和英国伦敦相差 8 小时。在同一瞬间，时刻都不相同，这给交通和通讯等方面造成许多不便。为了统一时间标准，国际间采用了划分时区的办法。地球每 24 小时自转一周，也就是说，1 小时转过了 15 个经度。于是规定，每隔 15 个经度算是一个时区。这样，把全球划分成 24 个时区。1884 年，国际经度会议确定，以通过伦敦的格林尼治天文台原址的子午线作为零度子午线，这个地方的时间叫"格林尼治时间"，并把格林尼治时间作为国际标准时间，简称"世界时"。零度经线所在的区叫零时区。在零时区以东的依次划分为东 12 个时区，以西的也依次划分为西 12 个时区。

根据世界时区的划分，我国首都北京处在东八区。我国从实际需要和使用方便出发，决定一律采用北京所在的东八区的时间，作为全国统一的标准时间，这就是"北京时间"。各地地方时是以太阳经过该地所处的经度线那一瞬间为中午 12 时整，因此经度线又称"子午线"。我国从东到西横跨经度 63 度，日出时差 4 个多小时。这些地方时与北京时的换算方法是：所处经度线与东经 120 度相比较，每相差 1 度时差 4 分钟，地处东经 120 度以东者为加，在西者为减。如呼和浩特市地处东经 111.5 度，与东经 120 度相差 8.5 度，这样呼和浩特地方时比北京时间少 34 分钟。当北京时间是中午 12 点整时，呼和浩特地方时是 11 点 26 分。

世界标准时间对人类的生活起到了至关重要的作用，否则世界上的时间可能是一片混乱，所以设立世界标准时间是一个明智之举。

哈雷与哈雷彗星

在国外，最早记载哈雷彗星是在公元前 12 年，古罗马的天文学家观测并记载了这颗彗星。1531 年，欧洲科学家阿皮亚尼斯对这颗彗星做了观察和记载；1607 年，德国科学家约翰尼斯·开普勒（1571—1630 年）也发现了这颗彗星。

然而，这颗彗星之所以被命名为"哈雷彗星"，是因为英国伟大的天文学家埃德蒙·哈雷（1656—1742 年）首次准确地计算出了这颗彗星运行的周期，为天文学的发展作出了杰出的贡献。

哈雷于 1656 年 10 月 29 日出生于伦敦附近的哈格斯顿。童年的哈雷就对天文星象产生了浓厚的兴趣。17 岁时，他带着自费购置的一套天文望远镜投考了牛津大学王后学院。入学第二年，他根据自己的研究成果，写信给格林尼治天文台首任台长、皇家天文官弗拉姆斯蒂德，指出他绘制的木星图和土星图中的计算错误。20 岁的时候，哈雷放弃了大学学业，在东印度公司的资助下远航到南大西洋圣赫勒拿岛，建立了南半球上第一个天文台，并测绘编制了包含 341 颗南天恒星黄道坐标的第一个南天星表。

1680 年，哈雷乘船去法国，途经英吉利海峡时，看到了一颗彗星，引起了他极大的兴趣。到达巴黎天文台后，他在天文台长塞尼的帮助下，对这颗彗星进行了跟踪观察。1684 年，哈雷到了英国剑桥大学，运用牛顿的万有引力定律，对彗星轨道问题进行了认真的研究。1705 年，哈雷发表了《彗星天文学论说》，论述了 1337 年至 1698 年间出现的 24 颗彗星运行的轨道。得出结论是：1531 年、1607 年和 1682 年出现的彗星是同一颗彗星，它以约 76 年为周期绕太阳运转，并预言 1758 年年底或 1759 年年初，这颗彗星会再度回归。在哈雷去世 16 年后的圣诞节，他的预言变成了现实。人们为了纪念这位杰出的天文学家，把这颗彗星命名为"哈雷彗星"。

哥伦布与新航线

意大利人克里斯托弗·哥伦布（约 1451—1506 年）是世界著名的航海家、探险家。他生于热那亚，因家境贫寒，没有上过学。大约在 1469 年开始航海生活，先在勒内二世租用的舰队中服务，后转至热那亚大商人兼银行家保罗的舰队工作。这时哥伦布到过西班牙、葡萄牙、英国、法国、北海和冰岛一带。不久他加入热那亚组织的护航舰队。一次因舰队受法国、葡萄牙联合舰队的攻击，哥伦布受伤落水。他抓住一个船桨，拼命游过 6 英里的海面，到达葡萄牙的拉各斯才幸免于难。1476 年至 1479 年，哥伦布作为黑人保罗和清图里昂尼商管的代理人常驻里斯本，1479 年结婚，生一子。他相信从欧洲向西航行能够到达印度、中国和日本的说法，开始了探险航行。

1492 年 4 月 17 日，哥伦布与西班牙国王斐迪南和伊萨伯拉王后签订了著名的"圣菲协定"，国王和哥伦布为向西航行签订了议定书，大致的条件是给宗主国送回领地财富的 1/10，国王得任命哥伦布为海军司令、钦差和领地总督。这样，哥伦布就开始了历史性的向西的 4 次航行。

第一次航行于 1492 年 8 月 3 日开始。哥伦布带着西班牙国王致中国皇帝的书信，从巴罗斯港出发，率船 3 艘，船员 87 人（其中的一种说法）。先至加那利群岛，经 70 个昼夜的航行，于 10 月 12 日到达巴哈马群岛中的瓦特林岛。28 日到达古巴，他们以为是到了中国。12 月 7 日到达海地。12 月 25 日圣诞节时，留下 39 人在这里建殖民据点，其余人回国。哥伦布的船队在海地岛上掠夺了大量黄金，于 1493 年 3 月 15 日回到巴罗斯港。这次航行历时 7 个月零 12 天。

第二次航行开始于 1493 年 9 月 25 日。这次航行集海船 17 艘，船员 1500 多人，从加的斯港出发，于 11 月 3 日到达小安的列斯群岛，后又到波多黎各岛。哥伦布在这里屠杀了不少印第安人。待回到海地，发现之前留下的 39 人无影无踪，殖民据点亦被夷为平地。哥伦布留下 5 艘船和 500 人，其余人员乘 12 艘船于 1494 年年初回国。这次航行单向历时 1 个月零 8 天（以到小安的列斯群岛为止）。哥伦布后来单独于 1496 年 3 月回到西班牙，走时，由其弟巴塞罗缪代总督。巴塞罗缪于 1496 年在海地南岸修建圣多明各城，该地是西班牙统治西印度群岛的首府。

第三次航行开始于 1498 年 5 月 2 日。哥伦布这次集船 6 艘，船员 300 人左右，从卢尔卡港出发，到加利那群岛后分两路，一路 3 艘船直奔海地；另一路由哥伦布率领，南下绿角岛，企图进入印度，但只到了特里尼达岛，虽然看见南美大陆，但哥伦布不认为这是一块大陆，而认为是一个岛屿。8 月 20 日，哥伦布回到圣多明各。这次航行单向历时 3 个多月。

第四次航行开始于 1502 年 3 月，6 月末到达海地。后来到洪都拉斯、尼加拉瓜等地海岸，又到了哥斯达黎加、巴拿马。哥伦布仍认为这是岛屿。哥伦布于 1504 年 11 月 7 日回到西班牙。这次航行历时最久，约 2 年零 8 个月。归国之后，哥伦布身染重病，卧床不起，于 1506 年 5 月 20 日在巴利阿多里德城逝世。哥伦布 4 次航行前后共历时 12 年。

哥伦布是一个复杂的、站在历史棱线上的人物。他既具有中世纪土地掠夺者的本性，也具有资产阶级航海家的某些特质。他并非西班牙殖民主义者对美洲大陆的掠夺与屠杀的先河，但他的功绩却是重要的：他开辟了大西洋航路；他使国际市场从此真正地成为世界性的市场，促进了欧洲工业的长足发展与进步；他发现新大陆对天主教的"上帝创造世界说"、罗马教廷的"世界中心说""地扁平说"等都是一种致命性的打击，他证明了"地圆说"是正确的。

麦哲伦首次完成环球航行

受雇于西班牙国王的葡萄牙海员斐迪南·麦哲伦（1480—1521年）率领由 265 名水手组成的远征队，分乘 5 艘船只，于 1519 年 8 月 10 日出发，渡过大西洋，航行到南美洲的南部，穿过黑暗和危险的麦哲伦海峡，进入一片平静的大洋，麦哲伦称之为"太平洋"。远征队继续向西横渡太平洋，麦哲伦在浩瀚无边的海洋上毫无畏惧地航行了 98 天，除了两个荒凉的小岛外，什么也没有看见。1521 年 3 月 6 日，因疾病与饥饿而濒临死亡边缘的远征队，到达了拉德隆群岛（关岛）。之后又发现了菲律宾群岛，在同当地土著人的战斗中，麦哲伦和其他几位船长被杀害。1522 年 9 月 6 日，维多利亚号航船在卡诺的率领下，穿过印度洋，绕过非洲南部的好望角，沿大西洋返回到西班牙，船上只剩下 18 人。这是人类历史上第一次绕地球航行一周的壮举。它第一次实际证明了大地是球形的假说，并证明了古希腊地理学家埃拉托色尼对地球大小的估计是正确的。

远航探险和地理大发现，对欧洲社会和科学技术产生了极大的促进作用。它给欧洲各国带来了巨大的财富，并由此开始了欧洲资本主义罪恶的贩卖奴隶和殖民地掠夺。它还直接促进了天文学、力学和数学的发展。远航丰富了星表、星图和航海地图知识。造炮、造船促进了力学的发展；天文学、力学的发展又带动了数学的发展。远航还开阔了欧洲人的眼界，使他们亲眼见到许多前所未见、闻所未闻的自然现象。他们还收集到许多地理、地质和气象方面的资料，这对近代地理学、地质学和气象学的发展都有着不可忽视的重要意义。

探问地球的年龄

1654 年，爱尔兰大主教厄谢尔考证了希伯来的经典，居然得出地球是在公元前 4004 年 10 月 28 日上午 9 时由上帝创造的结论。这种无稽之谈，竟被当时欧洲人信奉不疑。

现在，许多天文学家研究认为：宇宙是在 100 亿年前的一次大爆炸后形成的。当时一个由高密集的物质组成的点发生了大爆炸，爆炸后的物质向四周迅速膨胀，形成了今天宇宙中大大小小的星系，地球即在其中。

在茫茫宇宙中，大大小小、形形色色的爆炸是时断时续的。科学家从人造卫星自动记录的材料中，非常吃惊地发现在河外星系大麦哲伦云中，发生了一次大爆炸。爆炸持续时间只有 1/10 秒，但释放出来的能量，相当于太阳释放能量的 1000 亿倍，这是有史以来人们知道的最猛烈的一次爆炸。幸亏大麦哲伦云离地球达 18 万光年（即 170.29 亿亿千米），地球才免于遭横祸。假若同样能量的爆炸发生在银河系里，地球大气层将变得炽热。如果是太阳喷发出这样巨大的能量，整个地球将立刻气化。因此，科学家被这次大爆炸吓呆了。

人类对所居住的地球进行了不懈的研究。在探索地球的起源之前，人们先推算出了地球的重量。1798 年，英国科学家亨利·卡文迪许看到几个小孩用镜子反射太阳光玩，小镜稍一晃动，远处的光斑就有了大幅度移动。他从中受到启发，根据这个原理改装了一台测量地球的实验仪器，使测量的灵敏度大大提高。卡文迪许经过反复实验，终于"称"出了地球的重量，它的数值是 59.77 万亿亿吨。

那么地球究竟是什么时候形成的呢？1896 年，法国物理学家亨利·柏克勒尔发现了铀的放射性。1906 年，又有人发现所有的岩石都含有一定的放射性元素，随着时间的推移，放射性元素呈一定规律递减。因此，准确测出岩石中的放射性元素，便可测得古岩石的年龄，进而推算出地球的年龄。

目前，国际公认的地球的地质年龄为 45.5 亿年。

气象预报的产生

气象预报是现代人类生活中不可缺少的一种社会服务项目。中国自古以来就有许多关于天气预报的故事，古人虽没有卫星等高科技仪器，但他们凭借天象、云朵等就能够比较准确地预报天气，这是中国古老文明的一种反映。1854 年 11 月 14 日，平静的黑海上突然狂风卷起巨浪，把停泊在海上的英法联合舰队的军舰猛烈地摔向礁石和深海，造成重大损失。法国皇帝拿破仑三世为了避免类似的情况发生，命令巴黎天文台调查这场风暴的起因。法国天文学家埃班·勒威耶通过搜集、研究欧洲各地 11 月 14 日前后几天的气象资料，终于弄清了这场风暴的来龙去脉。勒威耶写出了调查报告，他认为只要各地的气象观测网用电报迅速地传递当地当天的气象情况，绘制天气图，就可以较准确地进行天气预报。根据他的建议，法国、英国先后开始了天气预报，因而避免了许多损失。之后，天气预报很快普及到世界各国。

气象观测和小范围的天气预报由来已久，中国商代的甲骨文中就有不少象征大气物理性质和天气现象的文字。古书记载，公元前 200 多年的西汉时期，中国劳动人民发明的气象测风仪已有 3 种：一种是《淮南子》所记载的仪器，是一种风杆系上羽毛或长条旗的古老仪器；另一种是铜凤凰，据《三辅黄国》称，它"下有转枢，向风若翔"；再一种是铜制的如乌鸦似的风向器。唐朝以后，人们在测风时已同时注意观察地面的物体动态。据《乙巳占》记载，当时已把风力分为 10 级。而在国外直到 19 世纪中叶，英国海军大将蒲福才制造出风级表。他根据海浪和帆的动态，把风定为 12 级。

世界气象学的发展，约有 4 个阶段。第一个阶段是古希腊人认识到风雨、冷热等现象是大气所产生的自然现象，与中国古代人对大气的认识相似。6 世纪到 17 世纪，中国人发明了温度计、气压计和比重计，人类观察能力随之增强，这是气象学发展的第二阶段。1820 年，德国莱比锡大学教授布兰蒂斯绘制出世界上最早的天气图，它为切实可行的天气预报创造了条件。从此，气象学进入第三个阶段。第四个阶段始于 20 世纪 30 年代后期，当时美国麻省理工学院罗斯比和他的同事们按流体力学的理论解释大气的运动，揭开了气象研究史上的新篇章。随着各种技术的飞速发展，现在人类已可用卫星来预测天气。

20 世纪末，全世界出现许多自动预报天气的气象台。而除天气预报外，海浪预报也是灾害性海洋水文预报项目之一。在大洋上，由于狂风恶浪造成的海难至今仍占世界海难事故的 60% 以上。因此，海浪的研究和预报对于国防和国民经济有着重大意义。海浪预报首先兴起于 20 世纪 40 年代的美国。第一次提出并利用天气图预报海浪的，是美国斯克里普海洋研究所所长斯维尔德鲁普和澳大利亚地球物理学家蒙克。他们还共同提出了关于风、波浪、涌浪和岸浪的预报理论。第二次世界大战时，盟军在诺曼底登陆战役中，曾把海浪预报理论应用于战争实践。

1960 年，中国著名的海浪专家文圣常教授提出了普遍风浪谱和普遍涌浪谱理论，把海浪预报推向了新的阶段。1965 年，中国成立国家海洋局海洋水文气象预报总台，主要为驻京海上安全调度部门和海军作战训练指挥提供海浪预报。

维拉尔特成功进行人工降雨

19 世纪以来，人们对人工降雨曾经用多种方式尝试。1890 年，美国国会拨款 1 万美元，利用火炮、火箭和气球，在云中进行爆炸催云致雨试验。隆隆的爆炸声一阵又一阵，人们忙碌了将近一天，直到傍晚才见到流星寥落般的几滴雨水。1918 年至 1919 年，法国人将充满制冷物质（液态气体）的炮弹、炸弹发射或送到空中爆炸，企图制冷造雨，但除了瞬息即逝的小云朵之外，滴雨未见。1921 年和 1924 年，美国恰菲教授用飞机往云里播撒带电沙粒，想以此促使云滴碰并而降雨，然而除了在后一次试验中观察到几块云体逐渐消散的反常现象外，也没有达到预期目的。1930年，荷兰的维拉尔特教授第一次成功地进行了人工降雨，他用飞机把干冰（固体二氧化碳）运载到 2500 米高、距云顶 200 米的空中，之后向云中投掷干冰碎块。这次人工降雨，使用了 1.5 吨的干冰碎块。结果，在 8 平方千米的面积上，落下了充沛的雨水。

维拉尔特所做的催化性人工降雨试验显然很成功，但由于当时对于干冰促成降雨的解释，学术界有争议，他的上司未能正确对待，竟勒令他停止这项极有前途的工作。无独有偶，据说也有一个这么倒霉的人，他做的一次人工降雨，使加利福尼亚南部下了 20 英寸雨水，淹没了田地，淹死了人畜，造成几百万美元的损失，险些为此被判以绞刑。

这些人工降雨试验所经历的道路为何如此曲折，原因在于当时还没有弄清降水过程的原理，所以即使取得了一点儿带有偶然性的成功，也因经不起风波而夭折。

第二次世界大战期间，美国的欧文·兰特米博士和他的助手谢费尔开始了冷云微观物理过程的实验研究。1946 年 7 月 12 日中午，谢费尔在停下实验吃午饭之前，在盖冰箱（冷云实验室）的盖子时，顺便把干冰投进云室，正巧这时他在大口呼气，一瞬间，一种现象出现了，他看到了自己呼出的气体竟在云室里形成了许多闪烁发亮的冰晶。这个意外发现，引导他获得了成功。望着实验成功后从云层底部飘落下来的雪花，兰特米博士奔向谢费尔说："你已创造了历史。"

此后，美国电力总公司青年工人伯纳德·冯纳格特又成功完成了用高纯碘化银人工降雨的试验。

在冷云催化人工降雨成功的基础上，人们又开展对低纬度暖云的试验，方法是向云里喷洒水滴，或播撒诸如盐粉之类的吸湿性微粒，用以增加云中的大水滴，促进云滴的触碰并增长，从而达到暖云人工降雨，试验和实际应用也都获得预期效果。

中国从 1958 年才开始进行人工降雨的研究，多年来，也取得了一定的成绩。人工降雨有着广阔的前景，军事、农业领域对此也有着迫切的需求，但是当前人类还不能做到随心所欲地实现人工降雨。

凭空制造的地球饰物——经纬线

自从伟大的航海家麦哲伦围绕地球航行一圈，证明地球是个球体以后，人类已经基本认清地球的全貌。然而，地球这么大，如果要想知道某一事物在地球上的什么地方是很困难的。因此，为了精确地表明事物在地球上的位置，人们给地球表面假设了一个坐标系，这就是经纬线。

最初的经纬线是怎样产生的呢？历史学家研究发现，早在公元前 344 年，著名的亚历山大大帝曾渡海南侵，继而东征。当时随军的地理学家第凯尔库斯沿途搜集资料，雄心勃勃地准备绘制一幅世界地图。其实亚历山大的军队不过走了地球上很小的一部分路程。第凯尔库斯发现沿着亚历山大东征的路线，由西向东，无论季节变换、日照长短，都非常相似。于是，他做出了一个重要的举措：第一次在地图上画了一条纬度线，这条线从直布罗陀海峡起，沿着托鲁斯和喜马拉雅山脉，一直到太平洋。

亚历山大帝国虽然称霸一时，然而昙花一现，不久就瓦解了。在埃及的亚历山大城里有一个图书馆，多年担任图书馆馆长的埃拉托色尼博学多才，精通天文、地理、数学、历史。他通过多年的观测，不仅知道地球是个球体，而且计算出地球的圆周是 4.625 万千米，还在自己画的地球图上画出了 7 条经度线和 6 条纬度线。

120 年，一位青年也在这座古老的图书馆内研究天文学、地理学。他就是著名的科学家克罗狄斯·托勒密（约 90—168 年）。托勒密总结前人的经验教训，认为绘制地图应以已知经纬度的定点为根据，提出在地图上绘制经纬线网的概念。为此，托勒密测量了地中海一带重要城市和据点的经纬度，编写了 8 卷地理学著作，其中包括 8000 个地方的分经纬度。为使地球上的经纬线能在平面上绘出，他设法把经纬线绘成简单的扇形，从而绘制出一幅著名的"托勒密地图"。15 世纪初，正是航海盛行的年代，航海家亨利把托勒密地图付诸实践。然而，经过他率领的船队艰苦反复地考察，发现这幅地图并不实用。亨利手下的船员不无遗憾地说："尽管我们对有名的克罗狄斯·托勒密十分敬仰，但我们发现事实和他说的都恰恰相反。"

其实，托勒密并没有测量错，因为正确的测定经纬度，关键需要有"标准钟"。使用精确的钟表当然比依靠天体计时要方便实用得多。18 世纪是个科技飞速发展的时期，当时机械工业的进步为解决这个问题创造了条件。英国约克郡有一个钟表匠哈里森，他用了 42 年的时间，连续制造了 5 台计时器，一台比一台精确完美。他制造的第 5 台计时器只有怀表那么大，测定经度时引起的误差只有 0.5 千米。与此同时，法国的钟表匠皮埃尔设计制造的海上计时器也投入了使用。至此，海上测定经度的问题，终于得到了初步解决。人们终于可以在海面上自由驰骋而不害怕迷航了。

现在的钟表则更加精确，30 多万年才有 1 秒的误差，因此现在在测量经纬度时，误差不过 1 毫米。经纬线的发明，为人类的生产生活提供了巨大的帮助。

富兰克林发明的避雷针

雷电的破坏力是相当惊人的，1977 年，雷击高压线造成美国西北部大停电。其实，人类在很早以前，就在探寻避免雷击、驯服雷电的办法。

1752 年，美国科学家本杰明·富兰克林（1706—1790 年）认为雷中带电，并进行了一次证明雷中带电的实验，获得极大成功。

富兰克林生于波士顿，1731 年，在费城建立美洲第一个公共图书馆，1743 年，组织了美国哲学学会，1751 年，参加创办宾夕法尼亚大学的工作。富兰克林受摩擦生电、火花放电实验启发，认为雷电也是放电现象。1752 年 6 月，富兰克林用绸子做了个大风筝，上面绑根铁丝，把放风筝的麻绳系到铁丝上，在麻绳另一端系一把金属钥匙，钥匙与莱顿瓶相接，以便在打雷时把雷电引下来。在一个风雨之夜，他把风筝放上了高空。当雨水浇湿麻绳以后，麻绳就变成了导体。富兰克林用手接触铜钥匙，突然，他看到一个电火花在钥匙与手指之间闪过，同时手指感到一阵刺痛。这个实验证明了打雷实际上就是一种大规模的放电现象。富兰克林在致友人的信中把这一实验精确地描述出来："当带着雷电的云来到风筝上空时，尖细的铁丝立即从云中吸取电火，风筝和绳索就全部带上了电，绳索上松散的纤维向四周直立起来，能够被靠近的手指吸引。当雨滴打湿风筝和绳索，以致电火可以自由传导时，它就大量地从钥匙流过来，这个钥匙可以使莱顿瓶充电，所得到的电火可以点燃酒精，也可以进行通常用摩擦起电来做的其他电气实验。于是，带着电火的云和经过摩擦带电的物体之间的相同点，便完全被显示出来了。"

富兰克林想到，如果在建筑物上装一根金属导线，导线下端接地，那么，根据尖端放电的原理，云中的电荷就会同导线尖端的感应电荷慢慢中和，这样就可以使建筑物免遭雷击。他开始研究大气带电现象的理论，8年之后，他的理论变成了现实。1760年，富兰克林在费城建造了第一个避雷针。他还写成《论闪电与电气的相同》的论文，并在英国皇家学会宣读。

中国古代劳动人民也观察到了雷电的放电现象，并懂得采用较为科学的方法予以避免。1638年，外国一位曾游历过中国的修道士马卡连出版了一本介绍中国的书，其中谈到当时的建筑物时写道："屋顶的四角都被雕饰成龙头的形象，仰着头，张着嘴。在这些怪物的舌头上有一根金属芯子，其末端一直伸到地里。如果有雷电打在房顶上，它就会顺着龙的舌头跑到地里，不会产生任何危害。"

有趣的是，如今美国的避雷针全部是尖头的，英国的避雷针顶端则是一个金属小圆球。据说，英国避雷针装小圆球，是出自英国国王乔治三世的建议。近年，美国新墨西哥州的一位名叫查理·摩尔的物理学家，对这两种避雷针经过16年的观察得出结论，指出圆避雷针的避雷效果比尖头的高1倍。

数理化学

阿拉伯数字的发明

人们在日常工作生活中处处离不开数字。现在国际通用的数字是阿拉伯数字，即：0，1，2，3，4，5，6，7，8，9。正是这10个符号构成了我们的世界，使千千万万的难题得以攻克。那么，阿拉伯数字真的是古代阿拉伯人发明的吗？其实这是一个很大的误解。这种简易的数字实际上由印度人发明的，之所以被称为阿拉伯数字，是因为古代阿拉伯人到处经商、打仗而将它传播到了世界各地。可见，阿拉伯人只是它的推广者，并不是它的发明者。

世界上各个古老的民族都有自己的数字，它们独具风格，各有优点。人们最早发明数字是为了计数的方便。而有证可查的最早的计数法是中国原始社会的结绳计数法，当时的人们为了数清猎获野兽和吃掉野兽的数目，就用一根草藤来打结，一个结表示一只野兽。世界上最早出现的数字也是中国古代的甲骨文上所刻的象形数字，虽然仅寥寥几笔，但对当时的人类来说，无疑是巨大的进步。继中国的数字出现之后，古巴比伦人使用的计算符号也开始问世。据考古专家鉴定，古巴比伦人用一个垂直的楔形来表示一个数，而10则用一个较大的横向楔形来表示。古代埃及人干脆用一竖来表示一个数，而10则用一个弧形来表示，这与古代巴比伦人的楔形数字比起来，显然要简便一些了。然而令人惊奇的是，古代埃及人的数字不仅表达到了10，而且还表达到了100、1000……他们用一个涡形表示100，用一朵荷花表示1000，他们还用一个人形来表示100万。从这些越来越大的数字中可以看出，处于原始社会和奴隶社会中的古代埃及的生产力水平是相当高的，甚至超过了古代中国和古代巴比伦。

现在世界上除通用阿拉伯数字外，中国数字和罗马数字也是使用得相当广泛的。中国数字就是一、二、三、四、五、六、七、八、九、十而且位数也由十位到百位，最终到了亿位、兆位，中国数字还首次出现了大小写之分。大写中国数字就是指壹、贰、叁、肆、伍、陆、柒、捌、玖、拾，中国数字的发明推动了人类历史的发展。中国数字唯一的缺点就是不便于现代复杂的计算，因而未被广泛使用，也就未能通用。世界上同时出现的另外一种数字是罗马数字，它用Ⅰ表示1个手指，代表1；Ⅱ表示两个手指；Ⅲ表示3个手指；Ⅳ表示4个手指；Ⅴ则表示一只张开的手掌，代表5；Ⅹ则表示两只伸开的手掌，代表10。在古代，罗马数字也传遍了全世界，它在当时的欧洲使用很普遍。但当时的商人都一致反对在经商活动中使用这种数字，因为它容易被涂改。

这时，印度人在生活实践中发明了本民族的数字，这就是1、2、3、4、5、6、7、8、9、10。当然，最早这些数字并不是现在这个样子的，到后来，这些数字经过不断地演变，越来越简单，终于成为现在的阿拉伯数字。而当时的阿拉伯人由于经商的需要，很快掌握了这种印度数字的写法和计数方法，并带到了世界各地，因而现在的人们称印度数字为阿拉伯数字。

阿拉伯数字具有简易、实用、方便的特点，很快被全世界人民接受，成为现代人类向高科技进军的奠基石。

古朴的罗马数字

古罗马的记数符号，与古希腊、古巴比伦的方法均有相似之处。罗马人像希腊人一样使用了字母表里的字母，然而并不按次序来使用，只使用了几个字母，需要时，就重复使用，这正和古巴比伦方法一样。但与古巴比伦方法的不同之处在于，罗马人并不每逢数字递增10发明一个新符号，而是更原始地每递增5就使用一个新符号。这就使看上去复杂的罗马数字，学起来并不难了。罗马数字共有 7 个符号，它们是：I、V、X、L、C、D、M，分别表示数值 1、5、10、50、100、500、1000。完全靠这 7 个符号的变换来表示所有的数字。

而凡两个以上的符号并列，左边数大，则表示加，反之，则表示减。例如，Ⅶ表示 5 加 2，即 7；而Ⅸ则表示 10 减 1，即 9。

罗马数字以 5 为递增基数，据说是罗马人从人手有 5 指得到的启示。还有这样一种解释：V 的一条线，表示一只手的大拇指，另一条线则表示其余的 4 指，而 X 则表示两手腕对腕交叉。至于这个原始的发明者是谁，现在无从考证，也许是罗马人从劳动生活中得到启发，是集体智慧的结晶。罗马数字可能在中世纪之前就已形成了。

罗马数字虽然已经没有什么实用价值，然而，由于它数字长辈的身份和古朴的个性美，至今仍出现在一些钟楼、钟面上，起着特殊的装饰作用。

加、减、乘、除等符号的发明

在数字诞生很长一段时间里，人们只知用数字来记数，还不能把演算的过程写出来。直到距今 500 多年前，德国数学家魏德美在演算实践中体会到，首先必须要有一种表示加、减的书写符号，而且必须简单明了。于是他按照大写字母 T 的书写规律，先写横，在横上再加一竖，以表示增加的意思，即成了现在的"＋"的样子。不久，他又发明了减号。根据减法的定义，他认为从"＋"上去掉一竖，剩一横变成了"－"。

大约在 300 多年前，英国数学家欧德莱认为乘法是加法的一种特殊形式，于是他便把前人所发明的"＋"转动 45 度的角，这样"×"也就问世了。

也是在 300 多年前，瑞士教学家哈呐发明了"÷"。他认为除法是将一个数分解出来，于是他便用一条横线将一个完整的东西切开，表示分界的意思。

大约在 400 年前，英国学者列科尔德发明了等号，他根据当时人们喜欢把平衡的东西看成是相等的习惯，认为平衡的最形象的书写方式莫过于用两条长短一样的平行线来表示，这样，"＝"便诞生了。

人类在社会实践中还根据需要创造出许多简便形象的符号，常见的还有如下几个符号。

"？"（问号）：起源于拉丁文中的 questio 一词，表示质问、疑问、问题。在问号未出现以前，每当有表示询问的句式时，就在句子末端加上 questio 一词。后来，人们为书写简便起见，就取其开头的 q 和末尾的 o，缩写成 qo 两个字母。不久又有人把 q 写在上面，o 写在下面，后来草写成"？"作为标点符号，供世界通用。

"√"（对号）：老师批改学生作业时，用"√"这个符号表示内容正确。它来源于英国教师的手笔。他们看到学生作业内容无误时，便信手在作业本上写上批语 right（英语，意为正确）。后来，又简写成 right 的第一个字母 r。久而久之，r 又演化为更加简单的写法，这就是"√"。其后，西学东渐，中国近代教育中也引进了这个既简便又明了的书写符号，正式用来表示学生作业正确无误。至于在"√"上加上一撇或一点，是表示大致正确、略有错误的意思，恐怕就是借用者的创造了。

"♂"（雄性）"♀"（雌性）：这两个符号是现代国际上通用的表示生物性别的。这两个符号来自古希腊的神话故事：爱神丘比特，善使弓箭，常把弓箭背在背后。箭头总是斜挂着，所以箭形似"♂"（右斜 45 度），因此用"♂"表示雄性。女神维纳斯，喜好梳妆打扮，手中常常拿着一面小圆镜，"○"表示圆镜，"＋"表示镜把，所以就用"♀"表示雌性。另外，由于近代生物学的发展，对这两个符号的使用也有了创新。比如用"♂♂"表示多数的雄体；用"♀♀"表示多数的雌体；用"♀×♂"表示雌雄杂交；用"♀/♂"表示雌雄的比例数；等等。需要指出的是，这些符号只适用于生物学范围，不能用来代表人的性别。

无理数的发现

无理数是不循环的无限小数。如正方形的边长与对角线长度之比 $\sqrt{2}$，圆直径与圆周长之比所得的圆周率 π，都是无理数。据数学史家考证，古希腊的希帕萨斯最早发现并宣布无理数的存在，并不幸为此献身。

公元前 500 年左右，古希腊的数学家毕达哥拉斯（约公元前 580—约公元前 500 年）形成了自己的学派。这个学派有很高的数学成就，例如我们熟悉的直角三角形勾股弦定理，西方就称为毕达哥拉斯定理。但是毕达哥拉斯学派又有一个顽固的信条，认为宇宙间万物都只能归结为整数，或者两个整数之比（即分数，有理数）。当他们发现有些数的比，如等腰直角三角形斜边与一直角边之比或正方形对角线与边长之比不能用整数之比表达时，就感到惊奇不安，因为他们不愿接受这样的数。

希帕萨斯是来自希腊米太旁登的一位青年，开始跟随毕达哥拉斯学派学习，是毕达哥拉斯的门徒。希帕萨斯在研究勾股定理时，发现了一种新的数：如果直角三角形的两条直角边都为 1，那么，它的斜边的长度就不能归结为整数或整数之比。他用归谬法，即反证法证实了这种新数存在的合理性。他将这种数称为无理数。无理数的发现，是数学史上的一件大事。但在当时，无理数还没有被人们所认识，因此，希帕萨斯的举动无疑是背叛了他的老师和学派，按教规将被处以活埋的极刑。希帕萨斯没有因严厉的刑罚而退缩，他拒绝遵守这个学派不承认无理数的无理信条，坚持认为除了整数之比以外，还有非整数之比即无理数的存在。当希帕萨斯发表这一观点时，他和毕达哥拉斯学派的成员正在海上航行的旅途中，他的论点遭到其他人的反对，结果被他们抛到海里，为真理献出了生命。

无理数的概念虽然在古希腊时代已经产生，但是严谨的论证是古代学者不能胜任的。直到 17 世纪以后，随着数学分析的发展，实数（包括有理数和无理数）理论才成为主要研究课题。19 世纪 70 年代，戴德金、康托尔、外尔斯特拉斯等采取不同的途径，差不多同时完成了理论上的论证，因而他们成为现代实数理论的奠基人。

函数的使用和定义

1692 年，德国数学家戈特弗里德·威廉·莱布尼兹（1646—1716 年）在他的一篇论文中首先使用了函数一词。函数一词的引入和运用，为数学领域打开了新的天地。

关于"函数"的定义，此后又经过了一个漫长的发展时期。

1697 年，瑞士数学家约翰（1667—1748 年）定义函数为：由任一变数和常数的任意形式所构成的量。伯努利的学生，18 世纪闻名全欧的瑞士数学家莱昂哈德·欧拉（1707—1783 年）在他的名著《无穷小分析引论》（1748 年版）一书中，把凡是可以给出"解析的表示的"，即把变数、常数以及由它们的加、减、乘、除、乘方、开方、指数、对数与三角比等运算所构成的式子，都叫作函数。欧拉又从几何上把函数定义为：在 X—Y 平面内，任意画出的曲线所确定的 X 与 Y 之间的关系。欧拉还给函数做了分类。1775 年，欧拉在他的另一部名著《微分学》中给出了函数的另一定义：如果某些变量以这样的一种方式依赖于另一些变量，当后者变化时，前者也随之变化，则说前面的变量是后面的变量的函数。

后来，法国著名数学家柯西（1789—1857 年）在 1821 年所写的《分析教程》和 1823 年所写的《无穷小分析纲要》两书中，定义函数为：在某些变数之间存在着一定的关系，当一经给定其中某一变数之值，其他变数之值也可随之确定时，则将最初的变数称为"自变数"，将其他各变数称为"函数"。

此后，随着科学的发展，函数概念已摆脱了必须有解析式的限制；自变量也不一定是数，可以是其他量（比如三角函数的自变量可以是角）。

在中国，"函数"一词最早出现在清朝数学家李善兰（1811—1882 年）与伟烈亚力于 1859 年合译的《代数积拾级》一书中。函数的知识现在已经是中学生的常识课，是向数学更深领域进军的基础。

谁最先创立微积分

微积分的创立，是继欧几里得几何以后数学上最重要的创造。

微积分的创立有它的历史条件，16—17世纪自然科学蓬勃发展，特别是力学、运动学的发展向数学提出了新的要求。1590年，开普勒发现行星绕太阳运动的轨道是椭圆。这要求人们用数学方法表示这些轨道并对这些图形的性质做深入的研究。正是为了解决这些迫切的问题，法国数学家勒内·笛卡尔（1596—1650年）首先建立了坐标法，第一次引进了"变数"。在笛卡尔坐标内，一条曲线就被看作是一个运动的点和代数学上的一对变数建立起来的一一对应的关系，使运动和变化的概念进入了数学，从而创立了解析几何学，为微积分的出现奠定了基础。

然而，解析几何所研究的对象毕竟只是几何图形或变量间的对应关系，还不能表示和刻画当时其他科学向数学提出的以下4种类型的问题：（1）已知物体移动的距离表示为时间的函数的公式，求物体在任意时刻的速度、加速度及其逆问题；（2）求曲线的切线；（3）求函数的最大值和最小值；（4）求曲线长，曲线围成的面积，曲面围成的体积，物体的重心。艾萨克·牛顿（1643—1727年）从研究物体运动的速度入手，企图解决这些问题；莱布尼兹从研究曲线的斜率入手，企图解决这些问题。其结果，两人都得到了导数，即用变化的观点，引进变化的量和极限概念，研究变化着的运动。用导数可以表示一瞬间的动态刻画出物体运动的规律，使历史上各种求切线、面积、体积和物体重心的问题得到了统一的处理。导数出现后，微积分逐步发展完善。从此，自然科学才可运用数学既表明状态，又表明过程，即运动。

那么，牛顿和莱布尼兹两人中是谁先创立微积分的呢？为这个问题，英国数学界和法国数学界曾经进行过激烈的争论。法、德数学家支持莱布尼兹，而英国数学家支持牛顿。激烈的争论曾使两国数学家在一段时期内断绝了往来。

1687 年以前，牛顿并没有正式发表过有关微积分的论文。但是，牛顿在 1665 年至 1687 年间，曾把自己研究的结果分享给朋友。1669 年，牛顿把题为《运用无穷多项方程的分析学》的小册子分送给自己的朋友。先是送给布朗教授，后来又送给莱布尼兹的朋友柯里斯。直到 1771 年，这本书才正式出版。

莱布尼兹于 1672 年访问巴黎，1673 年访问伦敦，并且和一些知道牛顿研究成果的数学家通信。到 1684 年，莱布尼兹正式发表了微积分的著作。于是英国数学家指责莱布尼兹是剽窃者。

这场争论直到他们逝世之后才结束。通过调查发现，原来牛顿和莱布尼兹都受布朗教授的许多启发，先后独立地在研究不同问题时建立了微积分的概念，只不过一个是工作做得早，一个是论文发表得早。因此，牛顿和莱布尼兹都被认为是最早创立微积分的人。

几何学的创建

数学中的几何学有许多种，与人类生活、生产有着密切关系的主要有射影几何学、画法几何学、微分几何学和非欧几何学等。

射影几何学主要用来研究几何图形在投影和截影下保持不变的性质。17 世纪，法国数学家笛沙格（1591—1661 年）和帕斯卡（1623—1662 年）最早获得射影几何学的一系列新的方法和结果，但只是被看作欧几里得几何的一部分。1822 年，法国数学家庞赛列（1788—1867 年）出版《论图形的射影性质》，以后又出版了他在狱中的研究笔记《分析学在几何学的应用》，明确认识到射影几何学是一门具有独特方法和目标的新的数学分支，并为其奠定了理论基础。

1799 年，法国数学家加斯帕尔·蒙日（1746—1818 年）出版《画法几何》和《关于把分析用于几何的活页论文》，把应用几何的一般方法发展为作图问题，创立画法几何技术，并建立了三维几何的代数方法，引起工程设计的彻底改革。

1809 年，蒙日又发表第一本微分几何学著作《分析在几何学上的应用》。1827 年，德国数学家高斯创立微分几何学中关于曲面的系统理论，使其为近代微分几何的开端。

1826 年，俄国数学家尼古拉斯·伊万诺维奇·罗巴切夫斯基（1792—1856 年）宣读关于平行线问题的报告，通过对欧几里得平行公设（即第五公设）进行批判性研究，成为非欧几何学的主要创始人。他提出：过平面上直线外一点，可以在这平面上作无数条直线不与给定的直线相交，并证明用这个公设代替第五公设，可以构成一门独立的、在逻辑推理的整个体系上没有矛盾的新几何，称为双曲几何学或罗巴切夫斯基几何。这标志着几何学的根本变革，开创了近代数学发展的新时期。另外，匈牙利数学家波约和德国数学家高斯也独立对其进行过研究，并取得了成果。1854 年，德国数学家波恩哈德·黎曼（1826—1866 年）发展了高斯等人的思想，推广空间的概念，创立一种更为广泛的几何学——黎曼几何学，又称椭圆几何学。它把非欧几何学概念从二维推广到三维以及更高维。1866 年，黎曼发表关于构成几何基础的原则的思想；1868 年意大利数学家贝尔特拉米（1835—1899 年）、1871 年德国数学家菲利克斯·克莱因（1849—1925 年）都证明了非欧几何的相容性和普遍适用性。以后，非欧几何被普遍接受。

代数的发明

史料证明，世界四大文明古国对代数都有不同的研究，而且都研究得比较深。而古代中国和古代埃及在这方面的贡献尤为突出，但后来崛起的西方各国很快超越了文明古国的发现。

820 年左右，在乌兹别克有一个名叫阿尔·花拉子模的人，写了一本《代数学》，并在当时的西方社会引起很大的反响，促使代数学诞生了。

在 7 世纪时，穆罕默德创造了伊斯兰教，并借此统一了阿拉伯。穆罕默德成为真正的君主以后，为了振兴国家，发展文化，吸收被征服国家的各种文化，并将各国的书籍都翻译成阿拉伯文，这无疑对人类的文明作出巨大的贡献。1140年，一个阿拉伯人得到了阿尔·花拉子模著的《代数学》，就将它翻译成拉丁文。因而《代数学》一书得到了更加广泛的传播。据史料记载，1859年左右，《代数学》传到了当时由清政府管辖的中国，它起初的中国译名为《阿尔热巴拉新法》。随后，《代数学》一书传遍世界各国，并成为最初的代数教材。

笛卡尔与解析几何学

16世纪，在数学发展史上是从常量数学向变量数学转换的时期。笛卡尔和费尔玛创立的解析几何学与牛顿和莱布尼兹建立的微积分学不仅给变量数学奠定了基础，而且给整个自然科学，特别是物理学提供了一个不可缺少而且十分有效的运算方法和推理工具。

解析几何学是把代数学和几何学结合起来，把数和形统一起来的一种新方法。这种结合的最简单的形式就是坐标。其实用坐标来表示某一点的位置，这种方法在古代就已经使用，如埃及人的象形文字中用一个方格表示区域，中国古代用井字表示周围的田地，这都是应用坐标的一种思想。

到了17世纪，数学中需要解决的很多问题都和变量有关。例如求出任意一条曲线的切线，求曲线下的面积，求极大值、极小值等。这些问题单单用几何学的方法求解往往十分困难。有的即使能够解出也非常繁琐，而用代数学的方法解决就可以化繁为简。法国数学家费尔玛是最早采用这一方法的人。他在1629年写的《空心与实心概论》一书中，就用代数学方程来表示曲线的性质。此外，他还写出了一些轨迹的方程，如过原点的直线方程、任意直线的方程、圆的方程、椭圆的方程、双曲线方程，以及抛物线的方程。这些代数方程式用来解决几何问题非常简单适用。由于费尔玛的著作是半个世纪以后才被人们发现后发表的，所以人们往往会忽略他在创立解析几何学方面的贡献，而把笛卡尔称为解析几何学的创始人。实际上，之所以把创立解析几何学的主要功绩归到了笛卡尔的名下，是因为他是沿着一条完全独立的思路来处理几何学问题的。

笛卡尔，1596 年出生在法国布列塔尼，他的父亲是一个地方法院的法律顾问，他一生过着十分优渥的生活，对科学有着十分浓厚的兴趣，无论是天文学、物理学，还是数学方面，他都作出了很大的贡献。1637 年，他出版了《几何学》一书，提出了解析几何学的概念，在书中他阐述说：每个几何问题都可以归结为这样几句话，即为了构成这个问题，所要知道的无非是关于若干直线的长度知识，并且在确定这些长度时，只需要四五步运算。正如一个算术运算可以包括加减乘除和开方一样，几何学也是如此。如果我们想要确定若干直线的长度，那么只要加上或减去别的直线。而在两条线相乘的情况下，只要求出单位线与两条已知线的第四比例项，依此类推。

根据以上原则，笛卡尔就把几何学问题转化为代数学的问题来解决，例如把三等分角与立方体倍积等古典问题化为求解方程的问题。这样一来，人们只要进行一些不太复杂的代数运算，就可以使得那些用传统的几何学方法难以解决甚至无法解决的问题变得容易解决。这是因为几何学的问题基本上是运用形式逻辑的推理，代数学的方法是根据一定的规则进行演算。经过代数变换之后，往往可以使人看出一些确定无疑的几何关系，而这些关系是那些擅长几何学推理的希腊人所没有发现的。

通过上述方法，笛卡尔同时也把变量和函数带进了数学领域，他把几何图形看作是依照一定的函数关系进行运动的点的轨迹，这些点的一个坐标值是随着另一个坐标值的变化而变化的。自从有了笛卡尔的变量，运动进入了数学、辩证法进入了数学，有了变量，微分和积分也就成了可能。笛卡尔的变量概念是数学发展过程中的一个转折点，笛卡尔的这种方法对于微积分的发明有着不可估量的作用。

四色问题的解决

地图和地球仪是人们非常熟悉的一种工具。地图是说明地球表面的事物和现象分布情况的图；地球仪则是地球的模型，装在支架上，可以转动，上面绘有海洋、陆地、河流、山脉、经纬线等。地图和地球仪解决了人们的许多问题。在地图和地球仪上，都标有各种符号、文字等，很多地图和地球仪上都着有颜色，以便区分各种地域和边界。但我们可以看到，无论是什么地图，市区的、国家的还是世界地图，在国界方面都有一个共同点，这就是它们所有的颜色无非是红、绿、黄、蓝4种。不管这个地区的行政划分有多么复杂，不需再多，也不能再少，只需4种颜色就可分清不同的地域。这是为什么呢？这个问题就是困扰全世界数学家100多年的有名的四色问题。

有则故事说，160年前，在一座苏格兰式的小楼里，葛里斯和弗南西斯两兄弟正在为一个有趣的发现而冥思苦想。当时的航海事业已经比较发达，西方列强正在全世界四处寻找自己的殖民地。因此，地图行业也发展起来。弗南西斯是一位在一家科研单位做地图着色工作的普通工程师。由于长期的地图着色工作，弗南西斯渐渐发现一个有趣的现象：无论一张多么复杂的地图，只用4种不同的颜色就可以把它们相邻的地域分开。弗南西斯津津有味地画了一张又一张地图，结论都是一致的。

弗南西斯立即奔回家向葛里斯报告这个惊人的发现，兄弟两人兴奋不已，但还不能最终确定。因为这仅是实际上的一个结果，能不能从理论上更严格地来证明这个结果呢？兄弟俩决定试一试。但他们绝没有想到这是一个极其复杂的数学问题，凭他们所学的数学知识是远远不够的，所以他们的工作毫无进展。直到1852年，兄弟俩将这一问题告诉了当时的大数学家摩根，然而摩根经过一番努力后也一点儿结果都没有。于是摩根又将这个问题告诉了另一位极负盛名的数学家汉密尔顿。但是，汉密尔顿也没能解决这个问题。经过几番折腾之后，这个问题被正式列为数学界的一大难题，称为"四色问题"。这个四色问题与著名的费马大定理和哥德巴赫猜想一起，成为近代最著名的三大数学问题。20世纪以后，全世界无数的数学家都在为证明这3个难题而努力。

1976年6月，美国数学家阿佩尔和同事哈肯，在美国著名的伊利诺斯大学用当时最先进的3台不同的计算机，联合证明四色问题。经过3台计算机连续1200小时的紧张工作，终于完美地完成了四色问题的证明。这个计算量是相当巨大的，如果是连续不停地人工计算，那么至少也要 200 万年，可想而知，这个数学问题是在计算机发明之前的任何数学家都无法逾越的障碍。

数学明珠——哥德巴赫猜想

克里斯蒂安·哥德巴赫（1690—1764 年）是德国一位中学教师的名字，他也是一位数学家。1742 年，哥德巴赫发现，每个不少于 6 的偶数都是两个素数之和（素数就是只能被 1 和它本数，而不能被别的整数整除的数，如 2、3、5、7 等）。例如，6＝3＋3，又如 12＝5＋7，等等。哥德巴赫给当时颇有名气的意大利大数学家欧拉写信提出了这个问题，请他来帮助做出证明。欧拉在此基础上提出：任一大于 2 的偶数都可以写成两个质数之和。今日常见的猜想陈述为欧拉的版本，亦称为强哥德巴赫猜想。当时许多人对一个个偶数进行了验算，一直验算到 3.3 亿之数，都表明这是对的，但是更大的数目，更大更大的数目呢？猜想起来也应该是对的。然而，猜想应当被证明。要证明它却很难很难。欧拉一直到死，也没能证明它。从此，这成了一道著名的数学难题，吸引了成千上万数学家的注意。整个 18 世纪和 19 世纪都没有人能证明它。哥德巴赫猜想由此成为一颗可望而不可及的数学明珠。

直到 20 世纪 20 年代，才有人向它靠近。1920 年，挪威数学家布朗，用一种古老的筛法证明了：每一个大偶数是"素因子都不超 9 个的"数之和（9＋9），是正确的。包围圈还很大，但在人类的智慧面前，包围圈逐渐缩小了。

1924 年，数学家拉德马哈尔证明了（7＋7）。1932 年，数学家爱斯尔曼证明了（6＋6）。1938 年，数学家布赫斯塔勃证明了（5＋5）；1940 年，他又证明了（4＋4）。1956 年，数学家维诺格拉多夫证明了（3＋3）。1958 年，中国数学家王元又证明了（2＋3）。随后，又有人设置了一个个包围圈，证明（1＋6）；（1＋5）；（1＋4）；（1＋3）。

　　1973 年，像一颗璀璨的明星升上了数学的天空，陈景润在中国科学院的刊物《科学通报》第 17 期上宣布，他已经证明了（1＋2）。至此，哥德巴赫猜想只剩下最后一步了。

　　陈景润证明哥德巴赫猜想（1＋2）的事迹，在 1979 年被写成报告文学，曾在当时成为激励年轻人学习科学文化的动力，在中国大地上掀起向科学进军的高潮。然而陈景润没能完成哥德巴赫猜想（1＋1）的证明，就去世了。现在，仍有许多有志之士正向着这顶数学皇冠冲刺。

完美而神秘的黄金分割率

　　黄金分割率是一个十分奇妙的比例。自古以来，人们利用黄金分割率成功地解决了许多难题。例如法国著名的埃菲尔铁塔，长久以来它巍峨耸立，受到全世界人民的喜爱，其中一个重要原因是它有一个和谐的比例，它的上半部与下面底座的比例正好是黄金分割率。设计师巧妙地将这种比例运用到了建筑上面，因而埃菲尔铁塔无论从哪个角度观看，都给人以和谐匀称的感受。据考古学家考察鉴定，著名的埃及金字塔是最早利用黄金分割率的建筑物。在埃及的广大土地上，有许多金字塔，尽管它们有大有小，规模不一，然而它们的体积都是成比例的。这正是因为金字塔的建设者们将金字塔底面四边形的边长与高的比例定为黄金分割率，所以金字塔看起来是那么协调和谐，雄伟壮观。

　　什么是黄金分割率呢？黄金分割率就是将任意一条线段分成两部分，使其中一部分成为整体和另外一部分的比例中项。这个比值是一个无穷无尽的无理数。人们通常取它的前三位有效数字：0.618。这是一个十分神秘的数字，科学家们经过几千年来的研究都不能明白为什么这个数字能够适应宇宙间的万物。因为据科学家调查，人的前臂与上臂的比例是 0.618，人的小腿与大腿的比例也是 0.618，人体模特下肢与上身的比例为 0.618，这是选择模特的必需条件。因为这个神奇的比例在任何事物中都能够给人以美观或者良好的感受，所以称这个比例为"黄金分割率"。

关于对黄金分割率最早的严格的论述，见于欧几里得的《几何原本》。历史上最早对黄金分割率做系统研究的人是希腊数学家欧多克索斯，他在著作中详细地记叙了黄金分割率。中世纪以后，黄金分割率曾被教徒们披上了神秘的外衣。帕乔利将它称为神圣比例。当时的天文学家开普勒称它是神圣分割，并说道：勾股定理和黄金分割率是几何中的双宝，前者好比是黄金，后者有如宝石。19 世纪以后，"黄金分割率"这个名词才逐渐通行起来。

现在，人们不仅在建筑上面用黄金分割率，在服装设计、时间安排、地域设置等方面也充分地运用黄金分割率。人们还专门创造了"优选学"，将它运用到各个方面。随着科技的进步，人们还将会利用黄金分割率发掘出更有价值的宝藏！

统一标准的尺度

人类很早就致力于寻找一种可靠的、不变的、作为量度距离的统一标准。尺度最初是与人身体的某一部位相关联的。

从数千年前古埃及的古纸中，曾发现过人前臂的图形，即腕尺，这是目前见诸记录最早的度量。它规定：肘部至中指尖的长度是 1 腕尺。

哩的原词是 1000 步距离的意思。古罗马恺撒大帝时代规定，1 哩为罗马士兵行军时的 1000 双步，合当时的 500 罗马尺。

英尺的原词是足的意思。8 世纪末，罗马帝国查理曼大帝以其足长规定为 1 英尺。传入英国后，英国人又将英尺的标准规定为：从麦穗中间取大粒 36 粒，头尾相接排列的长度为 1 英尺。后来德国人把英尺的标准定为：走出教堂的男子 16 名，各出左足，前后相接，取此长度的 1/16 为法定英尺。现代 1 英尺约合中国市尺 9 寸 1 分 4 厘。

中国古代，也有相类似的长度度量单位，如以 5 尺为 1 步，以中指中节作 1 寸，等等。

还有码、英寸等，这些长度量度单位都很混乱，没有统一的标准，计算起来也极不方便，随着国际交往的增加，人类需要有一个统一的长度标准。

这一工作最早出现在中国清朝康熙时代。大约在 1709 年至 1710 年间，在东北地区进行大规模土地测量时，鉴于当时里数尺度不统一，康熙就规定地球子午线 1 度为 200 里，每里为 1800 尺。

1791 年，根据法国科学院建议，把地球子午圈的四千万分之一作为 1 米。1872 年，世界度量衡会议在法国巴黎召开，承认新米制为国际通用长度单位，并决定制造国际米制原型器。共造 31 支，交予各会员国使用。

随着测量精确度的提高，米原器的精度已远不能满足需要。测量天体宏观世界，探索分子、原子微观世界，稍有误差便会谬之千里。于是，又发明了光尺。光是一种波，不同波长的可见光具有不同颜色。

1960 年国际计量大会上，一致通过废除米原尺，采用氪 86 同位素灯在规定条件下发出的橙黄色光在真空中的波长，作为长度的基准，按新米定义，1 米长度等于 1650763.73 个基准光波的波长，利用光尺作基准 1 米的精确度可达到一亿分之一米。

现在，人们又发现，激光的颜色更纯，以此作基准，测量精度比氪灯高 100 万倍。用激光测量地球到月球这长达 38 万多千米的距离，误差仅几厘米。可见，激光有可能成为新的尺度基准。

1983 年 10 月 20 日，在法国巴黎举行的第 17 届国际计量大会上，正式通过了关于米的新定义："米是光在真空中，在 1/299792458 秒的时间间隔内运行距离的长度。"精度比过去提高了 100 倍。这是第三次更改米的定义。

关于角度的标准，现在全世界都习惯于把圆分成 360 度。而最早把圆分成 360 度的人，是巴比伦的祭司们。距今大约 2000 多年前，他们在观察太阳运动的时候发现，每年在春分、秋分这两天，从日出到日落，太阳刚好在天空中划了一个半圆。他们按照当时观察到的太阳的直径计算，在天空中太阳划出的半圆中，可以容纳下 180 个太阳。于是，他们就把每个半圆分成 180 份，从而把一个圆分成 360 份。现在，它已被世界通用，而且成为角度的度量制中最常见的一种。角度是一种 60 分制，周角的三百六十分之一称为 1 度，1 度的六十分之一称为 1 分，1 分的六十分之一称为 1 秒。

珠宝的计量单位——克拉

钻石是当今世界上珍贵的物品之一。它是碳元素的特殊组合，也是世界上最坚硬的天然物质。因为钻石极其稀少，而且开采难度大，大多数都是呈微粒存在，不能做成为肉眼能直接观赏的首饰。有砂粒般大小的钻石就很值钱了，至于比葡萄大的钻石，那无疑是价值连城。

钻石如此名贵，因此，人们在测量钻石的时候，重量单位不用克，更不用千克，而用克拉。克拉就是当今世界上通用的对钻石等财宝的计量单位。克拉的英文名称叫 carat。

关于克拉的出现，曾有一番十分曲折的历程。据史料记载，克拉这个名称在几千年前就有了。最初 1 克拉是指一粒稻谷的重量，可见克拉是多么的微小。

历史学家经过长期的探索，发现早在公元前，克拉就已经是被普遍使用的重量单位。当时，地中海沿岸尤其是东部海岸一带，交通发达，商业繁荣。周围许多国家的商人都在这里贩卖各种物品，金银珠宝的生意也十分兴旺。然而，财宝是非常珍贵的东西，用平常的重量单位显然不合适。因此当时迫切需要一种东西作为计量宝物的标准。由于当时的西方人没有发明出秤，所以无法称很轻的东西。恰巧当地生长有一种角豆树，当时的希腊人称它为"克拉洛夫"，在英语中则念成"克罗"。这种克罗树的种子有一个十分奇妙的特点——几乎粒粒种子重量相同，这要比稻粒精确多了。于是，克罗树的种子被称为"稻子豆"，克拉洛夫的种子作为天平的砝码，被选作计量宝石重量的单位。一粒克拉洛夫种子的重量就是 1 克拉。

中古时代，当时中国航海事业的日益发达，中国人已经乘船到达了地中海，甚至到了非洲的东海岸地区和好望角一带。当时的中国朝廷与当地的各个小国建立了友好的关系，并将中国的许多发明创造带到了地中海地区。各种秤也随之来到了这里。所以人们在使用了秤以后，为了使衡量宝石的单位更加精确，就求出了一堆稻子豆的平均重量，并把这个平均重量正式定为"克拉"。从此，克拉这个单位就成了宝石的计量单位。

但由于各地区的克拉洛夫树种类不一，稻子豆的重量也有点儿差异，而且由于稻子豆的干湿程度不同，各地区的"克拉"实际上也存在着微小差异。生意小时，大家都不计较；但生意做大了，大家就发现问题的严重性了，这给珠宝商人们带来了很多麻烦，如明明在这里称是 10 克拉，换个地方再卖则减少了一些。所以，克拉的重量也需要统一。1871 年，当时的三大帝国英国、法国、荷兰的珠宝商达成协议，以 205 毫克作为 1 克拉，并称为"国际克拉"。但这个协议并没有被其他国家所接受。到 20 世纪初期，科学技术突飞猛进，人类的生产力得到极大的发展，全世界的钻石产量也明显增长，制定国际统一的克拉单位更加迫切。1905 年，有人提出把 1 克拉单位的重量定为 200 毫克，命名为"米制克拉"，又名"国际通用克拉"。1913 年，西方各国在美国举行会议，正式通过 1 克拉等于 200 毫克这个提议。

从此以后，克拉就成为称量钻石的专用标尺，也成为人们拥有财富的量化单位。

牛顿发现万有引力定律

说起万有引力定律，很多人都会想起牛顿 23 岁时在苹果树下读书悟得万有引力定律的故事。这个故事最早出现在牛顿晚年的好朋友史特克莱的回忆录和法国著名学者、作家伏尔泰所写的有关传记中。其实，牛顿发现万有引力定律的情况并非如此简单。在牛顿之前、同期和之后，许多科学家都在探索研究这一课题。

1600 年，英国科学家吉尔伯特就提出磁力可能是维持太阳系存在的原因。1684 年前后，许多科学家都在着力研究天体间的引力问题。1673 年，荷兰物理学家克里斯蒂安·惠更斯继承伽利略的事业，通过对单摆的研究发现了一般圆周运动的向心力定律。英国科学家罗伯特·胡克则根据惠更斯的圆周运动的向心力定律和开普勒的行星运动第三定律，在 1679 年得出了太阳对行星的引力与它们之间的距离平方成反比的关系。不久，数学家瑞恩和天文学家哈雷也得到了同一结果，但他们都是把行星运动简化为圆周运动来处理的。现在的问题是：如果一个行星像开普勒第三定律所指出的那样按平方反比关系在吸引力作用下运动，那么它是否还能按照第一定律在椭圆轨道上运动？1684 年，他们三人就这一问题进行了讨论，但是没有谁能拿出令人信服的证明。于是哈雷就到剑桥大学三一学院向牛顿请教。牛顿表示，他在十几年前就已经解决了这个问题。几个月后，牛顿根据自己的回忆写出了对这一问题的数学证明，并将他的结果寄给了哈雷。牛顿指出，在遵守平方反比关系的向心力的作用下，物体的运动轨迹是包括椭圆在内的任何一种圆锥曲线，反之亦然，一个物体若沿着椭圆轨道运动，它所受的向心力必定遵守与距离平方成反比的规律。1685 年，牛顿在哈雷的推动下，终于克服计算上的困难，证明一个由具有引力的物质组成的球吸引它外边的物体时就好像所有的质量都集中在它的中心一样。有了这个有成效的证明，把各天体当作一个质点看待的简化方法就显得很合理了。

在牛顿的启发下，哈雷计算并研究了他于 1628 年发现的那颗彗星的轨道，他研究比较后发现，这颗彗星的轨道参数与 1607 年和 1531 年天文学上发现的那两颗彗星轨道的参数接近。由此他断定这先后 3 次出现的实际上是同一颗彗星，这颗彗星以 76 年的周期经过太阳附近，并预言它将于 1758 年再次出现在太阳附近。到 1758 年，这颗彗星果然出现了。哈雷对彗星的成功预言，是对牛顿万有引力理论的有力验证。

在万有引力的发现过程中，牛顿所起的作用是独一无二的，也是无可替代的。牛顿从 1665 年起就开始研究引力问题。他先从地球对月球的引力入手。他的思路是：地球的引力既然能对高山上的物体有效，那么这一引力如能延伸到月球上，则这种引力就是使月球沿圆形轨道运动的向心力。牛顿又根据伽利略对抛物体运动的研究设想：随着物体抛出的初速度的增加，抛物体回到地面之前在空中通过的距离也在增加；如果初速度加大到足够大时，则被抛射的物体将沿着一个圆形轨道绕地球旋转，而永远不再回到地面上来。这样，月球绕地球的运动就如同一个抛物体绕地球旋转。牛顿为了证实上述假设，于1666年得到了与惠更斯相同的一般圆周运动的向心力定律，并根据开普勒第三定律推算出，一个物体绕一个中心物体做匀速圆周运动时，它的向心力的大小与两个物体中心之间的距离平方成反比。牛顿根据上述两个定律分别进行计算，发现计算结果差不多是密合的。直到1684年，牛顿不仅能够用数学方法证明中心天体的引力与行星椭圆轨道间的关系，而且还把地球对月球的引力推广到太阳系。牛顿还进一步指出：维持木星的卫星绕木星旋转的力来自木星；维持行星绕太阳旋转的力来自太阳；一切维持星体绕中心天体沿闭合轨道运行的力均来自中心天体。这个力不仅与它们距离的平方成反比，还与两个天体质量的乘积成正比。

牛顿一开始就把天上的运动与地上的运动联系在一起，并把两者视为本质上相同的现象加以研究。在发现了天体间的引力定律之后，他立刻想到这一定律是否也适用于宇宙间的一切物体，包括地面上的物体。但是，如果地面上的物体之间也存在相互的引力，那么这些物体本身的大小（线度）对于它们之间的距离来说就不能像相距遥远的天体那样可以忽略不计。牛顿用他自己发明的微积分方法证明，任何两个物体间的相互作用力都可以用它们质心之间的作用力来代替。这样，天体之间的引力作用就可以推广到包括地面上一切物体在内的宇宙间的所有物体上去。这一普遍存在的引力牛顿称之为"万有引力"。他还给出了万有引力的数学表达式。

牛顿三大运动定律

英国著名物理学家牛顿在前人，特别是在伽利略研究工作的基础上，于1687年写的《自然哲学的数学原理》中，首次提出物体运动的基本定律，即牛顿三大运动定律。

牛顿第一定律，是指任何物体（指质点）在不受外力作用时，都保持原有的运动状态不变，物体这种固有的运动属性称惯性。所以，牛顿第一定律又被称为惯性定律。如汽车里的乘客，当汽车突然开动时，人的身体要向后面倾倒，这是因为汽车已经开始前进而乘客由于惯性要保持静止状态的缘故；而当汽车突然停止时，人的身体要向前倾倒，这是因为汽车已经停止而乘客由于惯性要保持原来速度前进的缘故。所以，懂得了这一道理，汽车司机为了节省汽油，在停车前提前关闭油门，利用汽车惯性来行驶一段路程；客车初开时，总是由慢到快逐渐加速，是为了减轻惯性对人体不适应感的影响。总之，一切物体都有惯性，惯性是物体固有的性质，人类在知道了这一规律后，对世界有了一个新的认识。

牛顿第二定律，是指任何物体在外力作用下，运动状态发生变化，其动量随时间变化率与其所受外力成正比，物体加速度与所受外力成正比，与物体质量成反比，加速度的方向与外力的方向相同。因此，当我们要求物体的运动状态容易改变时，应该尽量减小物体的质量。如歼击机的质量比运输机、轰炸机小得多，在战斗前还要抛弃副油箱，以进一步减小质量，就是为了提高战斗的灵活性；相反，当我们要求物体的运动状态不易改变时，就应该尽可能地增大物体的质量，如电动机和水泵都固定在很重的机座上，就是要增大它们的质量，以尽量减小它们的振动或避免因意外的碰撞而移动。

牛顿第三定律，是指当物体甲给物体乙一个作用力时，物体乙必然同时给物体甲一个反作用力，作用力与反作用力大小相等，方向相反，且在同一直线上。这个定律说明了每一个作用力必然有一等值的反方向的反作用力。作用力和反作用力是成对出现的，它们同时存在，同时消失。如人走路时用脚蹬地，脚对地面施加一个作用力，地面同时给脚一个等值反方向的反作用力。

牛顿三大运动定律奠定了经典力学的理论基础，推动了人类对自然世界的深入认识。这三大定律，在中学物理课中是学习力学的重点章节。

能量守恒和转换定律

法国哲学家、物理学家、解析几何创始人笛卡尔，德国化学家尤利乌斯·路太·迈尔，德国物理学家、生理学家海尔曼，路德维格·菲迪南德翁·赫尔姆霍茨，英国物理学家詹姆斯·普雷斯科特·焦耳以及威廉·罗伯特·格罗沃等人，分别发现并论证了能量守恒和转换定律。笛卡尔较早提出了物质不灭和能量守恒的观点。到 19 世纪，焦耳测出了热的功当量，为建立能量守恒和转换定律作出了贡献。1847 年赫尔姆霍茨发表重要论著《论力的守恒》，进一步论证了能量守恒和转换定律。

能量守恒和转换定律可以表述为：在任何与周围隔绝的物质系统（孤立系统）中，不论发生什么变化和过程，能量的形态虽然可以发生转换，但能量的总和保持不变。非孤立系统由于与外界可以通过做功或传递热量等方式发生能量交换，它的能量会有改变，但它增加（或减少）的能量值一定等于外界减少（或增加）的能量值。所以从整体看来，能量之和仍然是不变的。定律反映了：相应于物质运动的不能创生或消灭，能量也是不能创生或消灭的；能量只能在各部分物质之间进行传递，或者从一种形态转换为另一种形态（在发生能量传递的同时，按照质能关系式，相应地也存在着质量的传递）。

能量守恒和转换定律的发现，将力学、热学、电磁学和光学等学科联系在一起，实现了牛顿运动定律之后，又一次伟大的综合，使物理学成为更加统一的学科。恩格斯称进化论、细胞学说、能量守恒和转换定律成为19 世纪自然科学的三大发现。

计量功率的单位——马力

马力是计量功率的单位。人们与机械打交道时会经常用到这个单位。怎么想到用马力来作为计量功率的单位呢？这其中有段有趣的故事。

事情发生在英国。有一次，一个矿井主同大发明家詹姆斯·瓦特（1736—1819 年）签订了一项合同，按照合同规定，瓦特要为那个资本家安装一台从矿井里抽水的蒸汽机。这种工作过去一直是由马来完成的。矿井主对瓦特提出了一个条件：

"你的机器每小时抽的水不能比我的马抽得少！"

"好吧。"瓦特说，"既然这样，那我们就把马的力量作为计算力的单位好了。你看怎么样？"

那个矿井主马上着了急，他在想："我没有失算吧？"在试验那天，他便吩咐人们拼命地抽打和驱赶抽水的马。结果，一天结束后，那匹强壮的马就累倒了。

当然，马和机器相比，还是机器的力量大。中国有句名言："路遥知马力，日久见人心。"这里所说的"马力"，即是说马的力量虽大，但因"路遥"，马力也是很有限的。而现代人发明的机器，则是不知疲倦，力量是连续而不竭的。将瓦特的机器抽水所做的功，与矿井主的马在一天内所做的功相比较，由此有了这个累死马的"马力"单位。显然，这个单位是一匹马所做功的极限力。

我们经常说一台拖拉机有多少马力，一台机车有多少马力，指的是拖拉机和机车有多大的拖力。马力，作为衡量力的一种单位，就是由上面这段小故事来的。

后来，马力这个计量功率的单位就在世界上通行开了。1马力等于在1秒钟内完成75千克/米的功，也等于0.735千瓦，是1公制马力。1英制马力是每秒550英尺/磅，等于每秒76千克/米，即0.746千瓦。

厨房里发现的声学震动原理

布莱士·帕斯卡（1623—1662年）是世界上著名的科学家，他发明的东西曾使人类社会发生巨大变化。这些辉煌的成就，与他小时候善于观察、勇于实践是分不开的。

有一次，11岁的帕斯卡在自家厨房外边玩，听到里面的厨师在洗刷炊具时，把盘子弄得叮叮当当乱响。这种声音，响了几千年，可谁也没注意过，因为它实在是太普通、太平常了。

然而，这种被人听而不闻的声音却让帕斯卡陷入了深深的思考。他想：

要是盘子是被人敲打发声的话，那为什么刀叉离开盘子以后，声音还在继续，而不马上消失呢？是什么使盘子继续发出声音呢？帕斯卡不得其解，便去请教他的父母和老师，可这些长辈们也不知道如何回答，因为他们从来就没有想过这个问题，在当时的确也没有现成的答案。

于是，帕斯卡决定自己先试试看，他走进厨房，用叉子把盘子敲打得叮叮当当响，然后把叉子拿走，结果声音不断。多次的试验中，帕斯卡无意间用一只手按住了盘子的一边，那声音突然立刻停止。帕斯卡经过反复琢磨，终于高兴地发现，原来发声最关键的因素是震动，而不是敲打。敲击停止了，只要震动不停止，声音就会继续发出。帕斯卡把观察到的这个现象，用自己的话高兴地宣布了出来。当时 11 岁的帕斯卡并没有想到，他发现了世界上一个非常重要的声学原理，即声学的震动原理。

从此，逢事喜欢提问题的帕斯卡跨入了科学的大门，开始了新的科学探索。他聪明好学、刻苦勤奋，16 岁时发表了第一篇数学论文，22 岁时研制出世界上第一台机械计算机，24 岁完成了著名的真空实验。他的这一系列发明和发现，使人类跨入了计算机和太空时代。帕斯卡不仅是 19 世纪法国对世界科学研究贡献最大的数学家、物理学家，他还是世界著名的哲学家和散文家。他的这些辉煌的成就和贡献，起点就在他家的厨房中，厨师的锅碗瓢盆交响曲触动了这位从小就爱动脑筋的灵魂，绝妙的点子从此诞生。

听不见摸不着的超声波

18 世纪，意大利教士兼生物学家拉扎罗斯·斯帕兰扎尼（1729—1799年）在研究蝙蝠的感觉器官时，首次发现蝙蝠在夜间活动是靠高频率的尖叫声来确定障碍物位置的。第二次世界大战时，军舰已使用回声探测术来侦察水下潜艇。其实，军舰跟蝙蝠所用的办法，原理是相同的，都是利用一种高频率声波来探测物体的位置。声波发出后，遇到固体目标就会折回，根据回声的形式，还能知道物体的形状。这种声波的频率很高，超出了人类听觉的声频范围,所以人耳无法听到,因此叫超声波。

20世纪50年代,超声波探测技术开始应用在医学上。英国格拉斯哥的唐纳德医生发现,用超声波脉冲通过孕妇腹壁,可以测到胎儿的情况。如今,超声波扫描已是身体检查的常规项目。它可以帮助医生断定孕妇的怀胎时间、胎儿的位置是否正常、有没有严重缺陷以及是否是双胞胎,甚至可以知道胎儿的性别。超声波探测技术也可用来诊断肝、肺和心脏的疾病。

苏联科学家研究了一种用超声波辅助治疗化脓性肺炎的新方法。在吸出脓液后把体积极小的超声波辐射和探测器与抗生素一起注入肺部,在超声波作用下,抗生素很快就渗透到发炎的组织里去,从而较快地发挥消炎作用。美国国家农业效用研究中心的专家,发明了用超声波精炼大豆油的技术。常规的精炼技术是将水和未加工的大豆油混合,以便在离心机中把黏性杂质除去。这项新技术是用高频超声波以每秒2万次的速度振动水和油的混合物,产生极小的泡并使黏性杂质凝聚成团,最后在离心机中旋转而与油分离。日本学者则用小功率超声波装置处理酒。多次实验结果表明,无论什么样的酒,经过超声波处理后,刺激味道消失了,产生了近似熟化的现象。原来,超声波切断了水分子团的分子与分子之间的链条,使酒分子更易于进入水分子团的空隙。因此,用超声波处理过的新造酒就像储藏时间很久的酒一样,变得味美合口。

日本科学家还把洗衣机与超声波技术组合起来,发明设计出超声波洗衣机。通常的洗衣机是借助洗衣机桶下部叶轮旋转产生的涡流来洗涤衣物,其缺点是衣物磨损严重,耗电量大,效率低。而日本新式的超声波洗衣机,由于洗衣桶中没有转动部件,不仅衣服磨损轻、洗得净、无噪音、节水省电,而且还不用洗衣粉,对环境保护也有积极作用。原来,这种洗衣机内装有电磁式气泵,加压的空气分散器的散气孔可产生微细气泡,并在桶内上升。这些微细的气泡相互碰撞,溢出水面时破裂。气泡破裂时可产生30000赫兹的超声振动波,并产生很强的水压,使衣物纤维振动,产生洗涤作用,衣物的油脂和污垢就被洗涤掉了。同时,气泡上升的力,会产生一个从中央向外侧的回水流,使衣物相互摩擦,强化洗涤功效,真是一举多得。

有科学家预测，超声波机器的应用，可能会引导人类进入一个新的超声波时代。

爱因斯坦与狭义相对论的创立

1879 年，物理学革命的先锋和主将阿尔伯特·爱因斯坦（1879—1955年），出生于德国西南部的古城乌尔姆镇的一个犹太人家庭。父亲是一个电器作坊的小业主。1888 年他们全家搬到德国南部城市慕尼黑，1894 年又搬到意大利北部城市米兰。1900 年，爱因斯坦毕业于瑞士苏黎世工业大学，1901 年加入瑞士国籍。由于他具有独立思想和"离经叛道"的性格，大学一毕业就失业了。直到 1902 年 6 月他才托人在伯尔尼瑞士联邦专利局找到一个技术员的固定职业。从 1909 年起，他先后在苏黎世大学、布拉格大学任教授。1914 年，他到德国首都柏林任威廉大帝物理研究所所长兼柏林大学教授。1933 年 10 月他迁居美国，任美国普林斯顿高级学术研究院教授，1940 年取得美国国籍，1955 年病逝于美国普林斯顿。

爱因斯坦在瑞士专利局任技术员期间，利用业余时间，在 1905 年 3 月至 6 月，写了 4 篇论文，在物理学的 3 个不同领域取得了有历史意义的重大成就。第一篇论文《关于光的产生和转化的一个启发性的观点》完成于 3 月 17 日，该论文提出了光量子假说，是他获得诺贝尔奖的论文。第二篇论文《分子大小的新测定法》是爱因斯坦的博士论文，完成于 4 月 30 日。第三篇论文《热的分子运动论所要求的静止液体中悬浮粒子的运动》，完成于 5 月 11 日，从理论上解释了布朗运动。第四篇论文《论动体的电动力学》，完成于 6 月，在文中，他提出了根本不同于传统观念的新的时空观，创立了狭义相对论。

狭义相对论有两条基本原理：第一条是相对性原理，即在任何惯性参考系中，自然规律都相同；第二条是光速不变原理，即在任何惯性系中，真空光速 c 都相等。由此得出，时间和空间变量从一个惯性系变换到另一个惯性系时满足洛伦兹变换。由此还导出下列结论：（1）同时性是相对的；（2）运动的尺子会缩短；（3）运动的时钟比静止的时钟慢；（4）物体质量 m 随速度 v 的增加而增大；（5）光速不可逾越；（6）物体的质量 m 和能量 E 满足质能关系式 E 等于 m 乘以 c 的平方。上述结论与实验事实符合。但只在高速运动时相对论效应才显著。爱因斯坦认为以太的存在是多余的。狭义相对论认为电磁场是一种独立的物质，不依附于任何载体。

用狭义相对论的时空观代替牛顿绝对时空观是整个自然科学时空观念的一次革命。狭义相对论用严格的数学语言，以自然科学定律的形式，深刻地揭示了时空同物质的运动，时间与空间的统一性。这就大大丰富了辩证唯物主义时空观的内容。同时，狭义相对论不是简单地否定牛顿时空观，而是把牛顿的时空理论作为一种特殊情况囊括在自己的理论中。当物体运动速度远小于光速时，就可以从狭义相对论过渡到牛顿理论。

化学元素与元素符号的定义

1661 年，英国化学家罗伯特·波义耳（1627—1691 年）在《怀疑派化学家》一书中，第一次为化学元素下了科学的定义：它们应当是某种不由任何其他物质所构成的或是互相构成的、原始的和最简单的物质，应该是一些具有确定性质的、实在的、可察觉到的实物。

1789 年，法国化学家安托万 - 洛朗·拉瓦锡（1743—1794 年）在《化学概要》一书中，列出第一张元素表，把元素分为简单气态物质、金属物质、非金属物质和成盐土质 4 大类。他还以元素的特性和化合物的元素组成作为元素和化合物的新命名原则。拉瓦锡的一系列新思想很快被各国科学家接受，从此，化学科学的发展进入新纪元。

1803 年，英国化学家约翰·道尔顿（1766—1844 年）提出原子学说，指出化学元素是由原子组成的，因此，又出现了化学元素的新定义：同种的原子称为元素。

20 世纪初，科学家发现原子核是由质子和中子组成的，还发现了同位素，认识到同种元素的原子核里所含的核电荷数（质子数）相同，但中子数可以不同；同一种元素可以存在着原子质量不同的几种同位素，决定元素化学性质的主要因素是核外电子数和核电荷数。于是，又出现了现代化学元素定义：化学元素是具有相同的核电荷数（质子数）的同一类原子的总称。这一定义阐明了化学元素的本质。

化学元素符号的确立，是元素研究史上的一件大事。元素符号又称化学符号。1913 年，瑞典化学家贝采利乌斯（1779—1848 年）首先提出新的元素符号体系，以每种元素的拉丁文名称的第一个大写字母作为该元素的化学符号；有些元素名称的第一个字母与其他元素相同，则用两个字母表示，第一个字母大写，第二个字母小写；并规定每个化学符号在化学式中代表一个原子。在此基础上，1860 年在德国的卡尔斯鲁厄召开的国际化学家会议上，制定了世界上沿用至今的化学符号。

门捷列夫的元素周期律

恩格斯曾高度称赞元素周期律，说门捷列夫完成了科学上的一个勋业。周期表的诞生，既有前人的铺路，也有后人的拓展，它包括了许多代科学家的辛勤劳动。

人们对元素的分类，可以追溯到上古时代中国的五行学说。即把元素假定为金、木、水、火、土 5 大类。到了 18 世纪，法国化学家拉瓦锡提出了把元素分为金属、非金属、气体和土质 4 大类的观点。根据原子量来研究元素，则是始于 19 世纪初。1829 年德国科学家德贝莱纳提出了锂钠钾、钙锶钡、磷砷锑、氯溴碘等 15 种元素，他把这些元素称为 "3 元素组"。1864 年德国化学家迈尔发表了《6 元素表》，他把 28 种元素列在一张表上，表中各元素按原子量排列成序，并对元素进行了分族，且给尚未发现的元素留出了空位，比 "3 元素组" 有了很大进步。1865 年英国人约翰·亚历山大·雷纳·纽兰兹（1837—1898 年）又提出了一个叫作 "8 音律" 的理论。他把元素按原子量递增的顺序排列，第 8 种元素的性质几乎和第 1 种元素的性质相同。这种像音乐中 8 度音似的 8 音律，进一步揭示了元素的性质和元素原子量之间的密切联系。

1869 年 2 月，年仅 35 岁的俄国彼得堡大学化学教授德米特里·伊万诺维奇·门捷列夫（1834—1907 年），在前人研究成果的基础上，经过艰苦的努力，仔细地研究各种化学元素的性质，分析并总结了大量的实验数据，从而归纳出元素周期律。他明确提出：元素的化学性质随着它的原子量的增加而按照一定周期变化，每隔一定数目的元素，后边的元素就会重复出现前面元素的性质。他把这个规律定为"元素周期律"。接着，他又把元素按原子量由小到大分成几个周期，并把原子量大的那一周期重叠在原子量小的周期下面。这样性质相似的元素就落在同一纵行里，把当时已知的 63 种元素排列了起来，制成元素周期表。这是第一份元素周期表。

门捷列夫制作化学元素周期表时，根据元素周期律，大胆地给一些当时还未发现的 11 种元素留下了空位，并且分别定名为"类硼"（钪）、"亚钡"（镭）等。并且，门捷列夫还预言了这些元素的形状、原子量及其同其他元素化合而组成化合物的一些性质。这些元素相继被化学家发现，它们的化学性质同门捷列夫当初预言的几乎完全相同，这充分地证明了门捷列夫提出的元素周期律的科学性。如门捷列夫预言："类铝"是一种易于挥发的物质，将来一定有人利用光谱分析术把它查出来；其原子量接近 68，比重在 5.9 上下。法国化学家列科克在 1875 年 8 月 27 日夜间从比利牛斯山中皮埃耳菲特矿山产的闪锌矿中发现了它，将其定名为"镓"，并且他还用实验证明了门捷列夫关于这一元素预言的正确性。又如门捷列夫预言："类硅"是深灰色金属；其原子量大约是 72，比重应该在 5.5 左右；它的氧化物难熔化，其比重是 4.7；类硅与氯化合后，比重大约是 1.9。德国化学家克雷门斯·亚历山大·温克勒（1838—1904 年）1885 年在希美尔阜斯特矿山的含银矿石中发现了它，定名为"锗"，也用实验证明了门捷列夫关于这一元素预言的正确性。此外，化学家们在 1879 年发现了钪，1898 年发现了镭和钋，1899 年发现锕，1917 年发现了镤，1925 年发现了铼，1937 年发现了锝和钫，1940 年发现了砹。之后，化学家又陆陆续续发现不少新元素，都填在了门捷列夫的元素周期表的空格里。

门捷列夫的元素周期律是化学史上继道尔顿提出原子论以后的又一里程碑式的贡献。现在，对于元素周规律的表述，只不过是在语言上把它表述得更加严密、更加精炼了一些而已。即元素的性质，随着元素原子序数的增加而呈现周期性的变化。元素周期律的建立，使化学研究从只限于对无数个零散的事实做出无规律的罗列中摆脱出来，扩大了人们在化学方面的眼界，奠定了现代无机化学的基础。

电子的发现

电子是人们最早发现的基本粒子，所有原子都是由 1 个带正电荷的原子核和若干带负电荷的电子组成的。1890 年，英国人斯通尼提出电子概念，来表示负的基本电荷的负荷体。

1892 年，荷兰物理学家亨德里克 · 安东 · 洛伦兹（1853—1928 年）开始发表电子论的文章，他认为一切物质的分子都含有电子。德国物理学家海因里希 · 鲁道夫 · 赫兹（1857—1894 年）在这一年也宣称阴极射线不可能是粒子流，而只能是一种以太波。所有德国物理学家也都附和这个观点。但是，以克鲁克斯（1832—1919 年）为代表的英国物理学家则坚持认为，阴极射线是一种带电的粒子流。

1895 年，法国物理学家佩兰通过使阴极射线进入法拉第笼的实验，有力地支持了阴极射线是带负电的粒子流这一观点，并认为这种粒子是气体离子。1897 年，英国物理学家约瑟夫 · 约翰 · 汤姆逊（1856—1940 年）对阴极射线作了定性和定量的研究，他设计了一个巧妙的实验装置，实验证明了阴极射线在电场和磁场作用下，同带负电的粒子路径相同。这个实验无可辩驳地证实了阴极射线是由带负电荷的粒子组成的。

1898 年汤姆逊和他的学生用云雾法测定了阴极射线粒子的电荷，并证明了阴极射线粒子的质量是氢粒子的千分之一。当时他把组成一切原子的粒子叫作"微粒"，后来改称"电子"。

汤姆逊于 1897 年 4 月 30 日第一次公开发表了他的新发现，从而使人们认识了第一个基本粒子——电子。这一发现打开了现代物理学研究领域的大门，标志着人们对物质结构的认识进入到一个新的阶段。汤姆逊首先在实验中发现电子的存在，因而他获得了 1906 年的诺贝尔物理学奖。从此，电子这个概念得到认可和普及。

电子的发现，揭示出原子有内部结构。因而，汤姆逊被人们尊称为"分离原子的人"。从此，"向原子内部进攻"和"分裂原子"就成为世纪交替时期现代科学领域中最振奋人心的口号。

原子结构和原子核模型的构架

1904 年，日本物理学家长冈半太郎（1865—1950 年）提出一种原子模型，认为原子是由电子绕着带正电的粒子组成的。1911 年，英籍新西兰物理学家欧内斯特·卢瑟福（1871—1937 年）根据 a 粒子的散射实验，最先发现原子核的存在，并提出原子行星模型。

按照卢瑟福的模型，原子质量的大部分集中在一个带有正电荷 Ze（Z 为原子序数，e 为电子电荷），而在直径约为 10 的 - 3 次方至 10 的 - 8 次方厘米的区域内绕核沿圆形或椭圆形轨道运动，其情况与行星绕太阳运动相似。原子的中心，是一个极小的带正电荷的原子核，核的周围有一定数目的电子沿着不同的轨道旋转着，其离心力与核对电子的吸引力相平衡，从而使电子与核保持一定距离。电子的质量很小，原子的质量几乎全部集中在原子核上。现在已知原子的直径约为 10 的 - 8 次方厘米，电子直径约为 10 的 - 13 次方厘米，为原子直径的十万分之一，原子核的直径为 10 的 - 12 至 10 的 - 14 次方厘米，原子内部有非常广阔的空间。1913 年，丹麦物理学家尼尔斯·玻尔（1885—1962 年）对卢瑟福关于原子结构的模型，做了修改，并有重大发展。他认为：电子可能处在原子核外几种稳定的轨道当中；每种轨道相当于一定的能级；当电子运动状态改变的时候，它从一个轨道跳跃到另一个轨道；这变化反映在吸收或辐射一定能量的光或热。这种关于原子结构的模型，称为卢瑟福—玻尔模型，简称玻尔模型。1922

年玻尔获诺贝尔物理学奖。

1932 年，德国物理学家沃纳·卡尔·海森堡（1901—1976 年）和苏联物理学家伊万年科根据中子的发现，分别提出了原子核是由质子和中子组成的。

原子－分子学说的建立

1803 年，英国化学家和物理学家道尔顿在曼彻斯特文学哲学会上，首次提出科学的原子学说。以往科学家认为原子微粒是一种大小相同的球，而道尔顿却认为同一种元素的原子是相同的，不同元素的原子则不同。1808 年，他出版名著《化学哲学的新体系》，书中在总结古希腊德谟克利特提出的朴素原子论和牛顿原子论成就的基础上，对原子学说做出系统阐述：一切元素都是由微小、具有相同原子量的不可分割的粒子（原子）所组成的；原子是用化学方法不能再进行分割的最小微粒，每种原子有确定的原子量；原子在化学反应中的性质不变；同一元素的原子在质量和性质上都相同，不同元素的原子其质量和性质也不相同；两种不同元素化合，就是它们的原子按简单整数比结合而成的化合物；原子处于永恒的运动状态之中。道尔顿的原子论，成为近代化学和原子物理学发展的基础，是科学史上一项划时代的成就。

1808 年，法国化学家、物理学家盖·吕萨克（1778—1850 年）根据他的实验结果发现，在同温同压下，各种气体彼此起化学作用时，常以简单的体积比相结合。例如：1 体积氢气＋1 体积氯气＝2 体积氯化氢气体。但这与道尔顿的原子论发生了矛盾。道尔顿原子论认为，当 1 体积氢气和 1 体积氯气化合时，就只能生成 1 体积的氯化氢气体。1811 年，意大利化学家阿莫迪欧·阿伏伽德罗（1776—1856 年）敏锐地看出道尔顿原子论和吕萨克气体化合体积定律之间的矛盾，首次提出原子－分子学说。在这个科学假设中，阿伏伽德罗首次引入"分子"概念，分子和原子的概念既有区别又有联系，建立了化学和物理学中的一个新的基本原理。他认为，分子是具有一定特性的物质组成的最小单位，是一种比原子复杂的粒子。在物质和原子两个概念之间引进的新的关节点——分子，使人类对物质的认识发生一次飞跃。然而，阿伏伽德罗创立的原子—分子学说却被冷落了半个世纪之久，直到 1855 年，意大利化学家坎尼扎罗（1826—1910 年）重新论证它的合理性，并提出令人信服的确立分子量和原子量的方法，才确立了原子—分子学说。1860 年，在德国的卡尔斯鲁厄召开的国际化学家会议上，一致确认坎尼扎罗关于原子—分子的定义，即原子是组成分子的最小微粒，分子是物质性质的体现者，分子是在理化性质方面可与其他类似的粒子相比较的最小粒子。

质子、中子和介子的发现

质子是构成原子核的基本粒子之一，带正电，其所带电量与原子核中电子所带电量相等。德国物理学家威廉·维恩（1864—1928 年）在 1898 年，英国物理学家汤姆逊在 1910 年，都鉴定出质量等于氢原子的一种正电粒子。1919 年，英籍新西兰物理学家卢瑟福发现氮受到 a 粒子轰击时射出氢核，1920 年他把氢核作为基本粒子，并命名为质子。使氢电离而得的质子在粒子加速器中获得很高的速度，通常用它作为射弹以产生核反应。

中子是构成原子核的基本粒子之一，不带电。它可以不受阻碍地通过原子内部电场，形成强贯穿辐射。各种核反应过程可以产生中子，用中子轰击原子核，可能发生核反应。1920 年，卢瑟福预言中子的存在。1930 年，德国物理学家博特（1891—1957 年）用钋的 a 粒子轰击铍原子，首先发现从铍里释放一种神秘的新辐射。1932 年，法国物理学家 F. 约里奥·居里（1900—1958 年）和他的夫人 I. 约里奥·居里（1897—1956 年，人称"居里夫人"）进一步进行博特的实验，用放射性钋所产生的射线轰击铍、锂、硼等元素，同样发现一种前所未见的穿透性非常强的放射线。1932 年，英国物理学家詹姆斯·查德威克（1891—1974 年）经详细考察用 a 粒子轰击硼、铍的重复实验，发现放出的射线的穿透性比 X 射线要强得多，把它打到氢原子上，氢原子核被弹了回去。由此得出结论，它就是由卢瑟福预言过的不带电荷、具有质量的中性粒子。从氢原子核被弹回去的状况证明，它的质量大体和质子质量相等。这种中性粒子被命名为"中子"。从而确认，原子核是由中子和质子组成的。中子不受原子核周围电子和核本身电荷影响，不需要很高能量就能够打入原子核，引起核反应。中子的发现，打开了人类进入原子时代的大门。1935年查德威克获诺贝尔物理学奖。

在发现中子以后，人们确信原子核是由带正电的质子和不带电的中子组成的，这些粒子通过一种称为核力的作用力，聚集在原子核里。但核力是如何作用在这些粒子上的，当时还没有一个令人信服的解释。1935年，日本理论物理学家汤川秀树（1907—1981年）经过独立钻研提出，原子核里存在着一种短寿命的新粒子——介子，质子和中子就是通过交换介子结合在一起的。汤川理论被后来的发现所证实。1949年他获得诺贝尔物理学奖。1936年至1937年，美国物理学家安德森和尼德迈耶从宇宙射线的研究中，发现与汤川秀树预言的介子质量符合而性质有差异的介子，将其命名为 μ 介子。1940年，法国的莱普林斯·林格特获得第一张介子与电子碰撞的云室照片，并据此计算出介子的质量。1947年，英国物理学家鲍威尔（1903—1969年）用核乳胶照相法在宇宙射线中发现质量为电子质量207倍和273倍的两种介子，证实前者为安德森所发现的 μ 介子，后者为汤川秀树所预言的介子，命名为 π 介子。1950年鲍威尔获诺贝尔物理学奖。1948年，美国的伽德纳等第一次在实验室里生产出介子。

居里夫人发现放射性元素镭

自从核能被发现以后，科学家就在猜想怎样让核能造福人类。众所周知，要利用核能，首先就要有核装药。核装药是具有放射性的物质，而人类最早认识的放射性元素即是镭，它是由著名法籍波兰科学家居里夫人和她的丈夫法国科学家居里发现的。

居里和居里夫人为了得到一种未知的物质，自费买了几吨沥青矿渣，他们买的废弃的沥青矿渣，里面还有许多石头、砂子等杂质。他们在繁华的都市里找到一个破旧的木棚子作为实验室，开始进行艰苦的提炼工作。从此，无论春夏秋冬，他们始终在木棚里工作。

居里夫人每天都站在露天的破棚子里，手拿一根铁棍，一面加煤烧火，一面不停地搅动锅里那黏稠的黑色浆液，就这样，她一千克一千克地处理矿渣。刺鼻的沥青味令人窒息，许多人距离小木棚还很远就因忍受不了那令人难受的气味而远远走开。但居里夫人却任凭燃烧后的沥青烟呛火燎，气味刺激着她的喉咙，青烟熏迷着她的眼睛。她的手指经常被将近千度的滚烫的沥青烫伤。每天，她都累得筋疲力尽。经过 4 年的努力，1898 年，居里夫人终于提炼出 0.1 克比较纯净的镭。夜幕中，这 0.1 克镭放射出耀眼的光芒，就像是居里夫人通过艰苦劳动收获的一轮太阳。然而，居里夫人却为此奉献出自己宝贵的青春，因常年接触放射性物质，她患有多种疾病，年纪仅 30 多岁的她看上去却如同 50 岁的老妇，满脸的皱纹。居里夫人的巨大贡献，人们是永远不会忘记的。

镭是放射性金属元素，其放射线穿透力很强，能破坏动物组织并杀死细菌，可用来治疗癌症和皮肤病。如今，许多放射性元素已被人们大量利用，为人类造福。

核裂变的理论探索与实践

现在，人类已在摸索使用一种巨大的能量——核能。科学家们正在积极想办法让核能造福人类，各国建立起了一些核电站，但人类对核能的利用显然还远远不够。

1939 年，德国化学家哈恩决心把铀的原子一分为二，他和奥地利物理学家迈特纳（1878—1968 年）在实验后有一项重大发现，他们在粒子加速器中用中子轰击铀时，产生了异常现象。后来迈特纳为躲避纳粹政权的迫害离开德国，在英国科学刊物《大自然》上发表了那项实验结果。这时，美籍意大利物理学恩利克·费米（1901—1954年）为了躲避法西斯政权的迫害，流亡美国，他在较早时也进行过那项实验，但未获成功。费米在哈恩和迈特纳的重大发现上又推进一步，他在美国芝加哥大学建造了一个石墨块反应堆，于1942年12月2日使此反应堆里的中子裂变，产生了核能。由于这项发现，科学家们成功地实现了核能的控制和释放，为利用核能奠定了实践基础。

　　核裂变对科学家的研究工作有重要理论意义和实践意义。1939年，居里夫人的女儿伊雷娜·约里奥 - 居里和裘利奥在巴黎发现裂变是一种自动连锁反应（称为链式反应）：当一个中子去轰击一个铀原子时，一个铀原子核会分裂而放出另外几个中子，这些新的中子又继续去轰击其他的原子核，使更多的原子核分裂，产生更多中子，如此循环下去，只要有足量铀，就可产生不断加速的连锁反应。这就如同在一个斜度较大的河滩上，如果一颗石头落下，则会击落另外几个石头，而另外几个石头向下滚去必将击落更多的石头，这样下去，必将引起滚滚的石流，其能量是很大的。一个铀原子核分裂为两个较轻的原子核后，质量是否消失了呢？在物理学而言这是不可能的，实际上这些质量已转换为能量。根据著名科学家爱因斯坦所发现的能量公式：能量＝质量×光速的平方，所以核裂变所释放出来的能量应该十分巨大。爱因斯坦曾经说过，只要一丁点儿质量就可以转化成巨大的能量。核裂变的发现，证明了爱因斯坦论点的正确。

　　裂变的发现立即震惊了物理界。1939年，战争迫在眉睫，于是物理学家想到了制造原子弹。但事情并非一帆风顺。自然界只有不到百分之一的铀可以引发裂变，但科学家经过长期研究，克服许多困难，仍然找到了制造核能的最佳配方。1945年，第一颗原子弹引爆，人们被核裂变产生的巨大能量惊得瞠目结舌。

<h1>医疗卫生</h1>

<h2>达尔文与进化论的创立</h2>

19世纪初，法国生物学家让·巴蒂斯特·拉马克（1744—1829年）继承和发展了前人关于生物是不断进化的思想，在1809年发表《动物学哲学》一书，讨论生物的本质、物种的性质和可变性、生命的向上发展、环境和习性引起变异等进化理论问题。他提出进化的动力有两种：一是生物向上的内在倾向；二是环境对生物的影响。同时他还提出两条重要法则：用进废退和获得性遗传（指后天获得的新性状有可能遗传下去）。拉马克的生物进化观点深深地影响了一个在1809年出生于美国的英国人，他便是后来提出震撼世界的进化论的查尔斯·罗伯特·达尔文（1809—1882年）。

达尔文的祖父和父亲都是当地的名医。他的祖父伊拉兹马斯·达尔文在行医之余，还研究过生物进化问题，提出过一些生物进化的观点。也许是受祖父的影响，达尔文从小就爱好采集植物标本，迷情于风光秀丽的自然景色。1825年，他到苏格兰爱丁堡大学学医，却对医学不感兴趣。1828年，他在父亲的要求下到剑桥大学学习神学，枯燥荒谬的神学说教引不起他丝毫兴趣，他便去旁听地质学教授席基威克和植物学教授亨斯洛的讲课。很快，地质学和植物学这两门学科深深地吸引住了他。他几乎花费全部时间钻研这两门学科，还曾伴随席基威克参加过地质考察。1831年，他在老师们的推荐下，以博物学家的身份，参加了"贝格尔"号军舰为期5年的环球考察。就是这次考察，激发了他研究生物进化问题的兴趣，成为决定他选择终生所从事事业和取得巨大成就的重要事件。

在这次考察中，达尔文随身携带了一本赖尔的《地质学原理》，他将考察得到的知识和赖尔在这本书中的观点进行分析比较。赖尔提出的地质进化的渐变论，推动了达尔文的学术思想向进化论方面转化。达尔文在考察中发现，南美洲和大洋洲的一些岛屿虽相互隔绝，但许多动植物品种却惊人地相像。一些古生物化石也与现存的物种有相似之处，但现存物种显然已比古生物有所进化。他在家信中写道："我已经成为赖尔先生在他书中所发表的观点的一个热诚信徒。""像这样一些事实，显然只能用这样的假说来说明——物种逐渐起了变化。"

1836 年 10 月，达尔文回到英国后，主要从事地质学方面的研究，出版了一些地质学方面的著作。地质学的研究，更坚定了他关于物种进化的看法。他用心整理环球考察日记，广泛收集动植物在人工培养和自然状态下发生变异的事实。1838 年 10 月，达尔文看到了托马斯·罗伯特·马尔萨斯的《人口论》。这本书帮助达尔文找到了自然界中物种怎样进化的关键所在。

马尔萨斯是英国的经济学家。他在《人口论》中认为，生活资料（食物）是按算术级数（1、2、3、4……）增长的，而人口是按几何级数（2、4、8、16……）增长的。因此，人类为了获得生活资料，就要通过战争等手段进行生存竞争。他没有认识到科学对生产增长和人口控制的巨大作用，所阐述的理论是片面的、不科学的，但他的理论却影响了达尔文，达尔文认为马尔萨斯的理论足以说明自己的理论在动植物进化方面是正确的。达尔文认为任何动物繁殖的速度都要大于能够获得的食物增加的速度。因此，一些动物就会在生存竞争中，因不能适应自己生活的特定环境而失败、灭绝。

生存竞争，通过自然选择，最适者生存。在这个进化论的核心思想指导下，达尔文从 1824 年开始写作《物种起源——物竞天择，根据优胜种族保存的物种起源》一书。1831 年至 1836 年，达尔文进行历时 5 年的环球科学旅行，在动植物和地质等方面进行大量观察和采集，经过综合探讨和整理，逐渐形成生物进化的概念。1859 年 11 月，他出版了震动当时学术界的巨著《物种起源》，提出以自然选择为基础的进化论学说，不仅说明生物是可变的，而且对生物的适应性作了正确解释，认为一切生物是在自然条件的作用下，由简单到复杂、从低级到高级，逐渐变化发展而成的，现代生物是长期历史发展的结果。达尔文的进化论把变化、发展和普遍联系的观点带进了生物学，对生物发展规律作了科学的解释。

在此期间，英国生物学家华莱士（1823—1913年）也在独立进行生物进化的研究。1858年，其论文《论变种无限偏离原始类型的倾向》提出生物进化的自然选择学说，与达尔文的进化学说论文一起（称为《联合论文》）在伦敦林奈学会学术会议上被宣读，成为生物进化学说史上最早发表的划时代文件。

达尔文《物种起源》的出版震惊了全世界，该书初版印刷了1250册，当天便被抢购一空。达尔文在这本书中用大量事实论证了自然界中生物的物种不是不变的，而是进化发展的。证明生物发展有其共同的祖先，在自然选择和生存竞争作用下，从最简单的单细胞发展成多细胞，又一步一步地从低级生物发展为高级的生物，直至人类的产生。进化论彻底粉碎了形而上学的物种不变论，是生物学、自然科学发展史上一场伟大的科学革命，也是人类思想史上的伟大革命。进化论说明生物界是充满矛盾和斗争的，物种之间是相互联系的，生物是发展变化的，因此它同细胞学、能量守恒和转化定律一起成为唯物辩证法的自然科学基础。

达尔文及华莱士的进化论观点受限于当时的认识能力和科学发展水平，也存在明显不足，即过高估计了生存竞争、自然选择在进化过程中的作用，忽视了生物本身遗传变异对进化的影响，忽视由于遗传变异所引起的进化过程的量变后的质变。这一方面是因为当时达尔文等还没能掌握量变与质变、内因和外因相互关系的辩证唯物主义观点，另一方面是因为当时遗传学还没有形成一门真正的学科。

哈维发现血液循环

当今世界，大家都知道动物包括人类自身的血液是体内循环流动的，而不是没有规律地流动，更不是混乱一团。然而，人类认识到身体内的血液是循环的这一现象，是距今不到 400 年的事。

1628 年，英国医生威廉·哈维（1578—1657 年）在积累多次的动物解剖认识基础上，又展开深入研究，他发现了动物体内存在着血液循环系统。

哈维生于一个富商家庭。1597 年，毕业于剑桥大学，后赴意大利帕多瓦大学留学，获医学博士学位。1602 年归国，在伦敦皇家医学院任教，兼任英王的御医。这时，有着丰富临床经验和医学理论的哈维，已成为当时世界实验生理学的创始人之一。

哈维是一个非常勤奋的医生，他常常立在被解剖的动物前面出神，一站就是半天，时常困扰他的是动物体内那些密布的血管都有一个规律性的分布，而其中的血液又是怎样流到全身的呢？哈维拿着手术刀，剥离着被解剖体，一点点地寻找着，他发现无数细血管总是与粗血管连接，而粗血管最后汇拢的地方则是心脏。由此，他突然想到心脏很可能就是全身血液的"总站"，血液就是靠心脏的压缩作用通向全身而展开循环的。哈维通过实验研究，证实了动物体内的血液循环现象，并阐明了心脏在此循环中的作用，指出血液是受心脏推动的，沿动脉流向身体各部，再由静脉流回心脏，如此循环不息。他还测查过心脏每搏的血液输出量。他根据实验写下了许多临床报告，1628 年，他整理出版了《动物心血运动的解剖研究》。1651 年整理出版了《论动物的生殖》等。

哈维发现血液循环系统，彻底粉碎了亚里士多德和伽伦的旧医学观点，为生理学奠定了科学的基础。正如恩格斯所说："哈维由于发现了血液循环而把生理学（人体生理学和动物生理学）确立为科学。"

哈维发现血液循环系统，使人们对动物特别是人体有了本质的认识，使医疗手段有了阶段性的飞跃。

兰斯登纳发现血型系统

血液是人类生命的源泉，没有血液就不存在生命。而人类在生产生活中，难免会流血。流血少不要紧，而如果流血过多就会危及生命，若不及时抢救就会死亡。为此,人类经过无数次的艰辛探索来研究血的成分。20世纪以前,人们不知道血有血型之分,所以输血时就乱输,有的书上记载竟然有把猪血输到人身上的。

1901年,奥地利的病理学家卡尔·兰斯登纳,在输血技术上取得一项划时代的成就。他发现人类的血液中含有不同的凝集原和凝集素,并根据不同的凝集现象,把人的血型归纳为4种,并在国际上统一以A、B、O、AB来命名,这就是医学上常见的ABO血型系统。

人类血液的主要成分包括红细胞、白细胞、血小板和血清。红细胞内含有一种蛋白质叫凝集原,血清内含有一种蛋白质叫凝集素,不同血型的凝集原和凝集素也是不相同的。血型是由红细胞内所含的凝集原来决定的。红细胞上只有A凝集原者称A型,只有B凝集原者为B型,含有A和B两种凝集原的为AB型。A和B两种凝集原均无者为O型。此外,还有一些特型,如A1、A2型等。

人们在输血之前,为什么要化验血型呢?因为血型不合适的血液相混,会发生红细胞凝集的现象。这是由于一种血清内的凝集素和另一种不同血型的红细胞的凝集原相遇所致。被输血者会出现发冷、发热、休克等反应,严重者可引起死亡。因此,输血前必须先对给血者和受血者的血液做血型测定,并在体外证明两者相混不发生凝集时方可使用。一般来说,在输血时除同型血可以互输外,O型血也可以给A、B、AB型血的人输血。因O型血的红细胞为不含任何凝集原,与其他定型的血清中的凝集素不会发生凝聚。因此,O型血又称为"万能供血者"。AB型却相反,因红细胞内同时含有A和B两种凝集原,故不能给其他血型的人输血;但其血清中不含任何凝集素,所以A、B、O三型都可以给它输血,因此,AB型又称为"万能受血者"。当然,A型和B型是绝对不能互相输血的。

血型是先天遗传的,如果人不进行重大的骨髓移植,血型是一生不变的。据统计,我国汉族人中,A型占27.5%,B型占32.3%,O型占30.5%,AB型占9.7%。人类血液除上面所叙述的ABO血型系统外,还有MN、P、Rh等十余个血型系统。血型的发现挽救了成千上万人的生命,义务献血成为世界上每个公民应尽的义务。

由跷跷板引出的听诊器

说起医生，人们不免会想到穿着白大褂、戴着大口罩、怀揣听诊器的形象。的确，听诊器在医生的工作中有很大的作用。一般来说医生通过听诊器听到人心脏跳动的声音，就能诊断出病症。那么是谁发明出听诊器这种医疗器械的呢？这里有一个小故事。

1816年的一天，法国私人医生雷内克偶得闲暇，带自己的小女儿去公园里游玩。这天，微风轻拂，阳光灿烂，公园里数不清的奇花异卉使雷内克的小女儿玩得开心极了。忽然，她看到了一个跷跷板，便让爸爸把自己跷高跷低。孩子的好奇心容易转移，她又要爸爸为她传递消息。爸爸在一端敲击跷跷板，女儿在另一端将耳朵贴在跷跷板上听得欣喜异常。雷内克越击越轻，女儿依然听得如醉如痴。这下，连雷内克也十分好奇，自己这么轻敲，女儿竟然也听得十分清楚。于是，他叫女儿同样敲击跷跷板，自己则把耳朵贴近跷跷板，结果跷跷板传过来的声音频频震动耳膜，响亮清晰。其实原因很简单，固体传声比空气传声要更快、更稳定。

这件事使一贯善于动脑筋的雷内克医生得到了启发，由此产生了许多联想，他想起欧洲从古代医生一直到近代医学的开始，在漫长的岁月里，医生听诊的方法就是隔着一条毛巾把耳朵直接贴着病人身体的适当部位，辨别音响，这样做，既不卫生，又不准确。如果有一个固体在病人与医生之间，仿照跷跷板的原理，可能会清楚一些。想到这里，雷内克高兴极了。回到家，他立即找来材料，自己动手做成一件长喇叭状东西。正巧一位贵妇人派人来请他去给自己诊病。病人患的是心脏病，因她过于肥胖，又是位年轻贵妇，用毛巾贴住胸部靠耳朵听诊，显然是不合适的。于是雷内克医生便将带来的长喇叭状圆筒，大的一头贴于病人胸部，小的一端塞进自己耳朵里，结果他听到的心跳声比以前直接用耳朵贴着对方胸部清晰多了。

人类历史上最早的听诊器，就这样诞生了。从此，雷内克发明的听诊器就在欧洲传开。1819年，雷内克医生将这个发明写进著名的《间接听诊》一书中。后人根据他所揭示的原理，又经过多次改良，终于制成了近代临床医生所用的双耳听诊器。

体温计的发明和演变

体温计是人们最熟悉的医疗器械之一，它是在温度计的基础上发明的。1603年，意大利物理学家伽利略·伽利雷（1564—1642年）制造出世界上第一支温度计。这是一个底部为球状的敞口玻璃管，使用时将玻璃管插入水中。当玻璃球周围温度发生变化时，由于球内空气热胀冷缩，管内的水柱也会随之升降。在玻璃管上刻着相应的刻度，水柱的升降就可以反映出被测物体的温度。伽利略曾用这种温度计测量了许多学生的体温，发现人体的正常体温大致是相同的这一规律。可惜由于水面是露在大气里的，水柱的高低受到大气压的影响，从而影响了测量温度的准确性。

1654年，托斯卡纳大公费迪南德发明了一种不受大气影响的液体温度计。后来，法国物理学家阿猛顿制成了水银温度计。1714年，德国物理学家华伦海特（1686—1736年）制定出了水的冰点为32℃，沸点为212℃的华氏温度计刻度方法。1742年，瑞典天文学家摄耳修斯又采用了水的冰点为0℃，沸点为100℃的摄氏温度计刻度方法。现在的温度计上所采用的仍是这两种标示法。

19世纪60年代初，英国医生阿尔伯特在温度计的基础上加以改进，发明了专门测量人和动物体温用的体温计。与一般温度计相比，它最显著的一个特点，是可以把它从被测物体中拿出来看温度，即温度计离开人体后，仍能看出人的体温。要使已经上升的水银柱再恢复到0℃，只要拿着体温计的上部向下用力甩几下即可。人类专用的体温计刻度从34℃开始到42℃，有口表和肛表两种，口表放在舌下或腋下测量，肛表插进肛门内测量。

科学技术的飞速发展，使原始的体温计也得到变革。1984年，芬兰医疗器械设计师米特尔·奥依发明了一种电子体温计，能同时显示摄氏和华氏的温度，仅用 10 秒钟便可以准确地测出人体的体温。体温计上的探针还覆盖着卫生消毒装置，适用于口探、腋探和肛探。为了便于婴儿的体温测量，美国一家公司设计了一种奶嘴式体温计，只需将体温计的奶嘴伸入婴儿口中，即能测定体温。这种体温计的热度元件是一个圆盘，当体温正常时，圆盘呈绿色；体温超过 36.7℃时，圆盘变成黑色。体温计在人类的日常生活中有很重要的作用，它构造简单，方便实用，是人体是否健康的检测器。

探测人心理活动的测谎器

人是一种有思想的高级动物，有时言行并不一致。在一些特殊场合下，撒谎、欺骗是社会人的一种自我保护或获取利益的行为。但是这种行为涉及别人或社会群体利益时，人们就特别想知道此人说的是否是真话。特别是在司法、公安等部门，执法人员在与犯罪分子的斗争中，更是迫切需要知道嫌疑人的口供是否可靠。

因此，自古以来，人们为了辨别某个人说的是否是真话，曾使用过许多办法，但直至 19 世纪，才逐渐有了较为科学的测谎仪器。1875 年，意大利一位生理学家设计了肌动描记器和各种类型的血管容积描记器。记录惧怕时的肌肉收缩和血容量变化。受试者平躺在一种科学摇床上，心情平和时，床保持平衡，情绪受到刺激时，由于血涌到头部，摇床便失去平衡。第一台现代测谎器是 1921 年由加利福尼亚州立大学医科研究生约翰·赖森发明的，因为它能把三种以上的反应记录在纸上，因此又称为多项记录仪。

测谎技术是否可靠，100 多年来，一直是个有争议的问题。许多科学家认为，某些测谎技术是合乎现代心理学原理的。现代心理学证实，人的心理和生理密切相关。人在说谎时，由于情绪紧张，内心惶恐，体内会分泌一种荷尔蒙，这种物质会使心跳急促，呼吸加快，血压上升，排汗混乱，皮肤电位差发生变化，说起话来语序和词语发生错乱。根据上述原理，人们研究了各种测谎器，包括多道生理描记仪，通过皮肤电流、呼吸气比例、血压、皮肤电、心跳等进行测量。测谎是一项综合技术，一般用于测谎的指标是：生理反应值、反应时间以及肌肉颤动值，其中前者最为可靠。目前，美国许多州的法律承认测谎器测定的结果。测谎器帮助人们鉴别的间谍、凶杀、盗窃以及夫妻间的忠贞和雇员的忠诚等刑事、民事案件，每年有几百万起之多。

但是，因为人的心理相当复杂，每个人有意识地控制自己的情绪体验，而且每个人的心理素质各不相同。这就如同每个人的酒量不同一样，有的人喝1斤，仍是脸不变色心不跳，而有的人喝半两，就面红耳赤。所以，测谎器对心理的测试只具有相对意义的接近，不可绝对相信它的测试结果。测谎器在目前阶段的测试水平还只能作为辅助性参考。当前，在国外，一种新型的测谎器即将投入使用，将来还会有更科学、更准确的测谎器问世。近年来中国有关部门也开始使用测谎器进行相应的工作，并取得了较好的测试结果。

究竟是谁发明了心电图

1906年，荷兰生理学家艾因托文发明了绳带电流计，用以记录某一瞬间的心电图，并发表了研究报告，提出心脏活动障碍能引起心电图的变化。因此，这种形状如山峰的图，被人们称为"艾因托文三角"，这种称呼延续了60多年，许多权威性的著作也如此称呼。艾因托文于1927年逝世，享年67岁。在他在世时，人们一直把心电图称为"艾因托文三角"。

直到1950年，已故英国生物学家华勒的已成为物理教授的女儿在给《不列颠医学杂志》写的一封信中，详细述说了其父发明心电图的真实情况，人们才知道，世界上第一次用表面电极头记录心电图的人其实是华勒。

1915年，华勒在圣玛丽医院的一次日常讲话中，回忆了他发明心电图的经过。他说："我研究了各种动物的心脏……有一天我想到，利用肢体作为电极一定是可行的，而且，在心脏不暴露的情况下静电放射，因此便可从心脏导入静电计。于是，我便把我的右手和左脚浸入到两个与静电计的两个电极相连的、盛有盐溶液的盆子里，就这样，一个令人兴奋的景象发生了——带有心脏搏动的水银柱脉动出现在我面前。这便是世界上第一个心电图。它是在1887年5月，英国的圣玛丽医院实验室中产生的。"

早年，华勒在圣玛丽医院当生理学讲师，曾发明过一种名叫"华勒心肺装置"的新仪器。1887年，他开始进行心脏静电放射性的研究，并用一只戴有黄铜装饰钉皮项圈的狗进行试验，获得成功后，便用于人体临床试验。当年，他将研究成果写成论文，刊登在英国的《生理学杂志》上。不知何种原因，华勒的这项发明功绩却被埋没了60多年。现在，科学史上一般都认为是华勒在世界上第一个发明了心电图。

当今世界，医疗器械技术越来越先进，但心电图仍是医生检查病人心脏情况的主要医疗工具，继续为人类的健康充当监护神。

伦琴最先发现 X 射线

在当今的医疗事业中，X 射线有着极其巨大的作用。运用 X 射线的透视能够提早发现和预防很多疾病。

1895年11月8日深夜，绝大多数人早已沉浸在梦乡之中，可是德国物理学家、维尔茨堡大学的教授威廉·康拉德·伦琴（1845—1923年）仍在实验室里，聚精会神地做着阴极射线管放电现象的实验。为了更好地研究实验，他把整个实验室都布置成暗室，结果当他在黑暗中看到高压电流通过低压气体的克鲁克斯管时，纸盒外边的一块荧光屏上闪现出荧火一样的光亮。这个纸盒不是普通的纸板，而是涂氰化铂钡结晶的纸板，它是怎么透出亮光来的呢？这种能透过纸盒的射线又是什么？

为弄清这种奇异的射线，伦琴教授夜以继日地反复实验。几个星期过去了，夫人贝塔见丈夫为搞实验而每天废寝忘食，于是她来到实验室，想劝丈夫回卧室休息。结果她也被伦琴的实验吸引住了，就兴致勃勃地给丈夫当起助手来。伦琴让夫人拿着荧光屏，逐渐向远处走去，想测试一下新射线能射出多远。当时人们只知阴极射线的射程在空气中只有几厘米，而这种射线却穿透空气1米多，这一新奇现象使伦琴认为可能是一种新的射线。一次，她的夫人偶然将手放在阴极射线的前端，结果荧光屏上显示出了夫人的手指骨骼影像。伦琴夫妇自然倍感惊奇，于是他又让夫人把手放在克鲁克斯管附近的用黑纸包好的底片上，照了一张相，洗成照片以后，上面清晰地现出贝塔完整的手骨影像，连戴在无名指上的结婚戒指也可以看得清清楚楚。贝塔惊奇地问："这是什么射线？有这么大的魔力？"伦琴沉思起来，考虑着给射线起个什么名字。贝塔打趣地说："哦，还是个未知数呀，是X。"不料，伦琴听了夫人的话，很受启发，大声地说："对，就叫它X射线。"

1895年12月28日，伦琴以《一种新的射线——初步报告》向全世界正式宣布了发现X射线的消息。在报告中，伦琴宣布他发现了一种直线传播、穿透力强、不随磁场偏转的射线，命名"X射线"。伦琴发现X射线震惊了全世界，全世界几乎所有报纸都报道了这一消息。而伦琴写的《初步报告》在3个月内再版5次，迅速译成20多种文字。当时世界上几乎所有的物理学家和物理爱好者都在重复这个实验。在美国报道伦琴发现X射线的第四天，就有人用X射线发现了一颗留在脚里的子弹。

1901年，伦琴由于这一重要发现，荣获了诺贝尔物理学奖。1905年，在第一次国际放射学会上，X射线正式被命名为"伦琴射线"。后来，按照伦琴阐述的原理，人们很快制造了诊断疾病用的X光机，和治疗用的深度X光机。如今，科学家又发现了软X射线，它是相对X射线而言的。X射线能清晰地显示出骨骼的形态，而软X射线则主要用于人体软组织的透视和拍片。软X射线是医疗器械专家于1970年发现的。起初，医疗器械专家们采用金属铂做成X线球管靶面，发射X射线。这是因为铂靶X射线具有穿透力弱的特征，用它拍片所需电压低，所摄的X线片具有良好的反差和较高的分辨率，非常适用于拍摄软组织。这些部位的膜间隙、肌束、皮肤、皮下脂肪、血管等都会一览无余地出现在X线片上。如这些部位有异物、肿瘤时，也会如实地反映在X线片中。医生通过分析影像中阴影的形态来诊断是否为肿瘤、炎症或结核等病理现象，然后对症医治。

X射线的发现，是20世纪初物理学、生物学、化学的一场重大变革，它将人类迅速引向陌生而色彩斑斓的微观世界。

命运之神与 DNA 双螺旋结构

1953 年，美国生物学家詹姆斯·杜威·沃森和英国生物学家 F. H. C. 克里克，从英国科学家莫里斯·威尔金斯拍摄的 X 射线衍射照片上发现了遗传物质脱氧核糖核酸（DNA）的分子结构，由此提出了著名的 DNA 双螺旋结构模型。这个模型，从生命物质结构的分子层次上揭示了生物遗传性的传递和进展途径，变异出现的原因和机制，标志着分子生物学时代的到来。沃森、克里克和威尔金斯三人因为这个发现共同荣获了 1962 年诺贝尔生理学或医学奖。

然而，这项殊荣本来应该属于英国女科学家罗莎琳德·富兰克林的。当时，富兰克林和沃森、克里克、威尔金斯曾在一起工作过。富兰克林在英国剑桥大学卡文通实验室工作时，是一个卓越的 X 射线照相技术专家，而且她也在研究 DNA 的分子结构。早在 1951 年，富兰克林就从自己拍得极好的 DNA 的 X 射线衍射照片上发现了 DNA 的螺旋结构。这比另外三人早了两年。然而令人惋惜的是，富兰克林当时只看出是单螺旋结构，没有引起足够重视，也没有深入研究。当时富兰克林在发现这个单螺旋结构的分子时，还就这个问题做了一次公开演讲。如果富兰克林当时就得到要领，并且做出详细记录，那么DNA 的结构模型或许早两年就被发现了。富兰克林由于放弃了自己的螺旋假说，把一个伟大的发现从自己鼻子底下放跑了。

DNA 双螺旋结构的发现，对人类社会有着巨大的意义。因为 DNA 双螺旋结构是地球上一切生物的根本。如果科学家对 DNA 双螺旋结构进行极其深刻的研究，那么人类就具有驾驭生命、复制生命、改造生命等许多本领。

摩尔根创立基因学说

托马斯·亨特·摩尔根（1866—1945 年）是美国生物学家、遗传学家和胚胎学家。由于他丰富和发展了孟德尔的遗传学说，建立了遗传的染色体学说，创立了比较完整的基因学说，于 1933 年获得了诺贝尔生理学或医学奖。

摩尔根原先是一个胚胎学家，于 1900 年至 1928 年任美国纽约哥伦比亚大学实验动物学教授。在这里他创立了后来闻名世界的遗传学实验室和学派。他最先用实验证明坐落在染色体上的基因连锁决定着遗传的性状。连锁遗传的发现是早期遗传学研究的成果之一。1905 年至 1906 年贝特森等人已发现香豌豆杂交后，第二代表型分离的比例与格雷戈尔·孟德尔确立的不符。当时他们并不了解问题的实质，只认为因子之间这种相引现象是孟德尔定律的显著例外。这个问题推动了摩尔根去进行深入的实验研究，以判明孟德尔定律的正确性。摩尔根选择了果蝇作为实验材料，果蝇体积小，占地少，繁殖期短，生产效率高，两周时间就可生产一代，而且果蝇只有 4 对染色体，易于观察对比，能够简化细胞学的观察与性状表现之间的关系。它体现了实验材料经济、实用、效率高的优点，这是摩尔根实验研究取得重要成果的原因之一。

1908 年，摩尔根开始做果蝇的遗传实验，1910 年，摩尔根在做果蝇实验时，发现了性连锁遗传的存在。摩尔根为了协调孟德尔的遗传定律和他自己的实验结果，提出了基因连锁的假说。他认为，几种基因位于同一染色体上，一起遗传，不同的染色体上的基因虽然可以自由结合，但在同一染色体上的若干个基因却不能自由组合，只能排列成连锁群，这种性状连在一起遗传的现象叫作基因连锁。摩尔根和他的学生进一步做了大量的实验，发现一些基因连在一起，形成了连锁群，连锁群的个数和染色体的个数总是吻合的。例如，果蝇的染色体为 4 对，它的基因连锁群也是 4 个；豌豆的染色体为 7 对，它的基因连锁群也是 7 个。而孟德尔研究的 7 对相对性状恰恰分布在 7 对染色体上，所以表现出了典型的自由组合律。这样，摩尔根发现的基因连锁就成为遗传学说的第三定律。

后来，摩尔根等又发现在不同染色体之间可以发生片段互换。片段的长度从携带一个基因到若干个基因不等，其结果破坏了连锁现象。他们设想，基因之间在染色体上直线排列的距离越远，连锁度越弱，交换时机会也就越多。这样，根据发生交换的个体的百分数，就可以测量出染色体上不同基因之间的距离。

1910 年，摩尔根的学生斯特蒂文特在研究基因连锁的过程中，发现在果蝇 4 对染色体中，有一对性染色体的不同的结合方式决定着果蝇的性别。1913 年，斯特蒂文特根据 6 个伴性基因连锁和交换资料，绘成了第一个果蝇 X 染色体基因连锁图。检索这种图就可以知道基因在染色体上怎样排列，如何分布。1938 年，布利奇斯主要利用染色体缺失现象绘制了果蝇唾腺染色体图，进一步证实基因是在染色体上，并且呈直线排列。进一步实验表明，大多数哺乳类（包括人在内）、两栖类、鱼类和大多数植物同果蝇一样，当两个 X 染色体进到一个合子中时，形成雌性个体，一个 X 染色体和一个 Y 染色体结合则产生雄性个体。受精后，一半合子得到 XX 染色体，另一半得到 XY 染色体，所以其后代不同性别的比例为 1 比 1。这就是染色体基因的性别决定说。

1915 年，摩尔根和他的学生们合作出版了《孟德尔遗传机制》，1919 年出版了《遗传的物质基础》，1925 年出版了《实验胚胎学》，1926 年出版了《基因论》，1934 年出版了《胚胎学与遗传学》等。这些著作大大丰富和发展了孟德尔的遗传学说，形成了较完整的基因理论。其主要内容是：（1）基因不是虚构的，它是物质的遗传单位，是染色体的物质微粒；（2）基因坐落在染色体上，像一串念珠，所以它总是与一定的连锁群相联系；（3）基因能重新产生，当细胞分裂时在子细胞中再生出一套同样的基因；（4）在稀有的场合，基因能够发生变异，并保持其改变了的特性；（5）每个基因不只有一种功能，在某些情况下，对个体性状往往显示出多种功能；（6）在同源染色体中，等位基因具有相互吸引的作用。摩尔根的基因理论是遗传学与细胞学相结合的产物，是孟德尔主义的发展。它的最大成就是把孟德尔式非物质的单位因子，具体化为念珠状的核蛋白分子的颗粒，并且一个连一个地找到了它们在染色体上的安身之所。摩尔根曾预言，基因"代表着一个有机化学的实体"，从而为揭示遗传物质的本质指出了方向。

古老而生机勃勃的美容术

"美容"一词来自希腊文，最初是由表示"调理"或"整理"意思的词所构成，后来被人们解释为保养身体、矫治躯体缺陷以臻于健美。

美容并不是现代人新创的艺术。史前，我们的远祖就知道把油膏涂抹在皮肤上，作为象征性的装饰。在此基础上，古埃及人从牛羊的油脂以及杏仁、芝麻、蓖麻、橄榄等植物油中提炼出各种敷剂和软膏，用来滋润皮肤和防止日晒。在流传至今的 3 卷古埃及莎草文献中，就记载着关于美容的相同处方，可使"老人具有 20 岁时的容貌"。据缮写人证实："这种疗法已经显示了数百万次效验了。"

如今女士们常用的眼睛化妆品——眼膏，也是古埃及人发明的，不过她们使用眼膏不单纯是为了美观，还具有防止蚊虫叮咬和预防眼病的作用。

美容术从埃及传到希腊，希腊人创造了 Kosmetikos（化妆品）这个词。化妆品传至罗马不久，很快盛行起来，并有了专门经营美容品的商店。当时流行的化妆品花色繁多，如染发皂，搽脸用的铅粉，牛奶和杏仁配制的润肤乳，用浮石和兽角磨成的牙粉，用亚麻油和牛的脂肪制成的减少皱纹的香膏，从棕榈油和马约兰中提炼出来的用于涂抹面颊、胸部和头发的香精油，等等。

与此同时，许多东方国家的美容术也取得了很大的进展。印度、中国和阿拉伯半岛生产的油膏、雪花膏、软膏、漂白剂、睫毛颜料、脱毛剂和染发剂等化妆品，不但在本国使用，还向一些西方国家出口。

美容在中世纪盛极一时，在文艺复兴时期达到了登峰造极的地步。人们花了大量的时间和金钱，涂脂抹粉、搽口红、卷发、染发，抹上从东方运来的麝香香水。英国女王伊丽莎白一世为了永葆青春，要求侍女仿照年轻人的皮肤特征，在她的前额和两鬓处厚厚的脂粉上描绘出几条纤细透明的假血管，以示面部的鲜嫩。

近年来，一种新的化妆品——面膜在国内外广为流行。面膜含维生素、水解蛋白之类的成分，具有一定的营养性，有的还加入氧化锌、间苯二酚类药物，能治疗一些常见的皮肤病。当这种薄薄的面膜盖在脸上后，其营养能逐步地渗入到皮肤中去。据美容学家介绍，经常使用面膜美容，除能令面部皮肤柔嫩光润、皱纹减少、弹性增加外，对轻度的色素沉着、暗疮等常见的皮肤疾患，也有很好的辅助治疗作用。总之，从古至今，人们对自己的这张脸，是下了很大工夫的，在美容上有许多发明和发现，并会孜孜不倦地继续探索下去。

眼睛的保护神——眼镜

眼镜，被称为"眼睛的眼睛"，是视力减弱者的福音。

中国清代有一位患有眼疾的诗人，初戴上眼镜时，感觉往日混沌的世界豁然开朗，禁不住欣喜之情，写诗赞道：老眼忽还童，双眼出匣中。春冰初照影，秋月已当空。细字黄昏得，孤花茫雾融。今生留盼处，敢不与君同。

眼镜，约于13世纪末在中国出现。南宋赵希鹄所著《洞天清录》中便有"老人不辨细书，以此掩目则明"的记载。元代，意大利马可·波罗在其游记中曾提到"中国有的老年人戴眼镜看书"。那时的眼镜镜片多用石英石、黄玉、紫晶等磨制而成，呈椭圆形，嵌在玳瑁甲制成的眼镜框内。佩戴的方法也是千奇百怪，有的配以铜镜腿，夹在两侧的太阳穴上；有的用细线拴着，或套在耳朵上，或塞进帽子里。也有人一时搞不到镜片，干脆只戴一副空镜框，以显示自己的风流儒雅。

在欧洲，眼镜出现于12世纪。15世纪初，欧洲眼镜传入中国。清代赵翼《瓯北诗钞》上说眼镜于明宣德年间（1426—1435年）由国外传入。

欧洲眼镜的制作原料为水晶、紫石英、紫水晶，模样并不雅观，价格还极为昂贵。1840 年，维也纳的眼镜制造商发明了用玻璃制的镜片来代替透明的水晶。由于价格便宜，制作方便，很快便风行世界。这时镜片的形状有了多种变化，圆形、椭圆形、方形、六角形等相继出现。镜片的品种也多种多样。如今，除近视和老花眼镜不断花样翻新外，又出现了预防红外线和紫外线损伤的眼镜和用特种铅玻璃制成、防止 X 射线和中子杀伤的防护眼镜。此外，还有防风镜、潜水镜、墨镜、变色镜、隐形镜等。

维持生命的元素——维生素

现在的人们都知道维生素对人的身体有重要作用。维生素，顾名思义，就是维持生命的元素，可见其作用非同小可。自从人类发现维生素这种物质后，许多以前奇怪的病症都轻易地得到了很好的治疗。

1886 年，年轻的荷兰医师艾克曼（1858—1930 年）为了研究一些当时很可怕的传染病，曾在荷属东印度定居。当时，该地忽然流行起一种可怕的疾病——脚气病。脚气病在如今看来不算什么，但在那时却要算是一种恶疾。当时，科学界认为脚气病是由病菌引起的，于是艾克曼希望通过实验找到这种病菌，近而找到治疗脚气病的方法。在实验中，他和他的团队找到了一种病菌，并在动物身上进行验证。验证实验进行得很不顺利，不管是否接受病菌菌液的注射，试验品小鸡都会出现一种叫作多发性神经炎的状况，这和人类的脚气病很相似。于是艾克曼认为是患病的小鸡把健康的小鸡传染了，只得放弃这批试验品。然而，意想不到的事情发生了，这批被放弃的小鸡竟然奇迹般地康复了。艾克曼心头一喜，立即查找其中的奥妙。原来，实验室里的小鸡吃的都是上好的精米，而被放弃的试验品没有那么好的待遇，只得吃米糠。也就是说米糠治好了患病的小鸡。艾克曼高兴极了，认为已经找到治疗脚气病的妙方，于是他让脚气病患者每天吃饭时在饭里边掺些米糠，结果许多人很快痊愈了。以后，由于人们经常吃米糠，所以脚气病也就自然而然地在此地绝迹了。

当时，艾克曼虽然找到了治脚气病的方法，但并没有搞清这其中深奥的秘密，他并不知道米糠里含有什么物质。但艾克曼治疗脚气病的方法引起了人类营养缺乏性疾病概念的形成。随着科学的不断进步，1912年，波兰科学家格莱恩才揭开米糠治疗脚气病这个谜。他用化学实验的方法从米糠中分解出一种药用物质，正是这种前人未发现的物质起到治疗疾病的作用。因此格莱恩把这种物质命名为维他命，即维生素。

以后，科学家又在新鲜的白菜、柠檬等各种菜果里找到另外一些维生素，因此人类又能治疗一些玉米多产的国家里发生的一种糙皮病及许多营养缺乏症。现在，世界上发现的维生素有数十种之多。维生素对人和动物机体的新陈代谢、生长发育有极重要的作用，可以说人类的任何活动都有维生素的功劳。如果长期缺乏某种维生素，就会因部分生理机能障碍而发生某种疾病。如最普遍的脚气病，就是缺乏维生素 B_1 造成的。缺乏维生素A，能引起夜盲症或干眼症。缺乏维生素B，能引起贫血、口角炎、皮肤炎等。缺乏维生素C，能引起牙龈出血、皮下出血和坏血病。缺乏维生素D，能引起儿童佝偻症。缺乏维生素E，会影响生育能力。人们还发现，如果缺乏维生素，人的微血管会变脆而容易出血，皮肤粗糙，而维生素则能促进凝血酶原的生成而使血液凝固，在外科和妇产科中用来防止出血。维生素一般由丰富的食物中取得，如动物的肝、肾等内脏，新鲜的蔬菜和水果，奶品，粗粮等。现在，人们如果缺乏维生素，还可单吃某种类型的维生素药片，以达到快速治愈疾病的目的。

杜南创立国际红十字组织

1859年6月24日，瑞士人亨利·杜南（1828—1910年）为联系公司业务，赶赴巴黎，途中正赶上普法战争爆发。在意大利北部的城镇沙发利诺附近，他目睹了持续15个小时激战后的场景，双方死伤4万多士兵，血染山冈，尸横遍野。一个快死去的伤兵在喊叫着："水，快给我水！"杜南惊呆了，但是他到处都找不到水，他眼看着那个伤兵死去。他见无数的伤兵无人救治，就动员村民救治伤员。因为他穿着白色上衣，许多伤员得救后都齐声称赞这位白衣人，称他为"白衣天使"。

事后，杜南把这次的经历写成《索尔费里诺回忆录》一书，提出"准许医护人员进入战地救治伤员，以人道主义对待伤员和病员"的主张。杜南在日内瓦公共福利事业协会主席穆瓦尼埃的赞助下，决定成立一个志愿救护伤病员的组织。不久，杜南与穆瓦尼埃、迪富尔及两名外科医生成立5人委员会，于1863年3月在日内瓦举行了第一次会议，倡议成立一个世界性的志愿救护伤病员的组织。

1863年10月26日至29日，瑞士、丹麦、西班牙、比利时、法国、挪威、意大利、荷兰、葡萄牙、普鲁士、英国、瑞典、黑森、萨克森共14个国家的18名代表在日内瓦正式召开了一次国际会议，美国派观察员参加了会议。大会通过了《给战场上伤病员以人道主义》的决议，并把瑞士国旗的图案作为这一组织的标志，但改其红底白十字为白底红十字，名为"国际红十字"。此后，世界上许多国家都相继建立了红十字组织。1901年12月，杜南获得诺贝尔和平奖。

在自然灾害频繁、局部战争时期，国际红十字组织在实行人道主义、救死扶伤方面做了大量的工作。事实说明，杜南的创举具有重大的历史意义和现实意义，也是非常具有先见之明的。为纪念杜南，后人在瑞士苏黎世立了一座纪念碑。碑的正面是一尊白衣战士的浮雕，他正跪着给一个将要死去的战士喂水。碑的背面刻着几行字：亨利·杜南，1828年至1910年，红十字会创始人。

机 电 工 业

蒸汽机带动人类跨入工业时代

蒸汽机是一种重要的工具，它可以运用到各个行业中去。尽管现在用蒸汽机已经很落后了，但它对人类社会的发展曾起到过巨大作用。

公元 100 年左右，希腊科学家希罗（公元 10—70 年）已制出了原始的蒸汽涡轮机。此机器用蒸汽旋转运动，容器呈球形。产生的蒸汽由两个管子喷出，喷出的蒸汽驱使容器在轴上转动。这个机器可以用来浇水，但当时的人们只把它视为玩具。1689 年，英国陆军工程师赛福瑞发明了矿井抽水机，并获专利权。它可以用蒸汽压力把水抽到地面。1712 年，英国铁匠纽科曼发明了活塞式蒸汽机，活塞在气缸中滑动只靠大气压力，所以称为大气压力发动机。这种发动机的活塞每分钟能往复运动 12 次。

1777 年，苏格兰仪器匠瓦特发明了真正的蒸汽机——独立冷凝器蒸汽机。瓦特认为纽科曼式机如果不经常加热和冷却，效率便可大大提高。于是他设计了独立的蒸汽冷凝器，凝结从汽缸引导出来的蒸汽；又在汽缸周围加上绝缘体，防止热力散失。活塞不再靠大气压力推动，而是在上方通入低压蒸汽，把活塞压下。瓦特蒸汽机，由左至右分别是汽缸、冷凝器、蒸汽泵。蒸汽泵的抽吸力使冷凝器内形成真空，从而吸出汽缸内的蒸汽。瓦特蒸汽机虽然仍靠横杆的力量造成真空，但耗煤量却仅为纽式机的三分之一。

1777 年，第一台瓦特蒸汽机在康瓦尔郡煤矿使用，当时该地煤矿共有 75 台纽式蒸汽机。康瓦尔矿推广了瓦特蒸汽机。1780 年之后，瓦特的旋转运动蒸汽机是美国纺织厂的主要动力来源。1782 年，瓦特利用导管把蒸汽输入活塞两面的空间，使蒸汽机有双向作用；又在活塞开始活动时，把蒸汽通入汽缸，利用蒸汽膨胀产生的力量把活塞推到另一端去。瓦特还设计出一些传动机械，把往复运动转变为旋转运动，以便为工厂提供动力。瓦特发明了行星轮，把横杆的上下运动化为旋转运动，来驱动工厂的机器。固定在连杆下的行星轮，围绕飞轮轴上的太阳轮转动，并带动它旋转正轮，带动主轮轴，驱使各台机器运转。1804年，英国工程师特里维西克把高压蒸汽机安装在马车上，使马车能以8千米/时的速度行驶。这种高压蒸汽机汽缸内压力比瓦特的大4倍。他又丢了沉重的横杆，使其体积减小，力量加大。1808年，瓦特蒸汽机在英国工业中得到了广泛应用。公元19世纪是人类的第一次科技革命，从此人类进入蒸汽时代。

1811年，蒸汽机用于工业生产才不过3年，英国从事贸易、制造业及手工业的人，就比耕田的还多。1835年，蒸汽机用于采煤并把煤运到地面上，也用于炼钢、轧钢。蒸汽机发明成功并在英国应用后，掀起了一连串的社会和技术大变革，历史上称为工业革命。英国借蒸汽机之助从农业社会发展成为工业社会，从封建主义过渡到大机器生产的资本主义。大量农民被"羊吃人"现象变为城市劳工。蒸汽机为英国的纺织工业、煤炭工业、炼钢工业、印刷工业、火车工业、发电工业和农业机械提供了强大的动力。

蒸汽机发明的成功，说明任何发明项目的成功，发明者都要付出巨大的艰辛的脑力劳动，甚至还凝聚着几千年来许多人的心血。

蒸汽机的成功发明与应用及其效益，足以证明科技发明是产业的支柱，先进科技的应用有利于经济腾飞。在21世纪，科学技术更加重要，只有掌握高科技才能有民族的生存。

燃油内燃机的研制历程

内燃机，也就是人们常说的发动机。内燃机的发明，使人类的许多梦想得以实现：飞机、汽车、拖拉机、轮船、战舰、潜艇、坦克等，都是在内燃机发明之后研制成功的。

1860 年，第一台能连续运行而且性能可靠的工业用内燃机，是生于比利时的发明家艾蒂安·勒努瓦（1822—1900 年）在法国研制成功的。其工作原理是用电火花点燃燃料与空气的混合气而产生动力。1862 年，法国工程师罗沙取得内燃机的一种新运行系统专利，但没有制造出机器。1876 年，德国燃气机制造商罗斯·奥古斯特·奥托（1832—1891 年）制造出四冲程内燃机。1878 年，苏格兰工程师克勒克爵士制造出第一台二冲程发动机。

1883 年，德国工程师戈特利布·威廉·戴姆勒（1834—1900 年）制出了一台新型汽油发动机，能在不增加机身重量的情况下，产生较大的功率。1885 年，戴姆勒设计的汽油发动机速度提高到每分钟 900 转。它的活动零件装在充油的曲轴箱内，以免磨损和沾染尘埃。他在汽油发动机内装上化油器，又称汽化器，是使用液体燃料的内燃机必需的部件。化油器把空气通过汽油表面与汽油蒸气混合成可燃烧的混合气。1885 年，德国人卡尔·本茨（1844—1929 年）在世界上第一辆实用的汽车中，装上了汽油发动机，发动机中有电池及配有旋转接触断路器的线圈点火装置，使发动机运行时，电流能够准时通到火花塞。今天的内燃机基本上还是根据这种方法设计制造的。1888 年，英国人巴拉特设计出喷雾式化油器，把汽油与空气喷成细雾，产生的混合气质量更佳。

1890 年，压缩点火式发动机由英国人史图尔特发明成功。两年后，鲁道夫·克里斯琴·狄塞尔（1858—1913 年）在德国制造出以柴油为燃料的"狄塞尔发动机"。此机燃料并非由火花点燃，而是由油缸内因压缩而生热的空气引燃。机内的吸入冲程先抽入空气，在压缩冲程中使空气温度大大增高，再注入燃料，压缩空气的热度足可引燃喷注的燃料。

1904 年，第一艘用柴油机推动的船只顺利在伏尔加河和黑海上航行；到 1927 年，新造的船只半数以上都用柴油机；到 1950 年，除国际邮船和战舰之外全都用柴油机。此后，通常情况下，拖拉机用柴油发动机，汽车用汽油发动机，飞机用喷气发动机。

传统的煤气、汽油及柴油发动机，并非直接产生旋转功率来转动轴，而是首先推动活塞和连杆体往复运动，每分钟来回数百次，再带动机轴做旋转运动，因此难免产生振动。工程师一直想设计出一种不需要往复运动机体而能直接转动机轴的发动机，其中最成功的是喷气引擎和温克尔引擎。温克尔引擎体内有一个三角形转子，其内心有齿与转轴相咬合，由燃烧室内的混合气爆炸推动。转子转动时，抽入燃料，进行压缩、点火，最后排除废气，作用如传统的四冲程循环。这种发动机结构简单，运行平衡，能产生强大的功率。

现代的内燃机更是多种多样，如电力发动机、火箭用的氢能发动机等。随着内燃机技术的日益提高，人类应用机械动力的范围也就越来越广阔。

织布机带领人类走进文明时代

人类进入文明社会的标志之一，就是懂得穿衣。最初的人类只以简单的树叶、兽皮御寒挡风。随着人类文明的进步，人们知道了织布、穿衣。现在发现的世界上最早的一匹布，出产于亚洲西部地区。这说明当地人在很早以前就已使用简单的织布机。这匹布大约是在7000年前的新石器时代后期制成的，是人类的第一种取代兽皮的衣料。从布匹实物看，古代人类的织布技术已经很高，织布机虽然简陋，但已经具备现代织布机的基本装置。大约在公元前3000年左右，古人开始使用加重经线织线，悬挂在高架横杆的经线末端都系了重物，使之绷紧。公元前1400年，古人开始使用双杆竖立式织机，把经线串挂在横杆上进行编织。用这种织机编织而成的挂毯，和现在的几乎一样，可见古人织布技术的高超。

根据史书记载，5世纪前后已有带花纹的针织品。而西方的长筒袜长期以来一直是珍贵的织物，到14世纪时，长筒袜仍属于王公贵族和统治阶层代表人物的服饰，广大穷苦人民是根本买不起长筒袜的。关于西方针织品的详尽资料，从16世纪起才有文字可查。可见，西方的纺织业比起东方来差距很大。

1090年，人们发明出水平卧式织布机，这种织布机更坚固耐用，它装有一个坚硬的框架和纬线杆。纬线杆用一串线与某些经线相系，纬线杆升起时，把经线拉起形成一条梭缝儿。这种织布机被使用了几百年。直到中世纪，织布机的设计才有了改进，加了一个脚踏板，用以提起一根或多根纬线杆，这种织布机能织出比较复杂的花纹。脚踏板式的织布机和稍后另一种改良的拉花机，都是中国古代劳动人民发明的。其中黄道婆对此作出了杰出的贡献。拉花机是用来编织极其复杂的织纹，它每次要拉起的经线不同，可多达 100 组。在拉花机中，这些经线组用粗线系在杆上。这些杆由一名拉杆手在拉花机顶上操作。17 世纪初期，法国织工丹根改良了拉花机，使拉杆手能在织工旁边操作经线。

虽然这种纺线的方法历经数百年也没有改进，但织宽布十分方便。1733 年，英国的织工约翰·凯伊发明了使穿梭工作更快的工具，叫作飞梭，大大提高了织宽布的速度。这个发明引起了以后西方的纺织革命，把纺织业从分散的家庭工作转变成工厂式的集体产业，促进西方社会从封建社会迅速向资本主义社会发展。飞梭发明之后，线的需求量大增，于是有人发明了快速纺纱法。1775 年，阿克赖发明了水力梳棉抽纱两用机。1779年，英国的卡朗普顿发明了走锭纺纱机，一个人能管理一千多个锭子。英国教士特赖特为适应社会的需要，于 1785 年和 1786 年取得了蒸汽动力织机的专利，这使动力织机很快取得成功。1801 年，法国织工查卡造出了查卡织机，这种织机装有穿孔卡片引导钩针，可提起适当的经线。查卡织机是现代织机自动化装置操作史上的里程碑，至今仍广泛应用于织造，用于织锦和花缎等复杂花纹的纺织品。

无梭织布机的发明，使纺织噪音减少，速度加快。其中出现了用剑形杆把纬线插入校缝儿的双刃织物。无梭织机一般用喷气或喷水的方法引导纬线穿过。在现代工业中，织布机已经具备现代化的水准，实现电脑管理。不仅质量、式样比以前好很多，而且产量也是相当高的。织布机对人类的文明发展起到了至关重要的作用，在未来的社会里，人们的穿衣着装将会更加绚丽多彩！

孩子们的神奇发现——望远镜

望远镜的发明，是十分偶然的。17世纪时，在荷兰米德尔堡市，有一位普通的眼镜匠，他就是望远镜的发明者汉斯·李波尔，最初他只是一个普通的眼镜制造商，终日起早贪黑，埋头于工作和研究。由于李波尔对工作十分尽责，所以他制作的眼镜无论是镜片还是镜架都很精致耐用，人们看到他制作的眼镜总是带着惊奇和羡慕的眼光，交口称赞。不久，李波尔的眼镜店就红火起来，周围许多小孩子也常跑到他的眼镜店里来玩。在他的影响下，孩子们也爱上了眼镜制作这一行。

1608年的一天，几个孩子又在李波尔的眼镜店里玩。他们拿出好几块远视眼镜片，因为远视眼是散光所致，而凸透镜具有聚光的作用，所以远视眼镜片都是凸透镜。孩子们拿着镜片，跑到楼上玩起来。一个孩子突然别出心裁地问道："一个镜片可以将物体放大，那么把几块镜片放在一起，能放大多少呢？"于是，他们很快把几块镜片重叠在一起，真是不看不知道，一看吓一跳，他们看见许多东西都被放大了很多倍。一个孩子无意识地拿着镜片朝周围看去，透过窗户，他突然发现远处的房屋、树木、人等一下子都到了眼前，他习惯地向前伸手摸了一摸，却什么也没有摸着。这个孩子立即将这个发现告诉其他的孩子。孩子们兴奋异常，不禁一个个都大叫起来。

李波尔听到孩子们的叫声，放下手中的活计，飞奔到楼上。他取过镜片向远方望去，也看到了这个景象。他激动地说道："孩子们啊，你们真了不起，发现了一个伟大的秘密！这个发现的意义太大了！"

从此以后，李波尔一面做他的眼镜生意，一面着了魔似的研究起重叠的镜片来。不久，他打制出一些很厚的凸透镜，通过实验，制造出了世界上第一架可放大30倍的望远镜。1608年，他为自己制作的望远镜申请专利，并遵从当局的要求，造了一个双筒望远镜。

望远镜的发明很快应用到了各行各业中，无论是航海还是作战，人们总习惯使用单筒望远镜来帮助自己。以后，又出现了双筒望远镜。1609年，著名科学家伽利略发明出轰动全世界的天文望远镜。1611年，开普勒又发明出倍数更大的天文望远镜，能够看到木星。1645年，施里尔制出一种能够"正像"的望远镜。1671年，大科学家牛顿设计制造出第一架反光望远镜。以后，望远镜制造业更加蓬勃发展。现在，望远镜更是多种多样，科学家们运用各种手段，不仅从光线方面来研制望远镜，而且从红外线、电磁波等多方面来制造望远镜。现在的天文望远镜不仅能够在地面上望到上百亿光年以外肉眼看不到的物质，而且已经被送上太空，去探索那更远更深奥的秘密！

深入微观世界的显微镜

据有关史料记载，德国人衰伯、意大利解剖学家马尔比基、英国物理学家胡克都曾做出过简单的显微镜。1590年，荷兰眼镜师亚斯·詹森创制了世界上第一台显微镜。这是将两块凸凹透镜装在两个直径不同的圆筒上的简单装置，其放大率不到10倍。这架显微镜现保存于荷兰车兰德省博物院。1619年，英国人德雷贝尔制成第一台有支架的显微镜。不过，使显微镜得到改进并获得了实用价值的是荷兰人安东尼·列文虎克（1632—1723年）。

列文虎克，1632年生于荷兰德尔夫特。他出身寒门，虽没受过正规教育，但勤奋好学。他年轻时学会了用玻璃制造透镜。据统计，他一生中制作了247台显微镜和172个镜头。列文虎克的显微镜，是用两块透镜的组合来提高物体放大倍数的，被称作光学显微镜。当时的显微镜能放大300倍。1668年，列文虎克用显微镜证实了马尔比基关于毛细血管的发现。1674年，他观察了鱼、蛙、鸟类的卵形红细胞和人类及其他动物的红细胞。1675年，他发现了在青蛙内脏寄生的原生动物，震动了当时的生物界。1677年，他描述了哈姆曾发现的动物精子，并证实了精子对胚胎发育的重要性。1683年，他从一位老人的牙缝中取出一些牙垢，放到了显微镜下，从而发现了细菌。

从 17 世纪以来的 300 年间，生物学家和医学家依靠光学显微镜大大扩展了眼界，获得了一系列非常重要的发现。但是，光学显微镜的分辨能力，只比肉眼高 1000 倍，即为 200 纳米，而微观世界中还有许多更加微小的生物（如微生物中的病毒等），即使放大 1500 倍，还是难以识别清楚。

随着科学技术的发展，19 世纪中期以后，科学家们已经认识到光学显微镜的分辨能力是有限的。正当科学家们苦于无法进行更深入的科学研究的时候，1926 年至 1927 年，德国科学家布许发现，磁场线圈对电子束的效应跟凸透镜对于一个光束的效应类似。1929 年，两位年轻的德国科学家克诺尔和鲁斯卡首次安装两级透镜系统，并于 1931 年得到白金晶格光栅的 17 倍放大像。就这样，第一台电子显微镜诞生了。当时，虽然它的放大倍数只有十几倍，却有力地证明了电子显微镜的设想是可以实现的。1932 年，他们发表了上述研究论文。1933 年，科学家们造出了放大 1 万倍的电子显微镜。1934 年，EM（电子显微镜简称）获得 50 纳米的分辨能力。1939 年，西门子公司制造的具有分辨能力为 10 纳米的 EM 首次作为商品问世。EM 的发明，标志着人类获得一种向微观世界进军的新手段。

1977 年，中国上海新跃仪表厂制成中国第一台 80 万倍电子显微镜。

现在，世界上比较先进的电子显微镜的放大能力已经达到 200 万倍。

太阳能源的科学利用

在古代，人类就懂得把太阳能作为可再生能源来使用。世界上关于太阳能利用的最早记载在公元前 400 年，当时希腊人已经知道利用太阳能。希腊哲人苏格拉底在公元前 5 世纪曾撰文建议，房屋应建得要利于吸收阳光，减少寒风的吹袭，如今这种方法仍为"被动式太阳能"房屋设计师所采用。公元前 214 年，科学家阿基米德为了抵抗敌人军舰的侵略，曾在岸边布置许多磨光的金属镜集中反射阳光，强烈的反光引燃军舰的帆，烧毁了罗马舰队许多船只。古往今来，许多发明家还想收集阳光用来驱动马达抽水、为房屋取暖和太空船供电等。1615 年，法国工程师德高斯发明了太阳能水泵。之后，瑞士物理学家德索苏发明了太阳能塔。但当时人们并不十分清楚获取太阳能的方法，所以，太阳能源的利用没有被普遍重视。

1861 年，法国的莫谢教授发明出了太阳能发动机，并于 1861 年取得了法国专利权。其原理是用一面镜子把太阳光聚焦在小锅炉上，用阳光加热水，产生水蒸气，驱动蒸汽机。1869 年，他出版了第一本讲太阳能的书，9 年后又在巴黎博览会上展出了太阳能冰箱。英国工程师威尔逊，于 1872 年在智利设计的第一套太阳能蒸馏器取得成功。此仪器是仿效地球的水循环制成的。这套蒸馏装置由 64 个镶玻璃的框架组成，用太阳的热力把水蒸发，然后让蒸汽凝结成清水。

20 世纪 70 年代，太阳能用于加热水和供热。其方法是用平板收集器收集太阳辐射的热量。其原理是把管子装在一个扁盒里，扁盒向阳的一面透明，管内有水流过。这些管子牢牢固定在一块平板上，平板通常漆成黑色，尽量吸收太阳光辐射。平板周围有隔热层，尽量减少热量损失。液体通过管子，吸收平板所获得的热量，流出来的时候温度就升高了。升高的幅度视水流速度、收集器的效率和阳光的强度而定。热水器可升高 0℃～50℃。工业加热水可提高到 50℃以上。平板收集器的平板是瑞士人德索苏发明的。他用一个黑色底、有玻璃盖的简单木盒，曾使水温达到 88℃。太阳能平板收集器也可用来取暖，如果冬天全靠太阳能供暖就必须使用贮热器。

20 世纪 80 年代以来，人类已开始充分利用太阳能发电。目前用太阳能发电有两种方法：一是用太阳能把液体加热变成蒸汽，用蒸汽驱动涡轮机；另一种则是利用太阳能电池直接发电。有一种常用的发电塔，由许多镜子组成，镜子随着太阳转动，把阳光反射到高塔上的中央接收器。意大利圣伊拉里奥纳维就有一座这样的实验装置，它有 270 面直径 91 厘米的镜子，能产生 500℃的热蒸汽。美国太阳能先驱艾登和梅纳尔二人曾提出过一种太阳能场的办法，用一排排抛物面反射器把太阳辐射集中在内有溶盐和热水的管子上，再用泵把经过的流体从隔热的管道抽到中央发电站。这种太阳能场必须在天气晴朗、阳光充足时才能发挥效能，所以最好设在沙漠地带。如今，世界上不少国家都已修建了太阳能发电站。随着时代的进步，人们越来越深刻地认识到太阳能的重要性，它无污染，不需成本，而且取之不尽，用之不竭。太阳能一定能够造福人类，使人类进入广泛利用太阳能的新时代。

风车的发明和应用

提起风，人们实在太熟悉不过了。风是因为空气的流动形成的，凡是有空气的地方就有风。自古以来，人们就在不断地利用风能。人类很早就制成了帆船，而后又有风车的诞生。

欧洲的荷兰是一个风车之国，这里的人民很早就使用风车。然而，科学家认为，风车不是欧洲人发明的，最早的风车于公元 7 世纪时诞生，波斯人首先使用。风车可能是从宗教中的风动法轮发展而成的。当时的风车是水平旋转的，它有一根立柱，顶部装着 6 到 12 块横向翼板，用来驱动一个轮子，轮子带动旋转磨盘在固定碾盘上转动。翼板可以调整角度，风力太猛时可适当减低转动速度。1180 年，欧洲人把翼板改为了立式。绘于 12 世纪的一张法国地契上有风车的图样，这是风车传到欧洲的重要证明。

12 世纪的立式风车，首先要解决风向多变问题。怎么办呢？柱式风车的翼板、轴子、齿轮、石磨等所有部分，全都装在一根粗柱顶上，轴由几根斜梁支撑，磨坊后有根长杆向下倾斜，叫作尾杆。可用这根尾杆作杠杆，转动整个结构，使翼板迎风。这种风车调整方向时是用手摇动的。1420年，出现了顶部能转动的塔式风车，但只有翼板能横向移动。1745 年，英国人李氏发明扇形尾，可以省掉调整翼板方向的麻烦。扇形尾是一个小风车，有 6～8 个叶片，装在风车背后，其旋转轴与翼板的轴垂直。这种设计很巧妙，但当时由于技术原因不能应用于生产生活，所以这种风车直到 19世纪才面世，在英国、丹麦、荷兰等地使用。1722 年，苏格兰风车设计师米克尔发明了自动的弹簧翼板，用来控制速度。

18 世纪，瓦特发明蒸汽机后，风车的重要性曾一度下降。19 世纪下半叶,由于石油涨价,人们又开始重视风车,发明了水泵风车,用来抽水浇地。美国西部,拓荒的农民和铁路公司就买了好几万架水泵风车。这种风车与木风车大不相同,全部用金属制造,翼板装在铜塔顶上,另有一个尾翼自动控制方向,使翼板始终迎风。风车通过一组齿轮和一个凸轮,驱动地上的水泵,在风速为每小时 24 千米左右时,风车每小时能把 35 加仑的水提升 7.6 米。美国蒙大拿州的一个牧场主,发明了风力发电机,但发电量小,只够一户人家使用。1490 年,在年轻的工程师普特南领导之下,美国制成了第一座大型风力发电机,安装在海拔 610 米的山峰祖父丘上,位于佛蒙特州中部的绿山中,计划供电 1250 千瓦。它是一座 33.5 米高的塔,塔顶装上一个巨型双叶螺旋桨,1914 年 10 月开始试用,但多次失灵。

20 世纪 30 年代农村电气化之后,水动泵代替了风动泵。1970 年,能源危机使风车再度风行。由美国能源研究和发展署资助,建在北卡罗来纳州布恩附近的风力发电站,年发电量 200 万千瓦。这座风轮机的双叶螺旋桨长 61 米,设计运转风速为每小时 18 千米~56 千米。另外科学家还制成了小型风力发电机,例如法国科学家达鲁设计的立式风动机。在加拿大圣劳伦斯湾的马格达仑群岛上,科学家建造了一座大型达鲁式风力发电机。它与达鲁式稍微不同,其优点是能自动调节转速,因为叶片向外倾时,转动力较小,风车就慢下来了。因此,此机即使遇到猛烈的阵风,也不会失去控制。

风车的用途很多,碾谷、起重、造纸、抽水、发电等。风车是风能利用的一种,但迄今为止,人们对风能的利用仍然很不充分。现在世界上有一些国家在利用风能方面取得了很大的成就。目前人类正面临着严峻的能源紧缺问题,科学家正努力探索新能源。现已发现太阳能、核能、风能等。然而利用风能是廉价的,它不需昂贵的造价和频繁的维修,而且原材料也是大自然免费提供的,所以人们已经越来越重视这古老的新能源了。

人类的助手——机器人

在现代许多行业中，都有机器人的身影，它们能够做许多人类干不了的工作，而且勤勤恳恳，任劳任怨。世界上最早有关机器人的记载，是中国古代文献中古人制造机器人的故事：中国西汉将领陈平在 2000 年前，运用仿生类比法，发明设计出古代的战斗机器人。现代机器人最早出现在 1962 年，美国一家公司制造并售出了世界上首批工业用机器人。这批机器人一售出，就深得人们的喜爱。

中国《唐书》中说，机器人"汉末始用于嘉会"。可见中国古代有许多各种各样的机器人，而且应用广泛。我们的祖先在世界上最早发明出机器人，这体现了中华民族是一个具有聪明才智的民族。中国古人发明的机器人在机械制作方面为世界各国发明现代机器人提供了思路，奠定了基础。

1923 年，捷克剧作家卡伯在他的作品《罗素姆的万能机器人》中第一次采用"机器人"一词，但是书中所说的机器人只不过是一台自动操作的机器。美国斯派里陀螺仪公司于 1913 年制成自动导航仪，利用陀螺仪来测量飞机是否偏离航线，是最早期的自动操作机器。1940 年，原子能工业开始用自动操作机器来处理放射性物质。

1962 年，美国一家公司售出的第一批比较原始的工业机器人，属于"捡拾安放"型，能把物件从一个地方搬到另一个地方，但活动范围很小，形式简单。1970 年，美国开始使用较为灵活的机器人点焊汽车车身和喷漆。1980 年，全世界共有大约 8000 个先进的机器人，其中一半在日本，这些由电脑控制的机器人，不但会接受指示，还会凭记忆力进行操作。机器人的制造师为机器人拟订工作程序，引导它的机械手做需要做的动作。机器人用电脑记住每一项指令，操作时便可以重复做制造师授予它的动作。

底特律市克莱斯勒汽车公司的杰弗逊装配厂，在 1979 年时需用 200 名焊工制造车身，一年后却只用 30 个机器人便完成了同样的工作，生产量还提高了 20%。到 1980 年，美国又制成一种更先进的机器人，十分灵敏，能担任简单的装配工作，例如拧紧螺帽，敲钉子。它们的"手指"动作精确，做起来距离误差不到0.1毫米。

意大利制造的普马拉A-3000型机器人，动作也同样精确。美国通用电气公司已用它来进行装配工作，每个机器人每小时能够装配320台压缩机，从不出错，而且每天工作24小时，1个机器人与10个工人的工作量相等。到20世纪80年代末期，能以电眼辨别物体的新一代机器人会装配各种集成电路，工人不必再去做单调而重复的工作。这种机器人会从输送带上选取并分开各种组件，放在正确位置上，以便进行加工或装配。美国通用汽车公司在1980年已采用有电眼的机器人进行汽车装配。

微电子控制的装配用机器人发展比较缓慢。1980年，采用机器人的主要是日、美两国的汽车装配厂，机器人只担任单调的焊接和喷漆工作。不过能辨认物体形状的"有视觉机器人"将大量制造，以加速工业使用机器人的进程。

根据国际机器人联合会的调查资料，1989年全世界已有机器人32.65万个。日本名列第一，有17.6万；苏联有5.9万，美国有3.3万。1999年，机器人的数量又翻了一番，并且其功能有了新的改进。

中国科学家也研制出许多自己的机器人，现已有点焊机器人，主要用于汽车车身、驾驶室等构件的焊接。除点焊机器人外，还有一种弧焊机器人。它是小型工业机器人，由北京科技大学和大连组合机床研究所联合研制成功，并于1991年2月底在南京通过鉴定。1991年，中国国防科技大学研制成功的具有国际先进水平的两足步行机器人在北京通过了技术鉴定。两足步行机器人外貌与人相似。它的制作涉及自动控制、仿生、人工智能、机械动力等多种学科。国防科技大学的科技人员紧跟国际先进水平，在不到4年的时间里，先后攻克了许多理论和技术上的难点，完成了3种型号的两足机器人的研制，使我国两足步行机器人研究跃上了一个新的台阶。目前这种新型号的两足步行机器人，是三维空间运动型机器人，具有膝、踝等12个活动关节。这种两足步行机器人具有广泛的应用前景，它的研制成功，对国民经济建设和国防建设以及高科技的发展都具有十分重要的意义。

现在科学家们正在努力研制有表情、懂感情、能够自行思维的机器人。如果这种机器人出现，那么人类的生产生活将会发生巨大的变化。

无所不能的机器——电子计算机

在如今科技飞速发展的时代，电子计算机有其他机器不可替代的作用。它可以根据程序操纵任何机器，帮助人们办各种事情，简直是无所不能。电子计算机自问世以来，发展得相当迅速，计算速度越来越快，电子计算机真可称得上是"万器之王"。随着时代的进步，它一定能够显示出更大的本领。虽然电子计算机是近几十年来才出现的机器，然而计算机问世却已经几百年了。

计算机的早期基本形式就是机械算盘，是德国大科学家莱布尼茨根据中国八卦所研制出来的二进位制来进行计算的。尽管计算机神通广大，然而它的发展，归根结底有两大方向：一种是做模拟计算的计算尺；另一种是做数字计算的计算器械。最早的计算尺，是由苏格兰的数学家纳波尔在1594年发明的。

世界上公认的第一台计算机是1642年由法国数学家、物理学家帕斯卡发明的。帕斯卡的父亲是一个税务官，整天进行极其繁杂的计算，少年时代的帕斯卡也经常帮助父亲计算税收。时间长了以后，帕斯卡就想：能不能有一种机器帮助计算呢？他在成年后经过长期的工作，终于研制出一种加法计算机。这种计算机是由很多齿轮构成的，算数时一个齿轮带动另一个齿轮，如此滚动下去，在最后一个齿轮上就会显示出一个标示最终结果的数值。这种在计算100以内加减法时，需要几分钟时间，但不能进行位数更多的计算，因为计算机的制作精度太低，进位时阻力太大，不能联动。当时，帕斯卡一共制造了50台这种样式的计算机。后来，莱布尼茨对帕斯卡的计算机进行了彻底的改进。他利用二进位制，使计算机可以很简便地进行乘除计算。1820年，计算机的制作技术大大提高，托马斯制造出了实用的计算机。这是人类历史上第一台实用的自动计算机。

随着时代的进步，计算机在不断发展，但在最初，它始终没有脱离繁杂的机械运动，而且越往后构造越复杂。第二次世界大战以后，人类已经制造出各种先进的武器，但是由于没有一种计算速度较快的机器，许多研制任务不能够进行，人类的计算水平始终停留在原始的手工计算水平上。当时，美国军队研究出一种射程很远的野战炮，但是由于计算速度过慢，不能够精确地轰炸目标。因为要充分发挥野战炮的作用，需要解决弹道计算的准确度和速度问题。影响弹道的因素多种多样，包括射角、气温、风向、风速、湿度等多元体系，这种麻烦至极的计算依靠人的手工计算显然是难以完成的。即使一个训练有素的数学家，使用当时最先进的计算机，计算出一条弹道也需要 10 到 20 个小时。缓慢的计算速度和紧急战事的需要形成了严重的矛盾。于是，美国政府首先开始了计算机的大革命，开始研制电子计算机。

1946 年，在美国宾夕法尼亚大学莫尔电工学院，由教授莫斯莱担任总体设计、24 岁的研究生埃克特负责的研究小组，制出了世界上第一台电子计算机。在这个庞大的电子计算机上，装有 1.8 万个电子管，1500 个继电器，几千个其他电子元件和电器，它还有 7 英里长的铜导线和 50 万个焊接头，该机耗电量 150 千瓦，计算速度比以往的机械计算机快 1000 倍，达每秒钟 5000 次，从此开创了计算机历史的新纪元。

电子计算机在以后短短的几十年中，由电子管逐渐发展为晶体管、集成电路、大规模集成电路。电子计算机的体积越来越小，而其运算速度却越来越快。现在的超级电子计算机每秒运算达十几万亿次，为人类预报天气、勘测宇宙等方面作出了杰出的贡献。有人预测，用不了多久，这个世界将会变成电子计算机的世界，人们无论干什么事情，都得需要电子计算机的服务。

神奇的激光

说到激光，人们往往联想到神秘的激光武器，那是运用一束纯度极高的光线，在远距离上就可击毁某一目标的现代兵器。实际上，在我们的日常生活中，许多方面都运用了激光技术，例如远距离探测，深度探测，地形勘探，复制文件，等等。

20世纪初，美国物理学家就提出物质受激发光的可能性。1916年，爱因斯坦发表了《关于辐射的量子论》一文，首次提出辐射的概念。1951年，美国科学家珀塞尔和庞德在核感应实验中，把加在工作物质上的磁场突然反向，结果造成粒子数反转，这是激光史上具有重大意义的实验。1958年，美国的查尔斯·哈德·汤斯（1915—2015年）和阿瑟·莱昂纳多·肖洛（1921—1999年）在《物理评论》上发表了他们论述激光器的著名文章，他们把微波激射器与光学、光谱学结合起来，提出"受激辐射光放大"的设计方案和理论分析，预言了激光的相干性、方向性、线宽及噪音等性质，并申请获得专利。汤斯还发明出最早的微波发射器，取得激光方面的伟大成就，因此获得1964年度的诺贝尔物理学奖。事实上，早在1951年，科学家古尔德就写出了有关激光概念的论文，但因某些原因没有把论文公开发表，为此古尔德也为争取专利而提出了申请。

1960年，美国休斯飞机公司的科学家西奥多·梅曼（1927—2007年）制成了世界上第一台激光器，首次进行了激光器运转的实验，他用螺旋形灯光泵红宝石晶体获得了脉冲激光。随后，各种类型的激光器被发明，新的激光谱线被不断发现，通过激光产生的新现象、新效应层出不穷。激光的理论、技术得到了迅速发展，应用范围不断扩大。由于激光具有高亮度、高方向性、高单色性、高相干性等突出特点，很快被运用到工业、农业、军事、精密测量、通信、信息处理、医疗等众多方面，并在许多领域引起了重大变革。

1978年，美国贝尔实验室的两位科学家发明了纤维喇曼激光器，这是一种新型调谐光源。这种激光器的长度超过1000米，是当时世界上最长的长线激光器。其新型光源是用一个泵激光器激励具有高透明度的玻璃纤维和极细的光导区（芯子）。泵光利用受激喇曼散射现象放大不同波长的光，并由反射镜反射回纤维，若增益超过损耗，就建立起重复放大的光，这便产生了激光。纤维喇曼激光器转换效率约为5％，可工作于脉冲方式和连续方式，在可见光和近红外光谱区频率可调。这种纤维喇曼激光器的发明，对新型激光器材，特别是通讯的发展，有着巨大的推动作用。

中国在激光的研究和应用上，已形成一支具有一定科学技术水平的队伍，他们研制出不少对国民经济和科学研究有重要意义的成果。自 1961 年研制出第一台红宝石激光器以来，仅在国民经济领域中的工农业方面，就有 500 多项科研成果，其中约有半数得到推广应用。在医学上，中国激光应用早有成效，研究成果名列世界前茅。中国研制成功的计算机——激光汉字编排系统，给印刷技术带来一次新的革命。

目前约有 40 多个国家在进行激光方面的研究，共有各类机构 1500 多个，从事这方面工作的科学家、工程师已超过 3 万人。将来，激光的应用范围会继续扩大，在人类的生产生活中将发挥越来越大的作用。

造福于人类的核电站

核电站又称原子能电站，是用原子核裂变产生的能量来发电的。

自然界存在的铀中主要有两种成分，又叫两种同位素，即铀-235（占 0.7%）和铀-238（占 99.3%）。当中子击中铀-235 的原子核时，铀核就分裂为两半，这两半碎片以很高的速度向相反方向飞去，撞击周围的原子核产生了热量。一个原子核裂变产生的热量是微不足道的，但是 1 克铀大约有 25 万亿亿个原子核，这些原子核都分裂，加起来的热量就十分可观了。从理论计算得知：1 千克铀-235 的原子核全部分裂所产生的热量，相当于燃烧 2500 吨优质煤产生的热量。一座发电 60 万千瓦的发电站，每天要烧掉 7200 吨煤，同样规模的核电站每天只要消耗掉不到 3 千克的核燃料。对于交通不便的山区、边远地区和缺乏燃料的地区，核电站大有用武之地。

1954 年，苏联在莫斯科以南 200 千米的奥布宁斯克，建成装机容量 5000 千瓦的实验性核电站，并把所发的电送入电网。这是世界上出现的第一座向工业电网送电的核电站。1956 年，英国建成由 4 座天然铀石墨气冷反应堆组成的发电、产钚两用的实用核电站——考尔德豪尔核电站，其发电能力为 20 万千瓦。经过 20 多年许多座核电站运行实践之后，这种新型电站日趋完善。20 世纪 70 年代以来，国外核电站的基建投资为同样大小火电站的 1.5～2 倍，但由于核燃料循环费比煤、石油燃料费便宜得多，核电站的发电成本已普遍低于火电站，目前比火电站便宜 20%～50%。

1979 年建成的台湾基隆附近的金山核电站，是中国最早的核电站，其装机容量为 120 万千瓦。1983 年 6 月动工兴建的浙江盐山县秦山核电站，是中国第一座自行设计的核电站，其装机容量为 656 万千瓦，年发电量约 500 亿千瓦时。1987 年开始兴建、1994 年投入商业运行的深圳大亚湾核电站，是大型核电站。该电站占地 197 公顷，总装机容量 612 万千瓦，截至 2022 年年底，累计上网电量达 8926 亿千瓦时，其反应堆是由法国引进的。

奇妙的形状记忆合金

某些合金具有一种奇特的性质：事先将它们绕成一种形状，然后浸入冷水中改变其形状，再浸入一定温度的热水中，它们会马上恢复到原来的形状。这种合金，被称为"形状记忆合金"。

最早发现形状记忆合金特性的是美国伊利诺斯大学的利多和基扬。1951 年的一天，他们在试验室里将一根金与镉的合金延展并绕成弹簧，在装有冷水的容器中将它拉直或折成其他形状，当他们把热水注入容器时，惊喜地发现，水温一旦超过 30℃，这根金镉合金丝又迅即变回原来的弹簧形状。利多和基扬的发现，拉开了人们寻找形状记忆合金的帷幕。

1958 年，美国海军冶炼合金钢的冶金专家威廉·巴克勒，在冶炼镍钛诺锭中意外地观察到，敲击两根刚从高温炉中取出的镍钛诺锭，声音特别清脆悦耳，无论你把它弯曲多少次，它一点儿也不会表现出通常金属所呈现的"疲劳"现象。它有一种形状记忆的反应能力，是一种固态能源转换系统，只要由冷变热，每平方英寸就能产生 55 吨的力量。之后，人们又陆续发现，不仅金镉、铜锡、镍钛、镍铝、铜锌、铁铂等二元合金会产生形状记忆现象，三元合金如铜铝镍、铜铝锌等也具有形状记忆性质。迄今为止，科学家一共找到了 20 多种这样的合金。

随着研究开发工作的深入开展，实用的形状记忆合金纷纷登场，应用范围逐步扩大。1973 年，美国加利福尼亚州伯克利的发明家里奇微·班克斯，制造出一台镍钛诺热能发动机的样机。它不烧油，不烧天然气，也不用电，单靠温水就能工作。它的成功研制，从一定程度上改变了我们这个急于寻求新能源的世界的命运。之后，美国莱凯姆公司也将镍钛合金用作 F—14 喷气式战斗机液压管道的接头，由于这些管道紧挨机身，无法采用通常的方法进行焊接，而借助镍钛合金的形状记忆性质就能获得很好的效果。目前，形状记忆合金的应用范围已经遍及工业、农业、医疗卫生、国防军事、航空航天以及机器人等诸多领域。日本东京医科大学医用器材研究所，采用镍钛合金制成扣环，利用形状记忆特性可使假牙固定牢靠。日本制作所机械研究所将镍钛合金丝束埋敷在机器人的手中，通电后镍钛合金丝被加热并恢复原形，一旦断电，镍钛合金丝伸长，利用这一原理就能使机械手关节与人手的关节一样灵活动作。

不可思议的超导体

1911 年，荷兰物理学家卡曼林·昂尼斯做了这样一个实验：把水银冷却降温，使它凝固成一条线，然后用液态氦作为冷却剂将其冷却至 4.2K 左右，并在水银线上通几毫安的电流，再测量它两端的电压。这时，他惊奇地发现，水银线的电阻突然不可思议地消失了。这一发现在科学界引起了强烈反响。自此以后，科学家们把物体在一定低温下电阻完全消失的特性称为"超导现象"，把发生电阻从有到无这一突变的温度称为"起始转变温度"，把具有超导性能的部分金属及上千种合金和化合物称为"超导体"。

1957 年，美国物理学家巴丁、库柏、施里弗 3 人，首次对超导的本质和机理作出了微观理论解释，提出了著名的"BCS 理论"，这是人类探索超导之谜的一个里程碑。1973 年，科学家们发现了转变温度为 23K 的超导材料铌锗合金。此后 10 多年间，科学家们便为找到一种无电阻导电的廉价而又简单的物质而不懈探索。

1986年1月27日，美国国际商用机器公司（IBM）设在瑞士苏黎世的研究所里的两位科学家米勒和贝德诺兹，在实验中发现了30K的超导材料，写成论文在联邦德国的《物理学杂志》上发表。同年11月，东京大学田中昭二教授反复做了实验，证实了苏黎世研究所的研究成果。紧接着，美国休斯敦大学华裔学者朱经武教授把IBM研究人员的处方作了简单的改革，首先在液氮温区获得超导体，发展了IBM的成果。于是超导体热迅速向全世界扩展，各国科学家竞相研究在液氮温区获得超导体的新物质。中国科学家积极加入了超导研究竞争的新角逐。继1986年12月获得48.6K新型超导材料后，1987年2月又取得78.5K的新进展。从1987年3月到6月，美国、日本、苏联、南斯拉夫的科学家们相继发现干冰温度和室温的"未经确认的超导体物质"，最高温度达到338K。

超导技术可广泛应用于微电子、计算机、生物工程、探矿、医学等领域。人们预言，超导体将成为21世纪的战略技术。它的研制和发展，是引起技术发展的一场革命。

漫长的酒精发明史

一般认为，稀释后的酒精便是酒，或者说酒精是纯度较高的酒。世界上关于酒精的文字记载，最早出现在1100年左右，人们在意大利首次蒸馏出纯酒精。当时酒精被人们用于做美酒，而且人们并不知道会有酒精中毒，所以常喝浓度很高的酒精。喝酒过多能使人醉如烂泥，甚至死亡。然而后人发现酒精不仅可以喝，还可用于医药、工业和科学，能为人类造福。

酒精是历史悠久、应用广泛的药物之一，世界各国都有关于酿酒的历史。史前的人可能偶尔尝到野果、浆果发酵后自然产生的含酒精液体，因而发现了酒精。这种产品后来成为人类在医药、工业、科学、节日和宗教仪式中不可缺少的东西。

公元前8000年至6000年间，居住在亚洲西部美索不达米亚的人用大麦及谷物萌芽发酵，制成啤酒，然后加入热水混合饮用。葡萄酒也源自远古时代。人们把葡萄压榨出汁堆在容器内，让葡萄外皮上的天然酵母使糖分发生化学变化，就可以酿成酒以供饮用。

大约到 1100 年，人类才用蒸馏法从葡萄酒或啤酒中提取烈酒，最初的产地是在意大利。蒸馏的原理是把酒精的混合液加热到酒精与水的沸点之间，混合的蒸汽在另一容器中冷却后，凝结成酒精浓度较高的液体。酒精的英文名称源自阿拉伯文，原意是化妆用的微细金属粉末，后来则指蒸馏出来的液体。

1500 年，蒸馏技术在亚洲和西欧日臻完善，苏格兰人则利用麦芽制成威士忌酒。当时，荷兰是领导酿酒技术的中心，主要是为了研制药物。最早的杜松子酒，是 16 世纪中叶在雷登大学酿制而成的。

16 世纪初，斯坦因在苏格兰发明出了一种蒸馏器，获得专利权，可以大量酿制烈酒。后来，酗酒逐渐成为严重的社会问题。1919 年，美国政府实施禁酒法，全国不得售卖酒类饮品。然而这项法案没有得到很好地贯彻，酒徒们仍然能买到非法酿制的酒，而且许多政府官员和宗教人士也表示反对禁酒令。所以当时酒虽然被明令禁止，却仍在民间广为流行。美国当局迫于舆论压力，终于在 1933 年废除这项不得人心的禁令。

随着现代工业的发展，人们不仅可从粮食、植物中获取酒精，还可从矿物质中取得工业酒精，但工业酒精是不能饮用的。

饮少量或适度的酒，有利于身体健康，但喝多了则会伤害身体。世界上把酒当作饮料的国家很多。现在，法国每年有几万人死于酒精中毒或跟酒精有关的疾病，酗酒更是法国最严重的社会问题之一。在世界各国，因驾车失事而死或受重伤的人中，大约有 30％的人在事前喝了过量的酒。

当然，酒精也造福于人类，它可以用于医药、溶剂、染料、工业树脂，又可做火箭燃料，征收酒税则更为世界各国政府带来大笔收益。

去污功臣——肥皂

现在的洗涤用品种类繁多，琳琅满目，都是人们洗涤去污的有力帮手。如果对这些众多的洗涤品寻根问祖，它们都只有一个共同的祖先，那就是肥皂。尽管肥皂在如今已显落后，但它的历史却相当悠久。

考古学家认为，肥皂至少在 3000 多年前就有了。迄今为止，人们公认肥皂的起源地是古埃及。据埃及的一本古书记载：一天，一位埃及法老设宴招待其周围邻邦的君主。法老准备了极丰盛的饭菜，在御膳房里，上百名厨师正在炊烟中忙着做各种复杂的饭菜。忽然，有一个厨师不慎将一盆油打翻在炭灰里，他急忙用手将沾有油脂的炭灰捧到厨房外面倒掉。等他回来用水洗手时，意外地发现这次手洗得特别干净。这位厨师感到非常奇怪，因为平时厨师们洗手时，为了去掉油污，都先用细沙洗一遍，然后再用清水洗。而他这次没有用沙子，就直接将油污洗得很干净了。于是，他就请别的厨师也来试一试。结果，每个人的手都洗得同样干净。从此以后，王宫的厨师们就把沾有油脂的炭灰当作洗手的工具了。后来，这件事情让法老胡夫知道了，他就吩咐仆人按照厨师们的方法制造沾有油脂的炭灰，并将其制成块状备用。这是人类历史上最早的有关肥皂的记载。

古埃及在经过漫长的历史之后，发生了严重的分裂。而分裂后的国家也把有上千年历史的肥皂制造方法传播到世界各地。这种制造肥皂的方法先传到了希腊，后来又传到罗马和英国。历史考证，在古罗马，人们是用山羊、绵羊或牛的油脂、水和由树木烧成的灰制作肥皂的。那时的人们不仅用肥皂来洗脸，还用肥皂给头发染上黄色、玫瑰色和红色，彩色的肥皂随之出现。在英国，女王伊丽莎白一世下令在布里斯吐勒城建了一座皇家肥皂厂，这是世界上第一座肥皂厂。英国人用煮化的羊脂混以烧碱和白垩土制作肥皂，而女王就用这种肥皂来洗澡。俄国在彼得大帝时也出现了肥皂，但只有贵族阶级才能使用；农奴洗衣洗脸都是用木柴灰加开水煮成的强碱液，这种液体对皮肤有很大的腐蚀性。

又经过几百年，1791 年，法国化学家卢布兰首先用电解食盐（氯化钠）的方法制得了烧碱（氢氧化钠），这种简便的方法使肥皂成本大为降低。从此，肥皂才成为一种价廉实用的日用品，逐步平民化，进入每一个家庭。肥皂的诞生，是人类同污秽、肮脏进行斗争中的一大胜利，也是人类在走出刀耕火种时代后在文明生活史上的一大进步。现在，人们用动植物油脂加碱在高温下蒸煮后再掺以各种中药、香料制成香皂、药皂等，名目繁多，且去污力强。肥皂已成为现代家庭必备的日常用品。

解剖蜘蛛与创造化纤

现在的许多纺织物都是由化学纤维制成的，它具有柔软、耐磨等特点，深受人们的喜爱。人类制造化纤的历史已有 300 多年的历史，所走过的路是很曲折的。

1644 年，英国生物学家霍克在系统地研究蛾蝶类昆虫生理结构之后，提出了人类完全可以靠人工生产丝的设想。霍克的设想在欧洲学术界和工商界引起广泛注意，因为那时人们常用的丝是蚕丝，产量有限，价格昂贵。为了实现人造丝的设想，许多科学家进行了大量的研究工作。法国自然科学家卜翁，曾饲养了很多蜘蛛，探索蜘蛛吐丝结网的奥秘。经过反复试验，他发现蜘蛛的丝是它肚子里的黏液喷射到空气中凝结而成的。于是，卜翁剖开许多蜘蛛的腹壁，取出它们分泌黏液的胶囊，收集大量的黏液，然后用人工方法抽成细丝。他经过 3 年的努力，终于制成了世界上第一副人造丝的手套。但它是用蜘蛛丝做的，因而又细又脆，更不能遇水，稍不留神就会被弄破。这副手套成为无价之宝，至今还完好地保存在巴黎国家研究院中。

1855 年，瑞士科学家奥丹玛斯经过多年的研究，发现用硝酸将棉花溶解到酒精里，经过一定的工艺过程，可制出用来抽丝的黏液，这是人工造丝的一个重大突破，这种丝被称为硝酸丝。1880 年，英国一位业余科学家斯旺制成了经硫酸处理的棉制灯丝。1883 年他又发现了制造多种纤维的方法，最后通过小孔喷射溶液而制成了硝化纤维灯丝。他认为，这种灯丝有可能用作衣料纤维，并在 1885 年举办的发明展览会上，展出了这种纤维的样品。但是，斯旺未参加利用这种纤维的研究工作。1889 年，法国人查顿把自己合成的硝酸丝织成一件色彩绚丽、光耀夺目的衬衣，当时轰动了整个欧洲。但是，这些以棉花为原料的人造丝，不但成本高，而且织成的衣服很不结实，易破裂。

科学家们继续探索从廉价的原料中提取纤维素的方法。1891 年，英国化学家克鲁斯和贝文找到了以木材、芦苇、甘蔗渣制造黏液的方法，称为黏胶法，这种从黏液中抽取的黏胶长丝是优良的衣用纤维。1905 年，英国建成了第一座黏胶纤维工厂，开始了大规模的工业化生产。这种产品是以自然植物固有的纤维为原料的，叫"人造纤维"或"黏纤"。1913 年，德国制成了以塑料聚氯乙烯为原料的氯纶纤维。1924 年，德国人又发明了以聚乙烯酸制成的维尼纶。1931 年，美国人卡罗瑟发明了尼龙，即锦纶。1941 年，英国人惠恩菲尔德和迪克森又发明了涤纶。

随着现代科学技术的发展，人工合成纤维陆续被发明并投入生产，为化纤工业开辟了广阔的前景。

一经发明就泛滥成灾的塑料

塑料即可塑材料，其定义为加热后易于塑制的人造物质，它还有另一定义：一种长链分子所构成的物质。1862 年，英国伯明翰化学家派克士发明了一种与象牙十分相似的坚硬物质，名为"派克士塑料"。硝酸纤维素加入樟脑后，变得柔韧而且质软可塑，这是世界上的第一块塑料。1869 年，美国纽约市印刷商海厄特发明了一种代替象牙制造台球的"赛璐珞"，并投产销售，结果十分畅销。1897 年，德国化学家在脱脂牛奶里加一些凝浮酶，酪素沉淀凝乳，再和其他物质融合，就形成柔韧可塑的物质。酪素是牛奶中的主要蛋白质，是制造乳酪必需的乳物质。酪素经过处理后，易于模塑及硬化，利于制钢扣和织毛线针。

1909 年，比利时化学家培克兰在美国工作，他把酚、甲醛处理后，产生了树脂状物质——电木。此塑料一经加热硬化，就不能再次变软重塑。1922 年，德国化学家斯托丁杰提出聚合学说，指出橡胶是由许多巨分子组成的，橡胶的弹性就是这种异戊二烯分子连成的长链结构所致。他进一步提出苯乙烯加热形成的固体树脂具有类似的巨分子，即今天所称的巨聚合物，这其实就是聚苯乙烯塑料，但直到 20 世纪 30 年代后期才被生产为商品。1927 年，德国化学家把丁二烯的单分子聚合成长链，制成丁纳合成橡胶。1929 年，瑞士的德富弗斯兄弟在英、美设立工厂，制出醋酸纤维素塑料涂布油，专门用来涂飞机机翼套。它还可以作为影片胶卷的基本材料，而且不易着火。

1933 年，英国发现聚乙烯。1939 年，聚乙烯正式投产，其中一个主要用途是用作英国雷达设备的绝缘体。1941 年，英国科学家惠恩菲尔德和迪克森发明了涤纶。涤纶是用苯二甲酸和乙二醇制造出来的，其特点是坚固。在聚酯塑料中加入玻璃纤维而制出玻璃钢，主要可制汽车车身、轮胎内壳和钓鱼竿等。1942 年英国化学家基平制成硅酮。硅酮不是由碳原子链或氢原子链组成，而是由硅原子链组成。液态硅酮在飞机上可作为油压液。硅酮橡胶可用作引擎防热密封圈。1943 年，增塑的聚氯乙烯正式投产。它可以制作成塑料袋、塑料筐和塑料管等。1953 年，德国化学家齐格勒改进聚合作用；1963 年，他和意大利化学家纳塔，双双获得诺贝尔化学奖。齐格勒长期研究和制造含有金属的有机化合物。在有机化学中，这些化合物被广泛用作催化剂，加速化学反应。纳塔进一步发展了齐格勒的研究成果，改良了催化剂。在应用于其他塑料的聚合过程中，不但提高了塑料的生产效率，而且改进了塑料的品质。20 世纪 80 年代，塑料应用更加广泛。制造塑料的原料差不多全靠世界各地供应的石油。为了预防世界塑料严重短缺的情况出现，人们又改由煤焦油提取。塑料的分子一般都由碳原子组成，纤维质是十分常见的天然长链分子。

塑料在给人们带来便利的同时，也带来了忧患。我们现在生活的这个时代，人们常称之为信息时代、电子时代、太空时代、核能时代等，实际上还可称为塑料时代，因为在我们的日常生活中，塑料制品到处都是。塑料与钢铁、混凝土、玻璃一样，已成为广泛使用的材料。由于塑料的广泛使用，致使环境被严重污染，人类的生存受到威胁。在地球的土壤中，已埋藏了数不清的塑料物，大自然是很难分解掉这众多的塑料品的。这对土壤、水源等来说，无疑是巨大的污染。所以，人类必须立即发明出能够代替塑料而不污染环境的物品来，否则，再过数百年，地球就会成为塑料的垃圾场。

现代建筑必不可少的水泥

在位于中国甘肃秦安县大地湾的新石器时期文化遗址里，发掘出一处大型建筑，其主室地面铺着由水泥和陶粒轻骨料制成的混凝土。这种古代水泥的主要成分是硅和铝的化合物，和现代的硅酸盐水泥基本相同。它的抗压强度为每平方厘米 100 千克，相当于现在的 100 号硅酸盐水泥。

现代的水泥，首先是一种水凝黏结剂。在国外，水泥的制造可追溯至 J. F. 约翰（德国）、L. T. 维卡（法国）、斯米顿与 J. 帕克（英国）等人在 1750 年到 1800 年之间的研究成果。1756 年，英国土木技术专家约翰·斯米顿为了能在英国南部海岸建筑一个深入海底的灯塔塔基，他苦心钻研，反复试验，通过煅烧石灰质泥灰岩，最先制得水凝黏结剂，终于发明了一种能在水中把碎石块凝结成为坚固的人造石的材料，命名为"罗马水泥"，这就是现代水泥的前驱。由于这一发明，斯米顿被誉为是土木工程师的鼻祖。帕克于 1786 年获得"罗马水泥"的专利权。但是水泥制造方法的公开揭示，却是在几十年以后。

1824 年，英国建筑工程承包商约瑟夫·阿斯普丁发明了硅酸盐水泥，称"卜特兰水泥"，他获得了这项发明的专利权。因此在国外，一般都称阿斯普丁为卜特兰水泥的发明者。然而，他的水泥在原材料构成上应仍属于"罗马水泥"。阿斯普丁之所以选用这一名称，主要是想表明这种水凝黏结剂与美国那种名叫"Portlandstone"的建筑材料有共同之处。应该说，英国人 I. B. 约翰逊于 1844 年制成的水泥才是真正的卜特兰水泥。

1830 年，德国南部开始生产天然水泥。E. 朗根于 1862 年发现高炉渣具有潜在的水凝硬结能力。1876 年，W. 米夏埃利斯和 G. 普吕辛开始给卜特兰水泥掺以碾碎的高炉渣。1892 年以后则又生产矿渣水泥（卜特兰矿渣水泥，高炉渣水泥），并自 1901 年起以矿渣水泥的名称投放市场。1908 年，H. 屈尔发现了一种将饱和铝氧土的高炉渣与 10%～15%的石膏共同碾磨而成的硫酸盐矿渣水泥。10 余年后，法国、比利时和意大利自 1920 年起大量生产硫酸盐矿渣水泥。德国生产这种水泥是在 1949 年以后。20 世纪初，法国人 J. 比德试制成了铝氧土水泥。

1921 年，出现了膨胀性水泥，这是制造预应力混凝土构件所必须使用的一种建筑材料。此后，法国人 H. 洛西埃对膨胀性水泥做了广泛而又深入的调查研究。现代社会，人类根据建筑需要已能造出各种性能的水泥。

水泥是现代建筑的必需材料。如果没有水泥的发明，很难想象现代社会的大桥和高楼怎样才能立得起来。设想一下，如果把现代社会中的水泥都化为尘土，我们的生存环境将会变成什么样子呢？可见水泥的发明对社会的发展有着极大的促进作用。

交 通 建 筑

世界上数量最多的交通工具——自行车

自行车是现代生活中必不可缺的交通工具，它给人们的生活带来了极大方便。在现代世界，自行车无疑是数量最多的车种。然而，就是这么一个由几根铁架、两个轮子组成的东西，看似简单，其发明却经历了相当长的一段时间。

有史记载，自行车最早出现在 1642 年，意大利的一位橱窗设计师在一幢罗马教堂的彩色玻璃上，详细地绘制了一辆自行车雏形的图案。虽然没有实物可供考证，但这个绘画是关于自行车的最早记载。

1764 年，在奥地利出现了与现代自行车外形很相似的双轮自行车。它虽然可以骑行，但人们并没有看到它的实际意义，也就没有推广。1790 年，法国西夫拉克伯爵制成了第一辆由两个木轮纵向直线排列的自行车。它没有链条，人可以跨骑在上面，两脚来回蹬地使车往前走。虽然这车特别笨重，实用价值也不大，但被科学家们一致称其为自行车的鼻祖。

1817 年，德国人德·莱斯设计了一种两轮"行走机"，它是在老式自行车的基础上，增加了能够操纵前轮活动的把手，以便于掌握方向和平衡。虽然没有传动装置，但是它可以拐弯。他骑着这辆自行车，两脚像滑冰一样不断地交替蹬踏地面，行驶的速度相当于奔跑的马车，因而这种行走机首次被世界公认为真正具有实用价值的自行车，奠定了现代自行车的基本轮廓。

用踏板踩动的第一辆自行车，是由俄国的阿尔塔马诺夫兄弟于 1801 年设计而成。这个踏板安置在自行车铁架前面的轮子上，骑车时蹬动踏板，车就可以前进。但这项发明在当时未被重视。1840 年以后，苏格兰人哈罗德·麦克米伦（1894—1986 年）在他的自行车后轮上安置了踏板。德国的一个钟表修理匠在 1850 年左右试制了一种在前轮和后轮之间安装一套传动装置的自行车，他外出时经常骑这辆自行车。1855 年，法国人 P. 米肖在老式自行车上将踏板安在了自行车的前轮上。1860 年，他因为这项发明而获得专利。以后，人们就将踏板都安在了前轮上。为了提高自行车的速度，后人将自行车前轮设计得越来越大，而后轮越来越小，造成自行车前高后低的形状，骑起来很不方便。最终，这种自行车由于行驶性能太差，未被推广使用。1867 年，英国人麦迪逊设计了第一辆有钢丝辐条的自行车，以往的木轮也换成了钢轮圈。1869 年，一位体育老师特雷夫茨改良了自行车，用后轮推动，前轮导向。而且他还设计出至今仍很流行的女式低架自行车。1871 年以后，各个自行车制造厂都开始大批量生产钢管车架和钢圈轮式的自行车。自行车在大量的问世以后，改进就更加频繁。滚珠轴承、飞轮、刹车、弹簧座、车铃等相继问世。1875 年，实心橡胶轮胎取替钢管轮胎。1885 年，空心橡胶轮胎出现，英国人斯塔利发明了今天人们熟知的自行车链条和菱形结构，两个车轮也改为一样大小，使自行车成为后轮由链条带动的所谓安全两用轮自行车。不久，这种自行车被大加推广，成为全世界的通用自行车，并视为现代自行车的样板。

自行车结构简单，造价低，维修方便，却相当实用，而且没有环境污染，给人类带来了极大方便，深受人们的喜爱。

几代人的努力与火车的发明

火车的出现已经有 100 多年。最早提出制造蒸汽车这一想法的人是牛顿。1662 年，他提出制造蒸汽车，据说是按照"蒸汽射流"的反作用原理设想的。D. 帕潘也曾将他设计的常压蒸汽机用来驱动机车或船舶。此外，欲试制蒸汽车的还有 T. H. 萨弗里。当时的著名科学家瓦特在 1784 年申请的专利中，提到了他的蒸汽机用作交通工具的动力机组一事。

法国炮兵部队的军官居纽试制了第一辆三轮蒸汽车。1771 年，他在巴黎试车多次，但由于车辆还不完善，不得不中止试验。英国的其他发明家也因可供使用的蒸汽机存在着技术上的问题而一事无成。多亏瓦特的工作成就，才使蒸汽车的制造有了进展。默多克于 1785 年设计了一些蒸汽车模型，但是他为了满足瓦特的要求不得不中止研究。后来，默多克的朋友特里维西克制成第一辆作为交通工具的蒸汽车。1801 年，第一辆这种蒸汽车正式在公路上行驶，从此开始了不用马匹的客运时代。但因阻力大，特别是由于技术上的问题和路面不平，这种交通工具未能普及。

人们公认的火车的发明者是乔治·斯蒂芬森（1781—1848 年），他对当时火车制造与行驶中存在的大量问题做了详细分析和认真研究，如火车脱轨、铁路断裂等，广泛吸取了其他人成功的经验与失败的教训，提出各种改进的办法，进行种种试验。经过数年的苦心研究，在前人成就的基础上，1814 年，他 33 岁时造了一台用蒸汽机为引擎的实用火车，并在矿区行驶。由于刚开始制造，机车结构简单，也不知道安装弹簧，火车开起来震动很厉害，把路基都震坏了，机车上的许多螺丝也震松了。当时有人讥笑他："你的火车怎么还不及马车呀!"这种机车放起汽来声音尖得刺耳，2000 米外都能听得到。有人就与他吵闹，说机车声音太大，把附近的牛都吓跑了，还有些反对者说火车头冒火把附近的树烧焦了，把附近的母鸡吓得不下蛋了，等等。面对众多的讥笑与责难，斯蒂芬森克服一切困难，忘我地继续研究下去。

1825 年，他设计的"运动"号客货运蒸汽机车终于造出来了。这是世界上第一辆运送旅客的火车。斯蒂芬森为了发明出实用的蒸汽火车，曾不惜千里之遥前去拜访当时名气极大的瓦特。斯蒂芬森利用前人制造火车的经验，经过刻苦研究，发明了实用火车。他虽有真才实学，但不高傲自矜，并能以谦虚谨慎的态度向别人求教。这种高尚的品质，是他获得成功的诀窍。1829 年，斯蒂芬森父子制造了"火箭"号火车，其锅炉设计新颖，使这辆火车能以 47 千米的时速牵引 14 吨重的列车，从而荣获利物浦雨山镇比赛的冠军。欧洲很多城市也迅速发展起火车业务。

蒸汽机车的发明

蒸汽机的发明把人类带入一个新的时代，特别是当人们把这项发明应用于车辆运输上以后，人类的双脚真的如以往梦想中的那样装上了"风火轮"，快步如飞。

世界上第一辆能在轨道上行驶的蒸汽机车，是 1804 年英国人特里维西克（1771—1833 年）创造的。这辆蒸汽机车有一个汽缸和一个大飞轮，牵引 5 节车厢，载重 10 吨和 70 名乘客，以每小时 8 千米的速度完成试验，但未能投入使用。

1814 年，英国工程师斯蒂芬森制造出蒸汽机车"布鲁克"号，并试验成功。这个蒸汽机车有 2 个汽缸。车身自重 5 吨，牵引 8 节车厢，总重约 30 吨，在达林敦煤矿到港口之间 14.5 千米的轨道上，以每小时 7 千米的速度运行。

1825 年，斯蒂芬森制成世界上第一辆实用的蒸汽机车"运动"号，并在斯托克顿与达林顿之间设计建成世界上第一条商业铁路。"运动"号载重 90 吨，能乘坐 450 人，时速 24 千米，是世界上第一列旅客列车。

1829 年，斯蒂芬森和他的儿子采用新技术，成功制造具有近代蒸汽机车基本形式的"火箭"号蒸汽机车，开辟了人类运输史上的新纪元。"火箭"号的新技术主要是：安装卧式多管锅炉；由气缸排气进行锅炉的强制通风；将活塞的动力直接传递给动力轮。这 3 项设计一直使用到蒸汽机车被淘汰为止，历时长达 150 年之久。

1881 年，中国建成唐胥铁路。1882 年，胥各庄车站修配厂利用一台煤矿起重机的锅炉和其他旧零件，试制成中国第一台小型蒸汽机车"龙"号。该机车能拖带两节 12 吨的车厢。1952 年，青岛四方机车车辆制造厂装配成功中国第一台蒸汽机车。1957 年，大连机车车辆制造厂制造的蒸汽机车"和平 1－5－1"型，是中国第一台自行设计制造的蒸汽机车。机车动力为 1500 多马力，平地可拖载重量 3900 吨，时速 70 千米；在千分之四的坡道上，可拖载重量 2800 吨，时速 40 千米。

时代发展到今天，行驶在世界各地轨道上的机车已多是内燃机车或电气机车，但是，蒸汽机车在科学进步史上划下的那段痕迹是永远也不会磨灭的。

汽车的发展演变

1769 年，法国炮兵部队的工程师居纽试制成安装低压蒸汽机的蒸汽汽车，标志着第一辆机动车问世。他发明的蒸汽汽车的缺点是转向不灵活，而且只能行驶 15 分钟，时速仅有 4.8 千米，和马车差不多，较大的一辆能拉 3 吨重的大炮。

1801 年，英国人德里维斯克研制成安装高压蒸汽机的蒸汽汽车。瑞士人伊萨克·德里瓦茨想用内燃机作为车辆的传动装置（1807 年申请专利）。但是，他于 1807 年设计的模型汽车，在试车时却暴露出不少缺陷，以致不得不放弃试验，1825 年，英国人格尼制成耐用的蒸汽汽车。1845 年，苏格兰人汤姆森发明了充气轮胎，装在一辆四轮车上，并取得专利。1855 年，英国的多斯特郡铁匠鲍代尔制成第一台蒸汽拖拉机。1857 年，美国制出了蒸汽消防车。1862 年，比利时的勒努瓦造了一辆自动推进的车，用汽油发动机来驱动，但车子太重，动力不足。1869 年，法国制出了蒸汽机器脚踏车。1870 年，英国制成蒸汽货车。1876 年，马尔库斯在维也纳驾驶着第一辆装有汽油发动机的机动车在大街上试车，由于发动机噪声吓人，当局禁止他继续试车。1880 年，图赫舍雷尔也对一辆由他本人设计的双冲程发动机驱动的大型载客马车做了实地试验，后因手头拮据，不得不中止试验。

德国斯图加特市的 G. 戴姆勒和 W. 迈巴赫以及曼海姆市的本茨是汽车的创造者，他们几乎同时发明了在技术上几乎毫无缺陷的机动车。1883 年，戴姆勒研制成功高速汽油发动机，1885 年发明单缸汽油机四轮汽车。据记载，戴姆勒机动车厂制造的摩托车首次试车是在 1885 年 11 月。1886 年又对戴姆勒发动机驱动的大型载客马车做了实地试验。戴姆勒和迈巴赫不久发现了单缸发动机的新用途：它们不仅可用在与大型载客马车相似的车辆中，而且还可成功地用在汽艇和铁路运输车辆中。试制成功的戴姆勒机动马车，是世界上第一辆汽车，它宣告了现代化的"自行驱动的无轨车辆"的诞生，结束了依靠人力或畜力驱动车辆的旧的交通时代。这一机动马车为单缸，1.5 马力，时速 16 千米，实际上就是马车安上了自动装置。此外，1885 年，本茨发明单缸汽油机 3 轮汽车，车身重 254 千克，功率0.85 马力，时速 13 至 16 千米。这辆汽车，现保存在慕尼黑科技博物馆。本茨发明的第一辆机动车汽车，1886 年 1 月 29 日以"燃气发动机汽车"的名义申请了专利，进行了试车。1891 年，法国机床制造者帕哈德和莱瓦塞，把引擎移到车的前部。实用煤气发动机的发明者勒努瓦也曾有过制造机动车的打算，19 世纪 60 年代初期，他给一辆大型载客马车安装了自己设计的发动机，试车时发现不理想，因而打消了原来的念头。

原始的汽车自 1886 年诞生以来，每年都有新的改进：木轮逐渐被钢轮代替（1889 年出现了戴姆勒钢轮机动马车），钢轮又逐渐被胶轮代替（1900 年德拉哈耶 1 型汽车首次使用轮胎）；发动机原放车的后部，逐渐移到了车的前部（1895 年罗赫特—施奈德·兰道军特汽车，首次把马达放在车的前部）；单排座逐渐变成双排对座（1896 年出现卢茨曼对座车）；无篷或敞篷车逐渐变成带顶盖和玻璃窗的封闭式车（1912 年出现菲亚特轿车）。后来又出现水陆两用汽车（1941 年的大众水陆两栖汽车）、赛车、吉普车等。

戴姆勒于 1887 年采用四级变速箱并于 1891 年设计出第一辆载重卡车后不久，又出现了其他各种类型的机动车，例如 1901 年在美国制造了第一批拖拉机。1895 年以来在汽车制造业中普遍使用的充气轮胎，促进了汽车的普及。1892 年，美国技术家福特创制具有使用方便、适应要求的机动性好、寿命长的 T 型汽车。T 型汽车采用万向轴以替代当时常用的链式传动装置，第一辆装有万向轴的机动车是迪翁在 1899 年设计的，标志着汽车技术上的重大突破。1910 年，凯特林发明的电起动器也是一项重大成果。这一年，奥地利驻法国尼斯领事杰里纳克使用莱西截斯车，开创现代汽车长扁形车身的先河。1903 年荷兰斯派克公司生产一种特别的汽车：4 个轮子都可制动，而其他汽车到 1920 年还是仅有后轮能制动。1914 年，美国道奇牌汽车使用费城巴德公司生产的整体冲压钢身，这种一体的车身质轻而坚固。

美国的福特从 1903 年起在底特律制造汽车。1908 年 10 月，福特研制的"经济车"面世。1912 年，福特在自己的厂里采用流水线生产，从而使汽车很快成为大量产销的商品。自此，美国汽车的售价由 850 美元降到 260 美元，福特牌汽车的销量全国第一。从此，美国几乎家家有汽车。福特汽车公司也一跃成为名牌汽车制造公司。

1923 年，美国生产出全钢车身的斯蒂贝克车。自 1950 年起，30 年代初期出现的那种摩擦离合器渐为液压离合器所取代。在此期间，那种 1940 年以后仍以机械方式操纵的变速器逐渐被改为液压操纵的变速器。1936 年始，将轿车专用柴油发动机列入成批生产计划。1950 年以后的情况，则是研究如何将燃气轮机用作轿车发动机。1954 年，汪克尔发动机的问世给活塞式发动机指出了新的发展方向，而成批生产装有这种发动机的小轿车则始自 1963 年。摩托车属于机动车范畴，小型摩托车问世于 1921 年。可以说，新型发动机的研制代表此后 20 年来汽车的发展概况。

1966 年，福特公司制成电动汽车，一次充电可行 64 千米。1972 年，英国发明安全轮胎，里面没有内胎，爆胎时产生热力，轮胎就会立即释放出一种液体化合物，迅速封住裂口。1988 年，美国通用汽车公司和休斯飞机公司合作生产太阳能汽车，此太阳能汽车平均时速达 65 千米，如果在强阳光的条件下时速可达 100 千米。当时日本也能生产太阳能汽车。1990 年，美国通用电气公司加拿大分公司为加拿大生产了一批"吕米娜"汽车。这种汽车以沼气为燃料，它的燃料中有 85% 的为甲烷、15% 的汽油。这种汽车降低了对环境的污染，油费也大大降低，因此很快受到欢迎。

汽车是当今人类最常用的一种既经济又方便的交通工具。它具有快捷、灵巧的性能，因而人们的出行都离不开它。汽车是 20 世纪最具代表性的产物，它使人们的生活方式大为改观。汽车让人跨越了时间和距离的限制，可以自由旅行。汽车工业规模也日益发展，一些主要工业国家有种经济论点认为，国家的兴旺有赖于汽车工业的发展。现在的汽车越来越多，新型汽车也层出不穷。美国和苏联大约在 1955 年开始研制不用汽化器的汽车发动机。1955 年，弗格森在英国首次展出了带有液压传动装置的汽车。这标志着汽车传动系统方面的重大突破。此后，汽车制造业飞速发展起来，21 世纪初的汽车制造将有日新月异的大突破，在驾驶方面主要是电脑智能化，在燃料方面主要向无污染的方向发展。如今，科学家们主要在提高车速、动力等方面进行研究。例如氢能汽车、太阳能汽车可能会是未来 100 年汽车的主流。

汽车 200 余年的发展史，从一个侧面显示了现代科学技术突飞猛进、日新月异的成就，展示了人类未来社会的美好远景。

人类交通史上的伟大创举——公共汽车

公共汽车的发明，方便了广大人民群众的出行，是人类交通史上的大事。

最早的公交行业出现在 1827 年，法国人波德里在巴黎开办一家公交公司，不过当时的公交车是马车，被人们称为"马拉巴士"。马拉巴士的车厢是一个长长的大箱子，能坐 2～8 人不等。这种马拉巴士与现代的巴士在制度上几乎相同，都可以在中途上下车，不管是否客满都按时开车。1829 年，马车制造商希利比亚把巴士引进伦敦。1856 年，伦敦成立巴士公司，1890 年的载客量超过 1.12 亿人。当时在欧美各国，到处都是马车的身影。1905 年，英国伦敦有人以马拉巴士为主体，把马置换成内燃机，发明了公共汽车。这是世界上最早的公共汽车。

从 1827 年到 1927 年的这 100 年间，公交事业只限于一个市区及周围的郊区，跨越省份的长途巴士则为美国人首创。1910 年至 1925 年，美国开辟了许多巴士路线，方便当时没有铁路的地区。1921 年，美国的法乔尔兄弟二人，以巴士为主体，把内燃机引擎置换成飞机引擎，这使得巴士在速度和持久工作性上得到发展，因而发明出了长途巴士。他们制成了世界上第一辆长途巴士，载客 22 人，车内也相当舒适，车头发动机采用 100 马力的飞机引擎。1928 年，在旧金山首创横越美国的长途巴士。但第一次长途巴士只有 2 个乘客，他们从旧金山到纽约，路程 4868 千米，用了 15 天零 14 小时。

后来出现的小型巴士，车身较小，不及长途巴士舒适，是第二次世界大战中由军用吉普车改装成的，车身坚固，省油经济。如今在发达国家，开设了专门的学生巴士、老人巴士等。学生可天天乘巴士到远处上课；没有私人汽车的老人也可乘它到处兜风。巴士的开通，给世界上无数人带来了方便。如今人们还可以乘长途巴士进行全球旅行，因为一些国家有跨洲的公交公司。在美英等西方国家，公共汽车与汽车的概念是不同的，公共汽车乘坐的人很多，是大家公用的；而汽车则是私人用或军用的。所以外国人并不认为公共汽车是汽车（CAR），而称它是巴士（BUS）。

如今，公交事业在全球蓬勃发展，其前景非常广阔。在今日环保呼声日益高涨的情况下，各国已在提倡多乘公交车，以减少汽车对大气的污染。公交车的各种设施和服务必将越来越完善。

交通路口的红绿灯

在车辆穿梭的公路交通路口，"红灯停，绿灯行"，这是当今幼儿园中的小朋友都知道的事。然而，在汽车刚刚问世时，人们并没有这个规矩。但是，当车辆逐渐多起来的时候，人与车、车与车在拥挤的道路上就发生了争道的问题，特别是在十字交通路口，四个方向上的来往车辆互不相让，导致交通堵塞，甚至人员的伤亡。于是，人们迫切需要一种能够"发号施令"的工具来调度交通。

现在，人们虽然还无从考察是谁第一个把信号灯放在了路口上，但可以说这个第一人很可能就是警察自身，是他首先想到了要用信号灯代替他们每天喊破嗓子的繁重劳动。当初，那个警察是把晚上的灯延续到了白天，或者是多雾的天气，使他首先在白天的大街上燃起了交通之灯。

有史料记载，最早出现街头的交通信号灯是在英国的伦敦。1868 年，当英国人手中的煤气双色信号灯第一次照亮伦敦街头的时候，虽然免不了引来个别人摇头指责，但对于刚刚步入汽车时代、人车交叉矛盾日益突出的城市来说，无疑是一个希望的曙光。谁知好景不长，便发生了不幸的煤气爆炸事故，随之而来的诽谤和惊吓使信号灯的发展面临着严峻的考验。可是，科学前进的脚步是不会停歇的，科学家们不怕挫折，继续研究。1918年，由人工操纵的三色交通信号灯，终于高高地闪烁在美国城市的街道上。从此，人们便把它奉为指挥交通的"权威"，请到了世界各个城市的路口，一切来往车辆，必须按它的"眼色"行事，半点儿也不敢违背。

交通信号灯之所以采用红、黄、绿三色，是因为红色显示最远，人们又对红色最为敏感，所以被用来作停车信号。黄色光波仅次于红色，在赤、橙、黄、绿、青、蓝、紫七色中居第二位，因而让它作缓行信号。而绿光也是七色中波长较长的色光，与红色区别很大，易于分辨，而且人们习惯把绿色当作生命的象征，因此，通行信号的显示任务就交给它了。当今世界各大城市的交通信号灯，已经是全自动化了，它为指挥车辆的安全顺利行驶，永远不知疲倦地睁大眼睛忙碌着。

意大利跳石与人行道斑马线

早在古罗马时代，意大利庞培市的一些街道上，车辆往来，人马混行，交通经常堵塞，事故不断发生。为了解决这个问题，最初人们将人行道与车马道分开，把人行道加高，又在接近马路口的地方，横砌起一块块凸出路面的石头——跳石，作为指示行人过街的标志。行人可以踩着这些跳石，一步一跨像跨过山涧溪流一样穿越马路。尽管这样十分不方便，但人们仍然乐意铺设这种设置。因为，这样的设置可使马车在通过人行道时减缓速度，跳石刚好在马车的两个轮子中间，不放慢速度，是极容易损坏马车的。这种做法，当时被许多国家纷纷效仿。

19世纪，汽车的诞生开创了一个速度新时代。市区内车流滚滚，简单而笨重的跳石已无法阻挡住交通事故的发生，反而还影响汽车的行驶。于是英国人别出心裁地设计出一种横格状的人行横道线。在 19 世纪 50 年代初，这种人行横道线第一次出现在伦敦街道时，人们看着那一道道赫然醒目的白线，像斑马身上的一道道白斑，就称它为斑马线。司机远驶而来，看到这条条白线时，会自动减速缓行，告诉行人：请安全过街吧。这种线不再像跳石那样突出地面，是有其形而无其体，既方便了行人，又不妨碍汽车的正常运行。

现代世界，各国在交通中通用人行道斑马线。斑马线的涂料不再仅是白漆，而用上了高科技产品的发光地面涂料、荧光涂料等，重要街口还会使用特殊大理石等材料镶嵌。

人行道斑马线的设置，提高了横过马路行人的安全系数，交通事故大大减少。之后，人们又发明了行人安全岛、交通转盘、出租车停靠站、单行道、停车标志等，为保障人类生命财产安全和交通畅通无阻，作出了不懈的努力。

提升社会节奏的高速公路

如果从高空俯瞰地球，半个多世纪以来，地球表面最大的变化肯定是公路的增加，特别是高速公路的明晰线条，在大地上刻下了美丽的一景。

高速公路的发明是交通史上的一项重大发明，它迅速提升了整个社会的节奏，推进了人类发展进程。

高速公路是专供汽车高速行驶的道路，有着一般公路不可比拟的优越性。它的主要特点是：至少有 4 个行车道，在车流量大的路段可有 8～12 个行车道，同时在中间设置分隔带，将上下行车道分开，这样车速会大大提高。高速公路的设计时速多为 120 千米，平均时速为 80 千米以上。车速的提高，使运输成本降低 15％～20％。高速公路还在每一个交叉路口设置立体交叉，使汽车能高速通过十字路口，改变了一般路口交通阻塞的现象。此外，不少高速公路沿线还设有用反光材料制作的鲜明的交通标志以及现代化的交通管理设施，以控制车道出入口，引导车流，调整车辆的速度、密度和间距。因此，尽管车速很高，交通事故却约是一般公路的 30％。

20 世纪 20 年代末期，有的国家出现了中间画线的 4 车道公路；进入30 年代中期，又开始设置中间分隔带和立体交叉，这可以说是高速公路的雏形。1933 年，德国政府颁布了修建高速公路的法令，最先建造了柏林与汉堡之间的世界上第一条现代高速公路。到 1942 年，德国已有高速公路3859 千米。1937 年，美国修建的第一条高速公路也投入使用。意大利也是修建高速公路较早的国家之一。

第二次世界大战结束后，高速公路迅速发展，许多国家相继兴建起来，并使高速公路进一步网络化、现代化。

1985 年，中国大陆第一条高速公路沪嘉公路的奠基动工，标志着中国公路交通建设进入现代化的新时代。此后，高速公路在各地迅速发展。现在，中国东部沿海和平原地区已基本形成了高速公路网，西部地区的主要干线也已完成，正向偏远乡镇地区辐射发展。据有关资料统计，截至 2022年底，中国高速公路的总里程达约 17.7 万千米，稳居世界第一。

从机械升降机到电梯

1835 年，英国矿井中首次出现了提升煤炭的蒸汽提升机。这是当今电梯的雏形，只不过这种自动的梯子并非用电力，使用的是其他机械力。1852 年，美国发明家奥蒂斯发明带有保险装置的机械式升降机，并在纽约的克里斯特巴博览会上进行表演。

科技史上一般认为，世界上最古老的电梯诞生于 1854 年的美国。当时这部简易的木头电梯，升降速度犹如婴儿学步，每分钟只能走几米。1857年，在纽约霍沃特商店的 5 层楼里，成功安装了世界上第一架蒸汽动力的载人升降机。1880 年，德国西门子公司在德国曼海姆博览会上，展出了世界上第一架电力带动的升降机。应该说，西门子公司的这架电梯才算是世界上真正的第一架电梯。尽管速度很慢，但它毕竟具备了今日电梯的功能和模样。1889 年，奥蒂斯公司在纽约德玛斯大厦安装了世界上第一架实用电梯，每分钟的速度约 10 米。

到 1909 年，俄国出现了用轮带拉动的阶梯式的电动楼梯，最快速度达到每分钟 55 米。它装设在彼得格勒大厦，有 729 级阶梯，高低差为 60 米，约等于 20 层楼高。这在世界电梯史上，是一个突破性的进展。

近百年来，随着科学技术的巨大进步，电梯制作技术也取得了惊人的发展。

早期的电梯基本上都是直线型的。而今，千姿百态、品种多样的电梯已进入人们的生活。1985 年 3 月，日本筑波学园的购物中心推出了世界首创的扇形电梯。日本的铄马市西谊大厦装设有圆筒续乘式电梯，从地面上盘绕而上，宛如一条巨龙，气势十分壮观。中国北京长城饭店开业后，装设了一种造型犹如皇冠的观光电梯。这种电梯三面是玻璃，一面是门，周围还装饰了很多灯泡，可以从多层大厅里缓慢上升，穿过大厅屋顶，从室外继续上升到高层楼顶。

为适应各行各业人员的不同需要，各种各样的专业电梯也应运而生。如医院里供病人使用的客梯，旅馆里供餐厅使用的食梯，工地上装载建筑材料的货梯等。日本岐阜特地设计了一种专供残疾人乘轮椅上下阶梯的轮椅电梯。为发生火灾时逃生，许多国家的高层建筑物里都普遍设置了消防电梯。这种电梯装在首层，门框外面有个玻璃盒子，当人遇到火灾时，只要打碎玻璃就可使用。

一般的电梯每秒钟能走 2 米多，高速的走 5 米。日本东京池袋附近香榭大厦的电梯，最高速度每秒可达 10 米。

近年，气垫电梯的问世使电梯技术进入一个新的阶段。它不需要电动机、绞盘和钢索等任何升降机械，而是利用一种特制的鼓风机，造成升降道里的空气压差，电梯靠着气垫上行，下行则自然降落，不需要其他动力。

世界上最早的飞船

18 世纪，气球的诞生实现了人类飞行的愿望。由于气球只能在空中随风飘移,人们就尝试在气球上装上舵、帆,系上小船,做飞船的种种试验。
19 世纪以后,蒸汽机、电动机、内燃机等动力装置相继得到应用,为飞船
的问世创造了有利条件。不久,出现了一种靠填充氢、氦、热空气等产生
升力升到空中的充气体,由螺旋桨或喷气发动机推动前进,可向任意方向
飞行。这就是飞船,又称飞艇。

第一艘载人飞船是法国亨利·吉法德于 1851 年制成的。这艘飞船长 44
米,直径 12 米,体积 2499 立方米,外形像一支雪茄烟,由 3 马力的蒸汽
机转动螺旋桨。1852 年 9 月 24 日,吉法德把氢气充入气囊,驾驶着这艘飞
船,在巴黎郊外伊伯多罗姆,以每小时 10 千米的速度飞行了 27 千米,创
造了世界上第一艘飞船的飞行纪录。

早期的飞船大都为中小型,软式,即船体就是气囊,靠气囊充压保持
外形。后来,又出现了硬式飞船。所谓硬式飞船,是指由金属、木材等制
成框架,再覆上织物蒙皮,靠完整的骨架结构保持外形,载重几十吨以上。
德国格拉夫·齐柏林于 1900 年成功地制成了第一艘硬式飞船 LZ-1 号。这
艘飞船全长 129 米,直径 11.6 米,时速 32 千米。框架由 1 根纵向龙骨、
24 根长梁和大量的纵向或横向张线组成。框架外面覆有防水布制成的蒙
皮。飞船分前后两个船舱,各装有 16 马力的发动机。船内有 16 个气囊,
容积为 12 000 立方米,总升力达 13 吨,比当时的软式飞船大 5~6 倍。

此外,还有一种在飞船下悬挂重物、在充气囊上加上纵向龙骨的半硬
式飞船。法国莱伯迪兄弟在 1902 年制成了第一艘半硬式飞船。

古老的飞行器——气球

气球在古代就有了,其制作的材料并不是橡胶,而是帆布。中国古代
三国时期著名军事家诸葛亮(字孔明)发明的孔明灯,与现代气球有极其
相似的地方,这是人类历史上记载的最早的纸气球。现代气球的发展,是
由很多科学家的努力才得来的。外国古代物理学家弗朗切斯科·德拉纳斯
于 1670 年曾提出:四个抽成真空的大钢球能够将飞船携至空中。这实际上

已包含气球的原理。据史载，中国人早在 1300 年就能制造并使用热空气气球。欧洲最早的气球试验是在 1709 年，当时科学家德瓜斯莫在葡萄牙的首都里斯本最先对气球进行试验。这比中国人晚了 400 多年。

有史记载的真正的气球飞行创始人是 J. 蒙戈菲埃和 E. 蒙戈菲埃兄弟俩。1783 年 6 月 5 日在法国的昂诺内，他们对充以热空气的"蒙戈菲埃"号气球做了首次公开升空表演。1783 年 9 月 19 日，他们在凡尔赛宫的庭院内进行了第二次公开升空表演。那次试验时，他们还在气球舱内装着鸡、鸭、羊等动物，作为第一批空中乘客。1783 年 8 月，物理学家 J. A. 夏尔在罗贝尔兄弟俩的帮助下，用未载人的充氢气球做飞行试验，这是气球发展的新起点。

1783 年 10 月 21 日，P. 德罗齐埃和阿尔朗德公爵在巴黎缪爱德宫用"蒙戈菲埃"号气球进行了首次载人空中飞行。同年 12 月 1 日，夏尔和罗贝尔两兄弟用"夏利埃尔"号气球进行了第二次载人空中飞行。他们的气球已具备现代气球的一切特征，并由于安全可靠，不久就完全取代蒙戈菲埃型气球。在以后的岁月里，人们开始热衷于气球飞行。那时，乘热气球飞行已成为一种时髦的运动，在城市郊外，人们时常能见到空中飘荡的热气球，那时乘坐气球观光的多是贵族子弟和科研工作者。蒂勃尔女士乘上热气球进行飞行表演，她是世界上第一个参加气球飞行的女士。1785 年，有人乘气球从英国出发，成功地横渡英吉利海峡，这次飞行奠定了气球远航飞行的基础。

1794 年，在对奥地利的战争中，法国军队首次将气球用于军事侦察。这种气球是 1867 年 H. J. 吉法尔发明的那种系留气球的前身。科学家夏尔最先证明气球可用于科学考察。1804 年，法国物理学家盖·吕萨克和比奥乘坐气球进行内容丰富的科学考察，他们的气球一直升到 7376 米高度。为了提供高空风速等资料，1806 年，他们在一艘俄国远洋考察船上首次放了一个测风气球，这是气球第一次用于探测天气。1871 年，巴黎被德军包围时，城内外人民用气球互相传递消息，起到了冲破德军封锁的作用。

目前，气球主要用于科技领域。系留气球如今常用于气象探测。此外，科学家在载人的气球中还进行过无数次体育运动飞行，如远程飞行和目的地定向飞行以及科学考察飞行（高空考察）。1914年，科学家伯利纳和他的两位同伴乘气球在比特费尔德起飞，气球飞过俄国的整个欧洲部分，最后降落在乌拉尔境内的斯维尔德洛夫斯克。在高空飞行方面，贝尔森和絮尔林早在1911年就超过了1万米。1931年，皮卡尔用同温层气球达到了15 700米的高度。1933年，苏联科学家普罗柯菲耶夫·戈杜诺夫和比尔恩鲍姆在莫斯科近郊达到了19 000米的高度。而美国人西蒙斯的同温层气球，在1957年升至30 600米。2018年，美国试飞的科学气球"Big 60"上升高度已达48 000米，是迄今为止人类驾驶气球达到的最高高度。

现在，测风气球、探测气球和高空观测气球主要用于气象和物理测试领域。美国的许多小型气象火箭和其他探测火箭都是用火箭高空发射法从大型气球上发射的。随着时代的进步，气球的用途将越来越广泛，它有着别的飞行器所不能取代的重要作用。

作为救生工具的降落伞

降落伞，是使人员和物体从空中安全降落到地面的一种航空工具。在科学技术发展史上，降落伞的学名叫作"降落缓冲器"。

相传我国上古时代，舜幼年丧母，其父偏爱后妻和后妻所生之子，厌恶舜，并常加害于他。一天，其父假借让舜登高修理粮仓，趁势纵火，企图把舜烧死。舜急中生智，用一顶芦苇大斗笠作为落地缓冲器，结果安然无恙。这个故事虽带有神话色彩，但却说明早在4000多年前，人们已对降落伞的原理做过某些尝试。

15世纪以后，一些学者开始从理论上证明利用降落伞的可能性。17世纪，一位名叫德·马尔茨的作家在他的小说中曾形象地描述了书中的主人公从高层城堡越狱时，把两条被单的角系在一起，然后两手抓住被单的两端，利用风力的托举，缓缓落地的故事。这大概可以说是现代降落伞的雏形。1617年，意大利的魏兰奇奥在他的著作中谈到，把方形帆布固定在尺寸相等的木棍上，就可以从高塔上或其他高建筑物上跳下。1777年和1779

年，法国人试制了一顶降落伞，里边放了一只绵羊，然后，他们把降落伞从 35 米高的塔上投下，绵羊安全落地。1787 年，法国人安德烈 - 雅克·加纳林在巴黎蒙索公园的上空利用早期降落伞也降落成功。

19 世纪到 20 世纪初，虽然人们对早期的降落伞的结构做了较大的改进，但由于当时并不需要大规模的救生工具，所以，降落伞事业的发展是很缓慢的。飞机问世以后，为挽救飞机失事中飞行员的性命，1911 年，俄国退设炮兵中尉克杰尼柯夫设计了世界上第一个能折叠的、固定在人身上的背囊式降落伞，成为当时迫切需要的航空救生工具。这种降落伞将伞衣首次放进了一个包，伞包固定在人身上，保证了从任何位置跳伞时伞衣均能打开。同年，意大利人皮诺对降落伞的构造也做了重要改进，提出利用附加的引导牵拉出主伞伞衣的办法。

半个多世纪以来，从降落伞的设计制造到应用，都有了很大发展，种类越来越多，用途也越来越广泛。归结起来，降落伞可分为人用伞、翼形伞、投物伞、专用伞 4 大类。降落伞除了军用以外，主要用于体育竞赛中的跳伞运动，1951 年，南斯拉夫曾举办了第一届世界跳伞锦标赛。现在，世界许多国家都开展了跳伞运动。

人类的翅膀——飞机

自古以来，人类就幻想能够像鸟儿一样在空中自由飞翔。世界各国都曾有人做过飞行的实验。然而几千年来，中外不少按照鸟类飞翔的模样进行的试验无一成功。最好的纪录也只不过是能滑翔几百米，而有的则不幸坠地身亡。这就是飞机最初的飞行试验。1504 年，达·芬奇在佛罗伦萨做了与此有关的研究，他认为人类的翅膀可以仿照蝙蝠的翅膀，然而当他呕心沥血地制造出一架滑翔机时，却差一点儿丢掉性命。所以后人称这些前人不是发明家，而是地地道道的经验主义者和发明家。

后来，O. 利林塔尔通过对滑翔飞行和扑翼飞行进行系统、科学的理论研究和实践后，才获得最基本的航空常识和空气动力飞行指导。1880 年，他根据自己的研究断定："人体自身重量不能靠肌肉力量划动而腾空升起。"他制作了几架滑翔机进行试验，发现除自然中天生可飞翔的动物外，任何物体都不可能靠扇动翅膀来升空。后来，他改用固定翼翅膀的飞机进行试验，才取得一点进展。利林塔尔的这些研究有着十分重大的意义，他的理论将人类几千年的错误认识转变到科学的理论上来，尽管他没能制造出实际意义的飞机，但他对航空事业的发展有着不可磨灭的功绩。

以后，世界各国都有人制作飞机来进行飞行，但始终不能摆脱原始的机械操纵。1896 年，德国滑翔机专家奥托·利连撒尔在一次短暂的飞行试验中不幸坠机身亡。这个消息引起美国莱特兄弟的注意。莱特兄弟从小就喜爱小制作，曾多次做出精致的小物品，深得老师同学们的喜爱。长大后，他们共同学习，共同研究，决心制造出"重要的机器"。他们认为制造飞机一定能够有所成就，所以莱特兄弟开始认真学习关于飞机的各种航空知识、机械制造知识等。他们总结前人经验，反复计算和实验，终于揭开了飞行的又一个秘密：保持飞行器和空气间的适度平衡。他们曾制造了翼端上翘，装有活动方向舱的滑翔机。从 1900 年到 1902 年，他们进行了 3 次飞行试验，使飞机有了一个雏形。1903 年，著名飞行专家兰利教授设计了一架带动力的飞机，然而在他进行飞行表演时，机械突然卡壳，机毁人亡。同年 12 月 17 日，莱特兄弟又制造出一架由简陋的轻质木料为骨架，帆布为基本材料的双翼飞机，在功率为 12 马力的汽油内燃机带动的螺旋桨的作用下，从美国北卡罗来纳州的基蒂霍克沙丘上冉冉起飞上升，用短短的 12 秒飞行了 120 米。这架飞机就是由弟弟奥维尔·莱特（1871—1948 年）驾驶的"飞行者"1 号。"飞行者"1 号是人类历史上第一架具有实际意义的动力载人飞机。后来，莱特兄弟又不懈努力，不断地改进飞机结构。1908 年 9 月 12 日，弟弟奥维尔又在弗吉尼亚州做了持续 4020 秒的飞行表演。同年，哥哥威尔伯·莱特（1867—1912 年）在巴黎做了长达 8423 秒的飞行表演。莱特兄弟这一系列的成功轰动了全球，赢得了全世界的赞誉。

自莱特兄弟试飞成功以后，各国许多科学家都相继仿造，飞机很快就在全世界的上空四处飞翔。10 年以后，飞机的发展已从螺旋桨飞机进展到喷气式飞机，并且出现了超音速飞机。1956 年，苏联航空公司制造了"图

—104"大型喷气式客机，这是世界上首次出现的超音速客机，宣告了航空交通新阶段的开始。

不久的将来，飞机不仅能够在地球上自由驰骋，还能在宇宙中尽情遨游。各种航天飞机穿越于各个星球之间，这与 100 年前莱特兄弟 12 秒的短暂飞行比起来，真是天壤之别。但没有莱特兄弟的刻苦钻研，就没有航空事业的今天。我们应该努力探索，去破解飞行的无尽奥秘！

直升机的百年发展史

据文献记载，1483 年达·芬奇提出了直升机的设想并绘制了草图。1754 年，俄国科学家罗蒙诺索夫制成直升机模型。J. 德根设计了一种具有钟表传动机构的直升机模型。A. 佩诺于 1870 年也试制了一种直升机模型，而且规定须用橡皮筋发动机作为动力源。福尔拉尼尼设计的是一种利用蒸汽传动的直升机模型，1872 年试飞时只能升空数米。至于甘斯文特设计的直升机模型，其飞行性能也不能令人满意。1907 年，布雷盖终于使他自己设计的直升机模型得以在离地面 1.5 米左右做短时间飞行。这一年，法国飞机设计师科努驾驶他本人设计的直升机试飞成功。

1918 年，奥地利人佩特罗丘和冯卡曼对一种为使飞行时稳定特缚在绳上的直升机做了试验。1930 年，苏联的契穆钦顺利完成了离地 605 米的垂直上升试验，但当时还不可能用直升机做水平飞行。1936 年，布雷盖首次进行直升机水平飞行表演，他的直升机在 158 米的高度时时速可达 110 千米。

福克于 1937 年设计的 FW61 型直升机（最高时速约 140 千米，上升高度最高可达 3400 米）则是第一架实用的直升机，从 1943 年开始成批生产。

1939 年，美国飞机设计师西科尔斯基研制成了实用性能优良的 VS—300 直升机。机顶装配一副旋翼（也叫升力螺旋桨），依靠它产生升力飞行；机尾安装一个垂直尾桨（也叫尾部螺旋桨）。西科尔斯基亲自试飞成功。它的问世，标志着飞机制造业的一次重大突破。西科尔斯基于 1889 年

5 月 25 日生于俄国基辅，1908 年毕业于基辅工艺学院，研制直升机未果，转为研制定翼机，曾设计出 S—1 至 S—6 系列飞机。1912 年，他研制成世界上最早的四发动机飞机"俄罗斯勇士"号，第一次世界大战时将其改装为重型轰炸机。1919 年，西科尔斯基去美国，1928 年入美国籍。1929 年，他组建西科尔斯基飞机公司，该公司设计了一系列水上飞机和水陆两用机，其中 1929 年研制成功的S—38成为美国早期的民航机，该公司长期以生产 S 系列直升机而闻名。

1945 年以后，直升机用途广泛，发展甚快。各国在直升机的研究方面下了很大工夫，并取得丰硕成果。1956 年，美国造的直升机载重 6 吨，上升高度达 2000 米；1957 年，苏联造出一种装有两台涡轮螺旋桨发动机的大型直升机，载重 12 吨，上升高度 2432 米。1983 年，苏联生产出的米—26 重型直升机，载重 20 吨，堪称直升机中的巨无霸。在武装直升机的设计制造上，各国都竞相投入了大量的力量。

通 信 宇 航

密码最早产生于军营

从史书记载看，最早制定军队秘密通信暗码的是中国周代初期的著名军事家太公吕尚。他制定了两种通信密码，一种叫"阴符"，一种叫"阴书"。

阴符是一种较为简便的秘密通信手段，使用者事先制造一套尺寸不等、形状各异的阴符。每只符都代表一定意义，只为通信双方知道。在战争过程中，收符者根据收到阴符的尺寸、形状，即可明白统帅的意图。阴符共有 8 种：（1）大胜克敌之符，长 1 尺；（2）破阵擒将之符，长 9 寸；（3）降城得邑之符，长 8 寸；（4）却敌报远之符，长 7 寸；（5）誓众坚守之符，长 6 寸；（6）请粮增兵之符，长 5 寸；（7）败军亡将之符，长 4 寸；（8）失利亡士之符，长 3 寸。后来，这 8 种阴符发展成各种不同用途的虎符、兵符、令箭、金牌、符节，使之能表达更多的内容。这些通信方法，一直沿用到清代末期才被淘汰。

比起阴符，阴书又进了一步。其使用方法是"一合而再离，三发而一知"，即把一份完整的军事文书裁成 3 份，分别写在 3 枚竹简上；派 3 个通信员分别持这 3 枚竹简，分别出发到达目的地后，将 3 枚竹简合而为一，就能知道原意。即使中途有 1 人被敌捕获，也不致泄密。

密码不仅在中国周朝已创，在国外出现也比较早。公元前古罗马大将恺撒通过玩弄字母游戏来隐藏他的情报，他使用的是简单的代入法密码：用字母表上隔开 3 个后的字母代替前面的那个字母。原始的代入法密码很容易破译，只需分析一下每个符号的出现频率就行了。正因为如此，16 世纪中叶，苏格兰女王玛丽·斯图亚特由于密码被人破译而被英国女王伊丽莎白一世处死。

《旧约全书》也用到了密码，说明密码远在古代就有文字记载了。发展至今，密码的运用更为广泛。1971 年 7 月 11 日，卡拉奇通往白宫的海底电缆正在传送尼克松和基辛格的谈话，其中，尼克松问到了"波罗"，而基辛格的回答是"犹洛卡"。这神秘的一问一答，原来是两个密码。"波罗"代表基辛格的北京之行，"犹洛卡"代表北京之行的结果。值得一谈的是这两个密码寓意丰富。"波罗"指中世纪的意大利旅行家马可·波罗，他的足迹遍及中国、日本、印度等国。而"犹洛卡"是古希腊著名科学家阿基米德洗澡时发现浮力基本原理狂喜时说的话，意为"我找到了"。基辛格向尼克松发出"犹洛卡"的密码，既掩盖了情报界的耳目，巧妙地报告了任务顺利完成、结果满意的信息，又恰当地表达了他欣喜的心情。

人类的千里眼——雷达

当代高科技社会，雷达作为一种不可缺少的现代化工具，有着十分广泛和重要的作用。现代雷达多种多样，无论是天空、海洋、陆地或者地下，都可以使用不同类型的雷达来侦测。雷达虽然是近几十年来才出现的产物，但其"家族"已经是种类繁多，神通广大。

有关雷达最早的文字记载见于 1900 年的一篇文献报道。当时的 A. S. 波波夫在研究无线电时，发现在海洋上行驶的船舶可以反射电磁波。于是，另外一位科学家 N. 泰斯拉建议科学研究所利用波波夫发现的这种现象来制造一种机器，用来侦察出附近船只的情况。泰斯拉自行设计了雷达的图纸，并开始测试这种机器。

1904 年，一位叫许尔斯迈尔的人为泰斯拉制造的雷达申请了专利。但是由于当时的技术条件和经济状况等都不合适，而且工业部门对雷达的发明兴趣不大，认为毫无实用价值，因此这些发明雷达雏形的科学家们只好暂停研究。20 世纪 20 年代时，美国军方和英国军方公开开展了回波实验，但他们并不是要研究雷达，而是想测量一下电离层的高度。实际上这场实验为以后雷达的实用奠定了基础。

1924 年，英国科学家阿普顿与巴克特为了侦察大气层高度，设计出一种特殊的阴极射线管，并附有屏幕。不久，第二次世界大战拉开序幕，各国在军队上的花费都很巨大。当时英国、美国等盟国的城市常受到德国法西斯空军轰炸机的轰炸威胁，而且海军也常常受到法西斯潜艇的袭击。这些情况使盟军不得不想方设法研制出一种可以侦察对方活动的仪器。然而法西斯军队也在想制造一种同样的机器。于是，英国、美国、德国都开始同时着手雷达的研究。英国皇家航空部首先取得成果，他们通过实验发现不仅舰船可以反射电磁波，飞机、潜艇等都可以反射电磁波。于是，英国在 1931 年成立由蒂义德等 3 名科学家组成的研究委员会，专门从事雷达的研究。这些委员会成员经过努力，终于于 1935 年发明出了探测飞机的第一个军用雷达。这个雷达可以测出方圆 45 千米内飞机的位置。此后其他各国也相继研制出了各种雷达。1936 年，英国人沃森·瓦特（1892—1973 年）综合前人成果，研制成功不受天气状况和昼夜限制的远距离无线电侦察器，就是本土链对空警戒雷达，这种雷达被部署在英国泰晤士河口附近。该雷达频率为 22～28 兆赫，对飞机的探测距离可达 250 千米。1938 年，英国研制出最早的机载对海搜索雷达。同年，美国海军研制出最早的舰载警戒雷达"XAF"，安装在"纽约"号战列舰上，对飞机的探测距离为 137 千米，对舰艇的探测距离大于 20 千米。1939 年，英国在东部和南部海岸建立雷达站。这时，英国的兰达尔等人把刚刚发明出的磁控管谐振器与雷达相结合，在 1941 年制造出雷达所需的高输出功率的厘米波，这种雷达被称作"环视雷达"，以后雷达就开始向高频发展。这一年，沿英国海岸线部署了完整的雷达警戒网。1943 年，美国研制出最早的微波炮瞄雷达"AN/SCR－584"，其工作波长为 10 厘米，测距精度为 ±22.8 米，它与指挥仪配合，大大提高了高射炮的命中率。在第二次世界大战期间，各个参战国都使用了雷达装置，雷达能侦察到 100 千米内的敌机，从而能及时截击和采取防空措施。

在 1945 年以后，雷达才开始于民用。无论在气象、天文、地理还是宇宙航行方面，雷达都发挥出了强大的威力。

国际救援信号——SOS

在电视播放的《国际新闻》节目里，时常可以看到这样的镜头：不少西欧的和平组织成员，高举写有 SOS 英文字母的标语牌，向人们大声呼吁：Save Our Space（即救救我们的太空），抗议超级大国争夺太空霸权，造成太空的严重污染，威胁和平居民的生活。在美国，为抗议当局有时出现的虐待学生的行径，一些中学教师也身背写有 SOS 的标语，喊着 Save Our School（即救救我们的学校）的口号，上街游行示威。为什么语言不同的国度，都能够通过 SOS 这个词表达出同样的意思呢？

原来，SOS 是一个国际通行的救难信号。据《大不列颠百科全书》和《新哥伦比亚百科全书》解释，过去，船在海洋中航行时经常会遇到海盗抢劫或触礁沉没等危险，但由于各国语言不通，救援标志各异，难以得到国际间的迅速救援。鉴于这种情况，在 1912 年伦敦召开的国际无线电通讯大会上，与会代表商议确定，选用美国电报发明者莫尔斯创造的莫尔斯电码中三点三横三点（…－－－…）作为国际救援信号。在莫尔斯电码中，S 的代号是三点，O 是三横，所以人们就把国际救援信号简称为 SOS。

根据国际海上无线电通讯规则，当轮船遇难，面临覆没危险的时候，方可以发出遇险求救的信号。1912 年 4 月 15 日年夜，大型邮轮"泰坦尼克"号在航行中遇难，船上的报务员向过往船只发出了 SOS 的救援信号。这是 SOS 的首次使用。

由于 SOS 的救援含义和其具有的国际性的特点，后来，人们推而广之，逐渐成为一个在欧美国家通行的求助求援的代名词。在 1999 年科索沃战争期间，南斯拉夫人民在游行示威的队伍中高举写有 SOS 的标语牌，意是求得世界人民对南斯拉夫人民的支持，这也即是 SOS 在社会政治生活中的运用。

在非常情况下，SOS 还可以起到特殊的作用。1981 年，中国远东水运公司派佟云峰到挪威环球海运集团的"格鲁斯坦"号上任船长。有一次，该船满载货物从琉球群岛的南部向曼谷港进发，途经暹罗湾正是深夜。2时30分，突然听到海上传来妇女和婴儿的哭喊声，佟云峰断定是国际海盗组织"夜布鲨"在抢劫难民。为了将海盗一网打尽，他在命令船员做好救援准备的同时，让报务员立即拍发了SOS信号。很快，马来西亚、泰国派来侦察机和巡逻艇驶向发出SOS的经纬度所在处。佟云峰向两国救援人员通报了情况后，马、泰水上警察张开围剿网，一举抓获了在暹罗湾上横行霸道、猖獗一时的"夜布鲨"全部成员。佟云峰也成了一位新闻人物，为祖国赢得了荣誉。

通信证件——邮票的发明

邮票是人们通信时贴在邮件上作为已付邮资的凭证。现在的邮票多种多样，内容广泛，因而集邮也成为许多人的一种爱好。

有关邮票的起源来自一段广为流传的故事。1840年，当时的通信事业已经比较普及，但唯一与现在不同的是，当时的邮费是由收信人来付的。一天，英国伦敦的一个名叫罗兰·西尔（1795—1879年）的绅士在大街上散步。他无意中看见一个邮递员把信交给一位少女以后，就向她要邮费。这个姑娘接过信只瞟了一眼信封，就把信退还给邮递员，说道："先生，我现在身无分文，付不起邮费，请您把信退回去吧。"邮递员当然不肯相信姑娘的话，就和姑娘大吵起来。

西尔出身名门贵族，向来喜欢接济穷人。所以当他看到这种情况后，就赶紧上前去替姑娘付了邮费。待邮递员走了以后，姑娘才对西尔说："先生，我家的确很穷。我的哥哥在外地打工，他每星期都来一次信。我和他事先约定，假如他没有什么事情的话，就在寄给我的信封上画一个圆圈，所以我看到这个信封就知道不必取了。"西尔听后，感到这件事情非同小可，它反映出邮政行业的一个弊端。他回家后琢磨了很久，认为邮费应该由寄信人来付钱，这样就不会出现寄信后不付邮费的现象。他很快向英国政府提出建议，发行邮票。寄信人将邮票贴在信封上，表明他已出钱买邮票，作为邮资已付的凭证。英国政府当时也在为这件事伤脑筋，所以很快就采用了西尔的建议，于 1840 年 5 月 6 日发行世界上第一张邮票——黑便士。西尔因此由一个普通的绅士被提拔为英国皇家邮政大臣。为了避免邮票重复使用，他又采取在邮票上盖章的方法，使得通信事业日趋完善。

最初使用邮票时也有一个麻烦，那就是邮票没有齿纹。出售邮票时，邮局工作人员要用刀子把几十枚印在一张大纸上的邮票一一裁开，既麻烦又容易将邮票损坏，而且还经常裁不齐。在邮票正式使用的 8 年后，一天，英国人亨利·阿查尔在一家小酒吧喝酒，一位外地人坐在他一旁写信。当这个人写完信装进信封以后，就拿出一大张邮票准备裁一枚邮票。然而他没有带小刀，阿查尔想看看他怎么办。只见这个人想了一会儿，就将领带上的别针取下，在邮票周围扎了几个洞，顺利地将邮票撕下来。阿查尔得到启发，他马上回家开始对扎孔研究起来，不久就发明出邮票扎孔机。他申请专利后，很快就办起一家大工厂，生产带齿纹的邮票，英国政府也很快将这种方法推广开来。不久，欧美各地也纷纷仿效，使这种邮票得以普及。

现在，这种带齿孔的邮票仍在邮政业务中唱主角戏。

最早的无线电广播

1906 年 12 月 24 日，即圣诞节前夕的晚上 3 点钟左右，美国达兹堡大学的教授费森登，在马萨诸塞州布朗特岩的国家电器公司 128 米高的无线电塔里进行了一次广播。广播的节目有读《圣经》路加福音中的圣诞故事，小提琴演奏曲，播送德国音乐家韩德尔所作的《舒缓曲》等。听到这次广播的只有新英格兰海边船上的几名报务员。人们认为这是人类历史上第一次正式广播。其实，早在 1900 年，费森登就曾进行过声音极不清楚的演说广播。不过，第一次成功的广播应该是 1902 年美国人巴纳特·史特波斐德在肯塔基穆雷市进行的一次广播。

史特波斐德只读过小学，却是个发明家。1886 年，他从杂志上看到德国人赫兹关于电波的一些想法，得到启发，试图应用到无线广播上。当时，电话的发明家贝尔也在考虑，但他的着眼点在有线广播，而史特波斐德则着眼于无线广播。1902 年，他在附近的树林里放置了 5 台接收机，在穆雷广场放好话筒，但临到开始试验时却紧张得不知播送些什么才好。后来他把儿子叫来，让他在话筒前说话，吹奏口琴。于是，试验成功了。

史特波斐德在穆雷市广播之后，又在费城进行了广播。史特波斐德获得华盛顿专利局的专利权。现在，肯塔基州立穆雷大学还树有"无线广播之父"的纪念碑。

1921 年，在美国达兹堡建成第一座广播电台（KDKA），开始定期广播。1926 年，美国建立国家广播公司，组成全国无线电广播网。此后，仅仅过了 10 余年的时间，无线电广播风靡全球。现在，无线电广播已是连一般老百姓都感到很普通的传媒方式了。

神奇的光纤通信

在激光通信中，用光导纤维传送信号的称为光导纤维通信，即光纤通信。光导纤维通信容量比电通信容量大千万倍，一根光导纤维可以传输数千路或数万路电视，由于激光的频率高，所以通信容量大。光导纤维原料来自二氧化硅（石英砂），成本低廉，节约大量有色金属，而且重量轻，损耗小，它还具有抗干扰性强和保密性强的特点。

从电通信到光通信再到光纤通信的出现，大约经过了 100 年时间。

1875 年，世界上第一台电话问世。5 年以后，电话发明家贝尔发明了一种利用光波作载波的光电话。由于受当时技术条件的限制，这种光电话系统的传输距离只有 213 米。因为找不到理想的光源和传输媒介，光通信长时期得不到发展。一直到 1966 年，英籍华人高锟博士首次利用无线电波传导通信的原理，提出了利用光纤长距离传输光波的概念，他认为可以产生出一种有实用意义的低损耗光纤。根据这一理论，1970 年 8 月，美国康宁公司马勒博士及其助手用二氧化硅首次研制成功损耗每千米为 20 分贝的石英玻璃光纤，为光纤通信的发展奠定了很好的基础。随之，光纤通信研究高潮在各国兴起。到 1975 年，亚特兰大实验系统光纤通信试验成功。1977 年，美国在芝加哥建成商用光导纤维通信线路，光纤通信达到实用阶段。此后，光纤通信在世界各国得到迅速发展，开始了通信技术上的一场新的革命。1979 年，光纤通信进入商业应用。

世界上许多国家研制光纤通信进步很快，经过数年的努力，光纤通信进入了大规模推广应用阶段。1983 年，美国贝尔实验室在美国东、西海岸铺设了 600 千米和 270 千米的两条光纤通信干线，采用含有 144 根光纤而直径仅约 13 毫米的光缆，可通 4600 多路双路电话。其他国家，如德国、日本、加拿大、英国等都建立了许多中短距离的光纤通信系统。

1972 年，中国开始进行光纤通信研究。1976 年，中国研制出低损耗的多模光纤。1978 年，全国科学大会决定把光纤通信列入全国重点科研项目。1980 年底，中国上海新沪玻璃厂和上海电缆研究所，首次研制成功并投入生产光导纤维通信材料。此后，北京首次将光纤通信应用到市内电话上，在全国最先将 3.3 千米 120 路中继线市话光纤通信系统正式并网使用。到现在，中国已基本上掌握了光纤通信总体设计、多模光纤电缆、光电器件、光电端机、测试仪表以及工程设计施工等方面的主要技术。

人类飞往太空的工具——火箭

宇宙火箭作为尖端科技的产品，虽然仅仅诞生几十年，但已经给人类的生活带来了翻天覆地的变化。火箭起源于中国，是中国古代重大发明之一。古代中国火药的发明与使用，给火箭的问世创造了条件。北宋后期，中国人就发明出用于观赏的礼仪火箭。南宋时期出现了军用火箭。到明朝初年，军用火箭已相当完善并广泛用于战场，被称为"军中利器"。有史记载的最早一枚火箭可能就是中国人在公元 1040 年制造的"火龙"。这种火龙用很粗的竹筒制成，里面有火药和弓箭，一经点火，火龙就喷着滚滚的火光射向敌人阵地，同时火龙嘴中的利箭由于火箭内部空气热胀而飞速地射出来。火龙在落地以后，如同重磅炸弹，霎时就"声如雷震，热力达一亩以上，人畜遇之皆碎迸无迹，甲铁皆透"。由此描述可见火龙的厉害。

中国火箭制造技术最先传播到附近国家，如印度等国，又由经商的阿拉伯人在 13 世纪传到欧洲。中国人从最初试制火箭起，就打算把它当作武器使用。在欧洲，首先试制火箭的是英国人。18 世纪时，英国殖民者四处掠夺，然而英国军队最初在进攻印度的时候，遭到当地人使用火箭的猛烈轰击。这种轰击与拿着枪四处射击比起来，真是天壤之别。因为他们尝到了印度火箭的厉害，所以英国人也很想掌握火箭武器的秘密。英国人 W. 康格里夫在 1804 年就设计出一种装有炸药的火箭，它可以在空中飞行 3 千米远，然后轰炸目标。然而早期的火箭射程近，射击散布太大，没有准确度，所以被后来兴起的大炮所取代。

19 世纪后半期，瑞典的 A. 诺贝尔也在进行火箭试验，当时他已能将爆炸力很强的炸药包用火箭送到 8 千米以外的地点。他还想设计破坏性更强的火箭，以充当反战争武器，但未能实现。俄国的 K.E. 齐奥尔科夫斯基约在 19 世纪末进行火箭的研究，他是近代火箭技术和宇宙航行的奠基者，被称为"火箭之父"。他在 1898 年列出了有关火箭飞行的弹道方程，并于 1903 年在发表的第一部科学著作中，运用分段设计原理对宇航火箭作了概括介绍。

美国的 R.H. 戈达德从 1910 年开始对火箭进行实验。他在 1926 年成功地发射了第一枚液体燃料火箭。H.J. 奥伯特于 1924 年发表了一篇有关宇宙火箭精确计算的专题论文。德国是从 1927 年开展火箭研究的，旨在将火箭用作运载工具和推进工具。1931 年，R. 蒂林在德国奥斯纳布吕克附近成功地将一枚固体燃料火箭发射到 3 千米的高空。同年，J. 温克勒尔发射了德国第一枚液体燃料火箭。苏联早在 1930 年前后就研制成功液体燃料火箭发动机。

第一次世界大战后，随着技术的进步，各种火箭武器迅速发展起来，并在第二次世界大战中显示了威力。1933 年以后，在德国，一切科学实验方案均受制于法西斯战争。1934 年，液体燃料火箭已能上升到 2300 米高空。1936 年在佩内明德创立了火箭技术研究所，杀伤力很强的大型火箭 A4 就是在这个研究所里试制成功的。1942 年，A4 火箭机组的飞行高度达 85 千米。它就是德国法西斯分子用来对付英国的恐怖武器 V2 火箭。当时 的德国军队自恃有 V2 火箭就横行霸道，他们每天至少发射 20 枚 V2 火箭 来轰炸英国首都伦敦，给伦敦建筑物带来极大的损害，使伦敦几乎成为一 片废墟。不过这也很快刺激了拦截导弹的出现，英国军队不久就制造出数 种拦截 V2 火箭的导弹，并在伦敦郊区上空布满了带三角铁丝的气球，使 V2 火箭没飞到伦敦上空就爆炸了。1944 年，德国又首次将有控弹道式液 体火箭用于战争。第二次世界大战后，苏联和美国等相继研制出包括洲际 导弹在内的各种火箭武器和运载火箭。

苏联在 1957 年发射了第一枚洲际弹道火箭，它在 1200 千米的高度下 可飞行 1 万多千米。同年，苏联又发射了一枚多级火箭，它把人类的第一 颗人造卫星带到了环形轨道，从而揭开了现代宇宙航行的序幕。

在发展现代火箭技术方面，德国工程师布劳恩、苏联科学家科罗廖夫 和中国科学家钱学森都作出了杰出的贡献。中国在 1970 年用"长征"1 号 三级火箭成功发射了中国的第一颗人造地球卫星；1986 年，中国用"长 征"3 号火箭成功发射地球同步试验通信卫星。2015 年，中国"长征"11 号首飞以来，已成功将 50 多颗卫星送入预定轨道。这表明，火箭发源地中 国，在现代火箭技术方面已经跨入世界先进行列。

除了用于宇宙航行的大型火箭以外，还有不仅可用于军事目的，还可 用于科学研究的小型火箭，例如气象火箭、探空火箭等。火箭是人类高科 技的结晶，随着人类科技的进步，火箭也一定能够载人飞得更高更远。

飞往太空的人造地球卫星

1945 年，科学家初次提议制造人造地球卫星。科幻小说家克拉克于 1945 年 10 月在英国杂志《无线电世界》上发表倡议，首次提议用人造卫 星接收电话。克拉克还计算出，若把通信卫星安置在距地面 359 千米的高空运行,那么,在地球的引力和地球自转而产生的新动力相互作用下,卫星的速度正好是每 24 小时绕地球一周。后来,科学家们通过这个提议研制出地球同步卫星,即可用来通信的卫星。

1957 年 10 月 4 日,苏联首次成功发射了"伴侣"1 号人造地球通信卫星。它的本体是一只用铝合金做成的圆球,直径 58 厘米,重 83.6 千克。圆球外面附着 4 根弹簧鞭状天线,其中一对长 240 厘米,另一对长 290 厘米。卫星内部装有两台无线电发射机,频率分别为 20.005 兆周、40.002 兆周。无线电发射机发出的信号,采用一般电报讯号的形式,每个信号持续时间约 0.3 秒,间歇时间与此相同。此外还安装有一台磁强计,一台辐射计数器,一些测量卫星内部温度和压力的感应元件及作为电源的化学电池。这颗人造卫星在苏联拜科努尔发射场由运载火箭发射。起飞以后几分钟,卫星从火箭中弹出,达到第一宇宙速度(7.9 千米/秒),进入环绕地球飞行的轨道。它距离地面最远时为 964.1 千米,最近时为 228.5 千米,轨道与地球赤道平面的夹角为 65 度,以 96.2 分钟时间绕地球 1 周,比原来预计的所需时间多 1 分 20 秒。在秋夜的晴空中,它像一颗星星在群星中移动,用肉眼可以看到。这颗卫星的运载火箭于 1957 年 12 月 1 日进入稠密的大气层陨灭。卫星在天空中运行了 92 天,绕地球约 1400 圈,行程 6000 万千米,于 1958 年 1 月 4 日陨落。为了纪念人类进入宇宙空间的伟大时刻,苏联在莫斯科列宁山上建立了一座纪念碑,碑顶安置着这个人造天体的复制品。

但是,如果想要把更重一些的卫星送上太空,科学家们便遇到了困难,他们曾想到可以把火箭造得再大一些,以便装更多的燃料,然而这是一件既复杂又十分危险的工作。苏联科学家想来想去,决定用一种原始的方法来发射新的卫星。这就如同用棍子够树上的鸟巢时,一根棍子够不着,就接上另一根棍子。科学家以此为原型,进行相似联想:把两支火箭也接起来,一支燃尽后自动点燃另一支火箭。苏联科学家运用相似联想法创造出世界上第一支多级火箭,为以后的卫星发射提供了经验。

继苏联之后,各国都争相把本国的人造卫星送入太空。发射本国第一颗人造卫星的前 10 个国家及其发射时间分别是:苏联,1957 年 10 月 4 日;

美国，1958 年 2 月 1 日；英国，1962 年 4 月 26 日；加拿大，1962 年 9 月 29 日；法国，1965 年 11 月 26 日；澳大利亚，1967 年 11 月 29 日；西德，1969 年 11 月 8 日；日本，1970 年 2 月 11 日；中国，1970 年 4 月 24 日；印度，1975 年 4 月 19 日。

如今，在地球的上空已经布满各国形形色色的卫星。根据职能区分，主要有气象卫星、军事卫星和通信卫星等。它们忠于职守，始终按自己的轨道履行自己的职责，为地球上的人类提供各种服务。

飞出地球摇篮的航天飞机

航天飞机是可以回收并重复使用的航天火箭，也称为"太空渡船"，集火箭、飞机和飞船于一体，既具有火箭的推进力量，又具有飞机那样的返回能力，还能像飞船那样在地球轨道上运行。

人类畅想到太空旅游由来已久。大约在 15 世纪时，中国有一位名叫万户的勇士，制造了一把航天椅，椅子下面捆绑了 47 支固体火箭，期望能腾空而起，直达月宫。不幸，随着几声巨响，万户和座椅一起炸毁。万户是世界上第一位试图乘火箭上天的"航天员"。后人为了纪念他，把月球上的一个环形山，取名叫"万户"。

万户死后几百年，人类发明了气球、飞艇和飞机。然而，这些飞行器通常只能在 15 千米以下的高空飞行，还不能到太空中旅行。1903 年，俄罗斯科学家齐奥尔科夫斯基提出了用火箭航天的原理，并且绘制了这种飞行器的草图，从理论上打开了人类通往太空的道路。第二次世界大战以后，各国相继发射了装有各种探测仪器的探空火箭。

通过探空火箭和动物试验，人们已经弄清太空环境和失重对人体没有致命影响。于是，在 20 世纪 60 年代初，美苏两国开始争先载人上天。然而，在设计飞船的过程中，他们都发现上天容易回地难。飞船在太空中以每秒 7 千米～8 千米快速绕地球飞行，如何才能减速返回地面，是非常关键的问题。经过反复研究，苏联采用了球状飞船，美国采用了大钝头飞船，让飞船大头向前，向地面冲来，巨大的空气阻力就使飞船急剧减速。可是这样空气与飞船表面剧烈摩擦，产生大量热量，会使飞船表面温度升高到1700℃左右，这会使飞船熔化。后来，人们终于找到一种高分子材料，覆盖在飞船表面，形成防热层。这样，航天员就可以安然无恙了。

1961年4月12日，苏联抢在美国之前，发射了世界上第一艘载人飞船，苏联航天员加加林搭乘"东方1号"飞船首次飞入太空。随后，苏、美又相继发射了载人飞船，但每迈出一步，都要付出巨大的努力，有时还有牺牲。美国航天员查飞、怀特、格里森，苏联航天员帕查科夫、沃尔科夫和多勃罗沃斯基都是为航天事业献身的英雄。他们的献身精神激励着人类为探索太空奥秘而不断努力。从1957年到现在，60多年时间，人类已经发射了卫星、载人飞船、航天站和航天飞机等4类航天器。

1981年4月12日，美国首次发射航天飞机"哥伦比亚"号，杨和克里彭是世界上第一批驾驶航天飞机的宇航员。它庞大的货舱，具有高达29吨的有效载荷。它有运载、发送大型卫星的能力，也能把运行的卫星抓进舱内进行修理，或者收回地面；可以把高轨道卫星和星际探测器，送到3.6万千米的高空轨道。航天飞机作为空间结构的运载工具和建筑平台，能在地球轨道上组装大型太阳能发电站和空间加工厂，使空间成为新型工业基地；它又是大型的空间观察站、实验室，还可用于军事。

1999年11月20日6时30分，中国在酒泉卫星发射中心成功发射载人航天工程第一艘试验飞船"神舟"号，21日3时41分在内蒙古自治区中部地区成功着陆。这标志着中国的航天技术已居世界先进水平。目前世界上只有美国、俄罗斯、中国三国掌握这一高科技技术。国际空间站项目由16个国家共同建设、运行和使用，是有史以来规模最大、耗时最长且涉及国家最多的空间国际合作项目。自1998年正式建站以来，经过十多年的建设，于2010年完成建造任务转入全面使用阶段。国际空间站主要由美国国家航空航天局、俄罗斯联邦航天局、欧洲航天局、日本宇宙航空研究开发机构、加拿大空间局共同运营。1992年，中国政府就制定了载人航天工程"三步走"发展战略，建成空间站是发展战略的重要目标。2021年5月，空间站天和核心舱完成在轨测试验证。2021年10月16日6时56分，神舟

13 号载人飞船与空间站组合体完成自主快速交会对接。航天员翟志刚、王亚平、叶光富进驻天和核心舱，中国空间站开启有人长期驻留时代。科学家们正在致力于发现地球外的生命，太空还有许多地方期待着人们去开发。

第一个行星探测器

人类发射了人造卫星以后不久，就开始了行星探测器的研制工作。太阳系内有 8 颗大行星，它们是水星、金星、地球、火星、木星、土星、天王星、海王星。探测的第一个目标，就是离地球最近的金星。开始，事情进行得并不顺利，屡次失败。直到 1962 年 8 月 27 日，第一个金星探测器"水手"2 号发射成功。同年 12 月 14 日，"水手"2 号在距金星 34838 千米处飞过。完成了对金星的逼近考察，成为一颗人造星，永远环绕太阳飞行，每 345.9 天绕太阳一周。之后，人类发射了多个金星探测器，其中有的进入了金星的大气层，有的在金星上软着陆。它们向地球送回了大量的资料，揭开了蒙在金星表面的那层面纱，取得了丰硕成果。

火星是太阳系中一颗迷人的天体。它上面是否有生命，一直是个谜。在行星际旅行的最初阶段，人们自然地想到要去拜访那些想象中的"火星人"。1965 年，人类发射了火星探测器"水手"4 号，第一次对火星进行逼近探测。之后，人们发射了数个火星探测器，有的在绕火星的轨道上飞行，有的在火星表面软着陆。它们发回了大量资料，但是没有一个火星探测器找到过火星人的踪迹。

水星探测器"水手"10 号于 1973 年 11 月 8 日发射成功。它飞行了 506 个日日夜夜。在飞行期间，它向地球传送了 4000 多幅很清晰的电视照片。根据照片，人们已给水星绘制了地貌图。水星给人们的印象是它非常像月亮。

为了考察木星这颗外行星，美国在 1972 年 3 月 3 日发射了第一个木星探测器"先锋"10 号。"先锋"10 号穿越火星轨道后，同年 7 月进入小行星带，1973 年 2 月安全无恙地通过了这个危险区域，径直向木星飞去，开始了对木星这颗太阳系内最大的行星的观测。这位重 270 千克的"使者"飞行了 21 个月，行程 10 亿千米，于 1973 年 12 月 5 日来到木星上空。从它发回的资料看，木星上奇异的大红斑是一个耸立在 10 千米高空的云团。这个云团可能是一个强大的逆时针旋转的长寿命旋涡，也可能是一团激烈上升的气流。"先锋"10 号被木星的巨大引力加速，终于克服了太阳引力场，成为第一艘脱离太阳系的宇宙飞船。1981 年，它穿过了冥王星的轨道，然后以每小时 4 万千米的速度向金牛座飞去。

人类首次在宇宙空间漫步

第一个在宇宙空间漫步的人是苏联的 A. 列昂诺夫中校，他生于 1934 年 5 月 30 日。

1965 年 3 月 18 日，列昂诺夫与 P. 别利亚耶夫一起乘"上升"2 号宇宙飞船在拜科努尔升空。格林尼治时间 8 时 30 分，列昂诺夫离开座椅，穿好宇宙服，身背氧气筒，经过连接在宇宙飞船一端的一个气闸室，走出飞船船舱，进入了宇宙空间。

列昂诺夫的动作过程很像是潜水员从潜水艇中进入海底，但是危险性要大多了。由于飞船和宇航员都处于失重状态，空间散步不是在走，而是在飘。动作稍有疏忽，宇航员会飘离飞船而永远回不来。

为了保证安全，一根长 5 米多的缆索把宇航员紧紧拴住。缆索中的电话线保证了舱内外两名宇航员通话，电缆线还把舱外宇航员在宇宙空间的一切生理感觉、生物功能测量数据传回座舱并发回地球。

列昂诺夫在空中停留了 10 分钟后，由原通道回到了舱内。在 20 分钟内，他飘了 12 分 9 秒。从发回的电视图像上看出，他的动作笨拙得可笑，但是证实了人是可以在宇宙空间中停留并活动的。

人类第一次登上月球

第一批在月球上登陆的人，是美国宇航员 N. 阿姆斯特朗和 E. 奥尔德林。他们乘坐"阿波罗"11 号宇宙飞船经过 100 小时的飞行到达月球。

1969 年 7 月 21 日格林尼治时间 3 时 51 分，飞行指令长阿姆斯特朗爬出登月舱的气闸室舱门，在 5 米高的进出口台上待了几分钟，以平复激动的心情。然后，他伸出左脚慢慢地沿着登月舱着陆架上的一架扶梯走向月面。他在扶梯的每一级上都稍微停留一下，以使身体能适应月球重力环境，走完 9 级扶梯共花了 3 分钟。4 时 7 分，他小心翼翼地把左脚触及月面，然后鼓起勇气将右脚也站在月面上。于是，静寂的月球尘土上第一次印上了人类的脚印。

阿姆斯特朗和奥尔德林在月面上总共停留了 2 小时 18 分，在舱外活动了 2 小时又 21 分钟。在这无声无息的环境里，他们安装了自动月震仪、激光后向反射器、太阳风测试仪，并收集了 23 千克的月球岩土标本，插上了一面美国星条旗。电视摄像机不断地把他们的活动拍摄下来送回地面，使地面上千千万万观众与他们一道经历了这一场冒险。当时，他们的另一位同胞 M. 柯林斯却在月球上空中飞行，等候他们的胜利归来。

宇宙探测车驶向太空

自从苏联科学家于 1970 年把第一辆月球车送上月球后，宇宙探测车的设计就在各发达国家展开。美国和苏联的科学家已经制定了建造新型宇宙探测车的计划，并准备为太阳系中除地球外的大行星和它们众多的卫星都各自设计一辆宇宙探测车。1996 年，人类已经用火箭将火星车送上了火星表面。从月球车到火星车，标志着人类已经有能力踏上其他的星球。

苏联研制的第一部月球车是由"月球"探测器 17 号携带发射的，于

1970 年 11 月 17 日到达月面的雨海。接着"月球"探测器 21 号又发射了"月球车"2 号，它于 1973 年 1 月 16 日在月面晴海的东端软着陆。这两部月球车在凹凸不平的月面上共运行了 414 天。它们拍摄了数百张月面全景照片以及 10 万张月面上各个地点的详细照片，并进行了各种科学观测，获得很多科研成果。

苏联的月球车重 750 千克，大小相当于一辆小型轿车，它的运行由地面遥控，时速 1 千米～2 千米。月球车的轮子左右各 4 个，都是包有金属丝网轮胎的车轮。每个车轮都有各自独立的驱动力，不管哪个车轮发生故障也不会影响月球车的运行。此外，在月球车的后部还装有一个测定行走距离和防止侧滑的车轮。实践证明，月球车的设计是十分成功的。在月球车设计经验的基础上，科学家们构思了火星车的设计蓝图。

最初，发明家也为火星车设计了与月球车相同的车轮，但是后来考虑到火星表面不像月球表面那么平坦，为了在火星表面的沙漠和熔岩地带行走，不能采用与月球车相同的车轮。为了让车轮在任何形状的表面都能支撑车身，发明家设计了一种圆锥形的车轮。安装着这种车轮的火星车，体重 360 千克～450 千克，高约一米。但是考虑到运载火箭的条件，火星车的尺寸、重量必须再小一些才行。于是一种只有 70 千克左右的火星车又被设计出来了。不过如果今后还有新的构思的话，火星车的形状还可能有新的改变。

在遥控月球车行走时，无线电信号往返地球和月球之间只需要 3 秒钟左右，可以及时操纵月球车。可是火星距离地球过于遥远，无线电信号从地球发往火星单程就需要 6 分钟至 20 分钟（因为地球与火星之间的距离是变化的）之久，要在地球上操纵火星车是很难的。发明家为火星设计了人工智能系统，使它具有随机应变的能力。自古以来，人类就认为火星上有生命，因为人类很早就发现火星具有和地球相似的白色极冠，这是火星上有水的征兆。后来科学家又发现火星上有许多干涸的运河。在离火星表面很近的地方，还有两颗天然的小卫星。这曾一度被人们臆测为是火星人引用两极冰水而开凿的运河和火星人的卫星。

美国于 1996 年 11 月和 12 月先后发射"火星全球勘测者"和"火星探

路者"两个火星探测器，并计划在近年发射一枚火箭，携带更大的火星车，能在 30 多千米的范围内收集火星岩石样品。美国宇航局还决定在 2011 年至 2018 年间，发射载人火星飞船。现在，火星上的火星车通过大量勘测，已为人类登上火星做好准备。

宇宙探测车虽然起步较晚，然而它的出现使科学家可以在不派出宇航员的情况下就能对星球进行勘测，着实是人类的好帮手，也是人类飞向宇宙的和平使者。

电 器 五 金

解剖学家意外发现电池

电池的发明得益于解剖学家的一次意外发现。

伽伐尼是 18 世纪意大利一位解剖学家。1791 年，他在作青蛙研究时，无意中发现，两根不同的金属棒触到死青蛙的大腿上，会引起大腿肌肉发生抽搐。为了弄清这一奇怪的现象，伽伐尼在实验室中反复进行了导电实验。他用两根同样的导线，接到充电的电容器上，将电流引向死青蛙的腿部，大腿肌肉受到电流的刺激就会抽搐起来。

那时候，还没有发电机，所需的电要靠摩擦产生。物理学家们都在千方百计地寻求一种省时且能获得持续电流的办法。伽伐尼的意外发现，使物理学家们受到了极大的启发，他们努力探讨青蛙的肌肉会产生电流的原因，以期开辟新的电源的产生途径。

意大利物理学家伏特，经过一系列实验后，得出了结论：青蛙的肌肉中具有某种溶液，当两种不同的金属棒中有一种跟溶液发生了化学反应，它们之间就能产生电流。1800 年，依照这一原理，伏特把一块铜板和一块锌板放在盐水中，做成了世界上第一个电池。这种电池由盐水浸泡的铜片和锌片相间堆集组成，用导线将两端连接起来，导线间就形成了稳定的电流。接着，他又把许多碎片、浸透盐水的纸片和铜片依次叠在一起，结果最下面的锌板和最上面的铜板之间可以产生很高的电压。这种电池被称为"伏打堆原电池"。伏打电池的发明使电学从静电的研究迈进到"动电"的时代。为了纪念伏特，后来的科学家把电动势、电位差、电压的单位命名为"伏特"。

此后，新的电池技术发展很快。1803年，德国科学家里特发明了蓄电池。1836年，英国的丹尼尔改善了铜锌电池，造出第一个实用的电源。1868年，法国科学家勒克朗谢发明了半干电池，19年后，海勒生以此为基础发明的干电池问世。1900年，瑞典科学家荣格和伯格发明了镉镍电池。1954年，硅光电池在美国贝尔实验室研制成功。近年来，科学家又研究出以半导体材料为电极的光生伏打电池和光化电池。

电灯的发明解决了照明问题

众所周知，电灯是美国发明大王爱迪生发明的。在这之前，人类一直被自然控制，尽管人们已经发明出蜡烛，然而这火光毕竟不够强，照射不了多远。所以一到晚上，无论是城市还是乡村，到处都一片漆黑。人们自始至终都在寻找照明的方法。

发明大王爱迪生一生有1000多项发明，他的发明对人类的文明发展起到了巨大的推动作用。他最伟大的发明就是电灯。有科学家称，如果没有爱迪生的发明创造，恐怕人类还需要100年才能进入电气时代。爱迪生从小就爱动脑筋，尽管他只上过3个月的小学，但他接触自然的机会很多，而且他的母亲在家亲自教他各种知识。他长大后仍努力学习，考入一所重点大学，这为他以后搞科研铺平了道路。

自从富兰克林发现电之后，爱迪生就认为电是一种极好的能源。他想：闪电可以发出那么大的能量，如果用电来为人类照明，该有多好啊！于是，他潜心研究一种新的照明设备。他用玻璃制造了灯泡，并设计了灯泡的电路图。尽管这些没有费他太多的时间，但他为了寻找灯泡的灯丝，却花了几年的时间，试验6000多次。结果，他发现用白金制成的灯丝合乎理想。然而白金是贵重金属，不能为广大消费者所接受。如果是一般的人，会认为找到一种灯丝就够了。然而爱迪生为了使灯泡走进千家万户，决心寻找更为价廉物美的纤维，他先后选用过3000种金属灯丝，2000种炭化动物毛，2000种植物纤维，但没有找到理想的适合制造白炽灯泡灯丝的纤维。

一天，爱迪生听说在日本有许多很好的竹子，就派人从日本采集了招扇竹纤维，试用后达到了目的。但是爱迪生并不以此为满足，他又派遣助手至日本，收集日本产的 350 种竹子，一一加以试验比较，从中挑选最好的一种作为灯丝。随着科技的进步，科学家又发明了许多材料作为灯丝，现在，白炽灯的灯丝多用钨丝做成。

爱迪生发明电灯的事例说明，一般来说，发明者的积极性高低与成败成正比。爱迪生发明的廉价灯泡很快被大家接受，传向了世界各地。灯泡的发明，使人类走进了更加光明的时代。

爱迪生的特殊灯泡与阴极电子管

阴极电子管在 1947 年晶体管发明以前，一直是标准的电子放大装置。收音机、电视机、长途电话以及初期的电脑，都靠阴极电子管才得以发展。

1880 年，爱迪生发现他的电灯泡似乎是被炽热的灯丝蒸发出的碳粒子弄污的。1883 年，他把一根电极密封在灯泡里，靠近灯丝，发现电极与灯丝的阳极接触就有电流，与阴极接触则没有电流。1897 年，英国物理学家汤木生发现了电子，证实了"爱迪生效应"，即灯泡被碳粒子弄污、电流只向阳极发射的现象是电子引起的。电子在高温下得到足够能量，就会冲出灯丝或任何热电极之外，爱迪生的那种特殊的灯泡其实就是一种阴极电子管，可以把交流电变成直流电，在电路上使用。英国的科学家夫雷铭最先看到阴极电子管的潜力，在 1904 年把它用于无线电收音机内的检波器，并且取得了发明二极电子管的英国专利。

1906 年，美国工程师德福来斯特在爱迪生二极管的两个电极之间插入第三个电极，叫栅极，这样就制出了三极电子管。栅极发生的微弱拦截信号，可以调制从阴极流向阳极的强力电流，使之成为与信号电流相似但强得多的电流。

有了阴极电子管，无线电可以放大传送声音，收音机比以前灵敏多了，无线电的通信范围比以前大为增大。阴极电子管发明之前，无线电发送的声音模糊难辨识；有了阴极电子管以后，发射机很容易把传声器接收声音后产生的电信号加在无线电波上。长途电话信号通过电缆时会减弱并且失真，而阴极电子管放大器可增强音量，纠正失真。电视摄影机、发射机和接收机都很快采用了阴极电子管，强力的发射站用阴极电子管发射无线电波，把图像和声音传送到远方。

阴极电子管的发明，带动了世界电子产业的迅猛发展，对人类文明的影响很大。尽管在它原来施展本领的许多阵地上已经换上了新的一代电子产品，但它对人类所作出的贡献，早已载入史册。

贝尔与电话机

19 世纪以前，人类一直使用原始的通信方式。1838 年，美国画家莫尔斯发明了电码电报，奏响了人类信息革命的序曲。1876 年，英国人贝尔制成了最早的实用电话机，它通过电流和声音的转换，使人类开始了更为方便的电话通信，免去了电报的译码工作。古人幻想的顺风耳由此变成了现实，可以说电话的发明是信息革命的一个重要里程碑。

现在，世界公认的电话发明家是英国的贝尔，但是，在技术革命的浪潮中研究电话的人并不是只有贝尔一人。1849 年，布尔瑟就试图以电线的方式传送话语，但未获成功。德国人菲利普·赖斯在 1861 年表演过他研制的电话机，实现了短距离传送声音和话语的夙愿。赖斯是个教师，他用猪肠当受话器的薄膜，造了一台粗糙的电话机，在法兰克福物理学会上做了表演。他希望他的发明能得到支持，谁知到会的权威们只把它看成是一种游戏。赖斯在 40 岁时含恨病逝。赖斯电话机的原理基本上和后来大部分电话机的工作原理相同：变动接触电阻，使声振荡变成电信号，再借助电磁原理使电信号复原成声振荡。赖斯虽然多次公开展示他的电话机，也小批量生产了一些，但由于技术上的缺陷，工业界对之兴趣不大，故未获社会重视。在赖斯去世的 1874 年，从事电报工作的美国人格雷，携带着一台比赖斯式先进的电话机在华盛顿进行了表演。由于不够完善，格雷在众口皆非的议论中动摇了。

贝尔出生于英国的声学世家，移居美国后任声学教授。他热衷于发明电话是 1874 年前后的事，他看准了电话必有前途，断然辞去了高薪的教授工作，在许多人不理解的阻拦中潜心研究，电话终于在 1876 年试验成功，并获得了专利，贝尔为人类作出了巨大的贡献。由于该装置既可用来发送信号，又可接收信号，而且无需额外电源，故大受欢迎。1878 年，在波士顿与纽约之间，贝尔首次成功地进行了相隔 200 英里（321.8 千米）的长途通话。同年，美国第一家电话局正式对外营业，俄国的格卢比茨基也设计了一种电话机。贝尔设计的第一架电话机原型，至今仍保存在美国华盛顿历史和技术博物馆里。

电话机后来经过了无数次的改进，如采用炭粒传声器，补充供应来自中央蓄电池的工作电流，等等。技术的不断更新，扩大了电话机的通信距离和应用范围。自动电话通信应归功于美国的斯特罗格，他因发明拨号盘原理而于 1889 年获得了专利。1892 年，美国建立了第一座自动电话站。电话机在最初都用架空线（裸线）连接，后来，人们又使用不易受外界影响的电缆。初期的电话通信距离不可能很远，电子管的发明消除了尚存的距离限制。1915 年，美国东西海岸之间建立了长达 5400 千米的电话通信。那时的电话机是一对线路只通一对电话，线路利用率低。怎样才能在一对线路上实现多路通信呢？经过反复实践，人们于 1911 年研制出了单路载波电话机。1920 年以后，人们开始进行以别种开关元件代替拨号盘，后来又发明了无线电对讲机、移动电话、可视电话等。

中国的电话业务开始于 1881 年，华洋德律风公司在上海经营电话业务。1900 年，中国在南京设立第一个电话局。1910 年，中国在北京安装电话，当时采用的是人工电话，用手摇发电机发出信号，再进行通话。1960 年，中国在上海建成第一个纵横制电话交换机试验局。

人类进入 20 世纪后，信息技术有了更广阔的前景。通信卫星接连上天，为人类通信带来极大的方便。目前，全世界 65％ 以上的国际通信业务，都由通信卫星来承担。即使如此，人们还不满足，仍然在寻找更新、更完美的通信系统。

留住历史声音的留声机

在人们的现代生活方面，各种录音机及音响设备充斥世界市场。科学技术的发展也给这方面的发展带来勃勃生机。但这众多音响设备都有一个共同的鼻祖——留声机。其实，留声机的发明也纯属偶然。

留声机是由美国的爱迪生最先发明的。1877 年，爱迪生在试验改进电话时，意外地发现传话器里的膜板随着说话声音会引起相应的震动。话声低，颤动慢；话声高，颤动快。他想：既然说话的声音能使膜板颤动，那么，反过来，这种颤动能否使它发出原先的说话的声音呢？根据这一设想，爱迪生经过无数次的实验，愿望终于变成了现实。同年 8 月 15 日，一台由圆筒、曲柄、两根金属小管和模板组成的机器诞生在爱迪生的实验室里。爱迪生请了许多人来参观自己的成果。只见他取出一张锡箔，包在刻有螺旋槽纹的金属圆筒上，一边摇动曲柄，一边唱歌。随后，他把圆筒转回原处，换上另外一支小管，再次摇动曲柄，机器的大喇叭里便传出爱迪生刚刚唱的那首歌。这台机器就是最原始、最古老的、有录音放音功能的留声机。当时，爱迪生把留声机称作"写下的音"。爱迪生的这场表演在现在看来很普通，但在当时看来，却是极其神奇的事情。参观者们一个个目瞪口呆，不相信自己的耳朵能够听到爱迪生不张口而发出的歌声。

留声机发明出来之后，立即被爱迪生自己的发明公司投入生产，很快就流行于全世界。后来，爱迪生又改进那张锡箔唱片，制成了蜡制大圆盘。因此早期的唱片也称蜡盘或蜡筒。留声机刚刚问世时，人们并不知道它被发明的重大意义，只把它当作一种高级玩具。1888 年，德国人林纳发明了现代仍在使用的盘式唱片和唱机。唱片转动时，唱针在其上面产生机械振动并由电唱头变为电信号，经放大器放大以后送入扬声器变成声音传出。这种留声机性能稳定，声音清楚，所以得到广大消费者的欢迎。

老式唱片原为 78 转快速单面唱片。1905 年，德国高立公司制作出双面唱片。20 世纪 60 年代末，荷兰菲利浦公司首次发明盒式磁带，这种磁带一直使用到今天仍没有太大的改进。1986 年 10 月，日本则静悄悄地发明出引起唱片革命的光盘。这种称作"光盘"的数字磁带及配套的音响设备很快传到世界各地，它可以录音、储存、放音，全部采用数码方式，声音频率范围大，容量多，声音不失真，播放时不用翻面，还可以任意搜寻，听者可任意选择所需的任何一道音轨进行收听。唱片的发展相当迅速，之后便向小型化、多容量等方面发展。

无处不在的钉子

在人们的生产生活中，钉子是简单而又用途广泛的重要物件之一。曾有统计数字计算得出：假如将世界上每年用掉的钉子数目除以地球的表面积，那么每平方米内的钉子就有 1000 颗。可见人类使用钉子的数量是十分巨大的。

据考古学家的考证，钉子的历史几乎与我们人类的历史同样久远。考古学家在世界各地的猿人遗址中都发现了钉子。当然原始钉子的材料不是金属的，而是动物和鱼的骨头及树木的尖刺和削尖的木片。原始人用钉子将骨头钉在洞中当作装饰物，有的原始人还会用钉子来连接各种物体和建造简陋的茅屋。

金属钉出现在人们学会冶炼金属之时。在古老的青铜器时代，人们制造钉子的方法是浇注、锻造或磨制，这 3 种办法在今天看来是非常费时费力的。那时，因为钉子的制造非常困难，所以数量寥寥无几，造价也非常昂贵，只有王宫或贵族宅院能用得起。有一个例子可以说明钉子在过去的异常珍贵。在那遥远的年代，罗马军队一向是所向披靡。然而一次战争的失利使得一队古罗马士兵为敌军所困，为保存实力，被迫紧急撤出要塞。但是他们不愿使宝贵的财物——7 吨钉子沦入敌手，使它们成为对付自己的武器，因此就将这 7 吨钉子严密装箱，深埋于地下。直到 20 世纪，建筑工人在古罗马要塞遗址上搞建筑施工时，才偶然发现了这些箱子的残骸。但令人惊奇的是，尽管历经 2000 年，这些古罗马时代的钉子居然光泽如初，连点儿锈斑都没有。可见当时人们制造钉子是十分用心的，制造钉子的材料是最上等的金属。

原始的制钉方式为全世界很多国家所接受，但在几千年中始终没有人去改进。一直到 19 世纪，锻钉机械问世之后，钉子的生产才有了工业基础。有了锻钉机后，生产钉子的效率自然成百上千倍地提高。今天绝大部分的钉子都是在制钉机上用特殊的金属丝制成的。人类还发明出有特殊用途的玻璃钢钉、木钉、填满火药的空心钉以及涂有聚合薄膜的钉子等。许多蕴含着高科技的钉子也纷纷诞生，它们无处不在地默默为人类作着奉献。

简便实用的拉链

最早提出拉链设想的是美国一位名叫 W. L. 贾德森的普通机械技术人员，而把制造拉链这一设想转化为实用商品的则是美国籍瑞典电气工程师 G. 森德巴克。最初，森德巴克是将这一发明作为鞋的紧固件而设计的，它由一系列的单个紧固件组成，各个紧固件由两个连锁部件组合在一起，连锁部件可通过手或滑动导轨夹紧。这就是历史上第一种拉链。

1893 年，贾德森获得了有关拉链的第一号专利。1905 年，贾德森又设计成易于机械化生产的新型拉链。他不再把拉链的紧固件搞成锁状联结，而是把紧固件简单地固定在布带边缘上。但是，当时的服装制造业者并没有意识到拉链对服装的巨大作用，因此对这种拉链兴趣不大。因为这种原始的拉链设计还不很完善，常在人们意想不到的时候脱开。森德巴克于 1905 年移居美国，后受雇于芝加哥通用拉链公司。他重新研究了贾德森的研究成果，认为新的拉链紧固件必须是柔软并能弯曲的，于是森德巴克通过缩小拉链的体积、改变拉链的形状、重新设计联锁部件、改进布带，发明出一种新的紧固件。1913 年，森德巴克终于发明了新型拉链的紧固件。这种紧固件的夹紧结构是相同的，并具有互换性，其形状、大小和结构都有了较大的改进，与现代的拉链已经十分接近。他还发明了能将拉链装在布带上的高效率机械。新的拉链虽说有许多优点，但仍未得到服装制造业者的赏识，许多人墨守成规，继续反对将拉链装在衣服上的做法。

拉链的普及得力于军队。因为拉链具有使用简便的特点，视时间为生命的军队，在服装设计上一直尽量减少穿衣的时间，以便战士们在紧急情况中抓过衣服就能穿好并迅速投入战斗。第一次世界大战的爆发，加速了拉链在军队中的流行。1918 年，一位承包制造海军飞行员服装的制造业主率先购买了 1 万套新型拉链，取代了纽扣，这使得拉链在军队中得到广泛应用，并根据实战需要得到了新的改进。人们很快看到了拉链的实用性，服装业一些大公司由此觉察到了拉链的巨大商业价值。1923 年，固特立公司开始在夹克上采用拉链，从而使拉链在商业上得到了迅速的发展。此后，拉链便赢得了世界人民的一致好评。开始时，制造拉链的材料主要采取铁、铜、铝等金属，后发展到使用塑料。互相咬合的链条构件也有了不同的形状，但这种锯齿形的结构却万变不离其宗。现代的拉链制造又有了新的发展，多种多样，用途越来越广泛，就连外科手术中的缝合也用上了拉链。

男人的专用工具——刮胡刀

刮胡刀是当今世界上男性专用品中销量最多的工具。据统计，每年世界上生产的刮胡刀片超过 30 亿，其消耗量是相当惊人的。然而，刮胡刀是最近 100 年才出现的工具。在过去的几千年中，全世界的男人们为了去掉胡子，多用剪刀或锋利的刀子。这些工具用来刮胡子都不方便，因此人们迫切地希望能有一种专门刮胡子的工具。

19 世纪末，美国刮胡刀发明家 K. 吉勒特尔在一家公司当推销员，他虽然出身于一个发明家的家庭，但没有受过正规的技术教育，他完全依靠自学获得了许多知识。有一天，吉勒特尔结识了现代螺丝帽的发明人 W. 佩因特。佩因特当时正在研究刮脸的用具，于是建议吉勒特尔发明一种消费者使用后即丢弃再重新购买的净面器具。

吉勒特尔按照他的建议很快提出了制造安全刮胡刀的设想，并制成了刮胡刀的原始模型，但这种刮胡刀没有刀片和刀架之分。而可更换刀片的刮脸刀架，是吉勒特尔在 1895 年的一天早晨剃胡须时偶然想到的。他急急忙忙地从家里跑出去，购买碎钢片、钟表发条使用的钢带、手钳和锉刀，随后很快利用这些东西制成了最早的安全刮脸刀片和刀架，并申请了刮胡刀的专利。1904 年，刮胡刀专利获得批准。

吉勒特尔为了制造锋利的刮脸刀刃，用了 6 年的时间探索使用钢片制成廉价刀片的方法，这种钢片既要具备适当的硬度。又要具备一定的韧性。然而，当时的科学技术并不发达，钢铁界的专家对吉勒特尔的发明没有什么热情，他们根据经验认为这是不可能的。吉勒特尔的朋友们也认为这是异想天开，并拒绝向他提供财政援助。然而，吉勒特尔坚信自己能够解决这个问题。1901 年，吉勒特尔终于找到了愿意对这项冒险投入资本的人。当时波士顿的灯泡制造业者 H. 萨克斯看到这种刮胡刀时非常动心，他与其兄弟海尔博思和发明家 W. 尼克森立即支出 5000 美元成立了美国安全刮胡刀公司。尼克森对吉勒特尔的刮脸刀进行了改进。1902 年，尼克森确定了刀片的大小、形状、厚度以及刀片外盖和安全支架的尺寸，发明了薄钢片的淬火法、退火法，设计出刀片开刃机。

1904 年，第一批安全刮胡刀开始在市面上销售，立即受到消费者的欢迎。1906 年之后，刮胡刀的销售量便得到了惊人的增加，并很快传播到欧美各地。如今，刮胡刀的设计已很完美，而且出现了电动刮胡刀。刮胡刀的发展前途是很广阔的，现在世界上还有许多发明家正在绞尽脑汁，希望能设计出更为简便和实用的刮胡刀来。

帕平发明高压锅

1681 年，德国物理学家、机械工程师丹尼斯·帕平发明了高压锅。这是世界上第一个高压锅。

帕平生于法国，因崇信新教而不得已迁居到德国。在那里，他开始研究液体，获得研究成果：在密闭容器中，水的沸点高低跟气压高低成正比例，气压高，水的沸点就高；气压低，水的沸点也低。于是，帕平就设计出一个密闭的容器。在锅里装入水,加热煮沸,结果,食物熟得很快、很烂。这种容器,被称为"帕平锅",也有人称之为"消化锅""高压锅"。现在高压锅已广泛地被人们所使用。医院用它给医疗器具、绷带、纱布等消毒;生活在高原地区的人们用它来作厨具,尤其是驻扎在高原地区的部队,他们的主要厨具就有特殊制造的高压锅。

现在,高压锅已成为普通家庭厨房中的必备厨具。人们用它来煮一些不容易煮熟的食品。高压锅的设计也越来越安全,功能更加完备。

杜瓦发明保温瓶

千百年来,人们为了能够随时喝上一杯热茶,曾绞尽了脑汁,设法长时间保持水的温度。例如采用稻草编成草窝,将茶炉置于其中;或用棉花、丝绵等将盛茶水的器皿包裹起来;或将茶水壶置于炉灶旁边。直到1892年,世界上才出现第一只保温瓶。

英国苏格兰物理化学家詹姆士·杜瓦,为了贮存液化气体供科学研究之用,成功研制了双层玻璃真空容器瓶。杜瓦第一次在-240℃的低温下,把压缩氢气变成液态氢。为了保持它的低温,杜瓦就着手研究制造一种能够保持温度的容器以储存液态氢。于是,杜瓦就用塞子把瓶口堵住,以杜绝空气对流;又把它做成为双层,中间抽成真空,以断绝热传导;还在真空的隔层里涂层反射涂料银,以阻挡热辐射。这样,杜瓦终于制成了能够储存液态氢的容器。为了纪念保温技术的新发现,人们将这种容器称为"杜瓦瓶",又称为保温瓶。由于保温瓶的保温功能,这种容器很快就作为家庭饮水的必备器具而广泛地传播开来。

随后,人们又进一步研究改进,在夹层玻璃上镀上一层硝融银,瓶口改成人们所需要的形状,并配上一层美观大方的外壳保护瓶胆,这就是我们今天所用的保温瓶。保温瓶于19世纪末,最先由英国厂商制造供应市场,以后逐渐传至欧洲各国。最先进入中国的保温瓶,是1921年德商谦信洋行的"孔士"牌保温瓶。随后,日本商人在上海设厂生产"鹰球"牌保温瓶，与德国商人争夺市场。1927 年，中国建立的上海光明热水瓶厂生产的"热心"牌保温瓶问世，但由于外货充斥市场，国货无力与之竞争。新中国成立前夕，中国仅有 7 家保温瓶厂，最高年产量不过 5 万。新中国成立后，中国的保温瓶工业得到了飞速发展。

现在保温瓶已经成了老百姓家庭中的日常生活用品，其样式和花色应有尽有。特别是随着高新技术的发展，新一代的保温瓶已经走入市场，如带电脑自动控制水温、带有磁疗保健作用等功能的保温瓶。保温瓶外形也大有改观，不再是原来几十年不变的炮弹形状，而是适合现代人审美观的各种新潮样式。

手表的发明和改进

表是一种可随身携带的计时器。1504 年德国纽伦堡的彼得·海尔制造的表是世界上最早的表。

据说手表是由一名士兵发明的。关于这名士兵的国籍，法国人认为他是法国士兵，德国人认为他是德国士兵。这名士兵为了方便，最先将自己口袋中的表固定在手腕上。18 世纪后期，瑞士的一个钟表匠让·沙特奴开始做一种外壳上有两个耳子的小表，在耳子上又增装了宽宽的皮制的或金属制的镯子（圈子），这种舒适方便的戴在手臂上的款式表起先风行在运动员中。1790 年，瑞士日内瓦人耶克·德罗慈和莱斯肖研制了世界上第一块手表。之后，手表的优越性受到了所有人的珍视，手表便盛行起来。

这种机械手表 19 世纪初诞生，到今天已成为人们的生活必需品。有人说"手表征服了世界"，这不无道理。在 100 多年的发展历史中，机械手表有了许多改进，例如自动手表、高频表（快摆表）、超薄型表、微型戒指手表的出现，日历、周历、月相、闹时和秒表等多功能手表的发明。但是由于机械表本身的结构，装配过程中的不可消除的误差，气压、温度、地球引力场等因素的影响，即使是高级机械手表也有 3 秒～5 秒的日差。

对于传统机械表结构进行革命的尝试，是从 1952 年发明电动手表开始的。这种电动手表用化学电池代替机械发条，走时精度得到了提高。但是，这种表的电路开关是机械接点，开关寿命只有几万次，不可能承受 24 小时内数以万计的开关次数，这一致命弱点使这种电动手表成为昙花一现的品种。这次尝试虽然失败，却为人们打开了思路，之后，电子表应运而生。

1955 年，以手表工业著称的瑞士研制成功了第一代电子手表，也叫摆轮游丝式电子手表。这种表是用化学电池为能源，由晶体管、电阻等元件组成无接点开关电路，解决了电动手表的致命弱点。电子手表加工工艺和装配工艺比高级机械表简化了三分之一，成本也就有所下降。这种手表于 1963 年制成，于 1967 年投放市场，曾在欧洲流行一时。

后来电子手表经历了第二代：由美国于 1960 年生产的音叉电子手表。第三代：由日本于 1969 年生产的指针式水晶电子手表。这种表走时比机械表精度高 100 倍。更可贵的是，这种表经半年老化之后，即趋于稳定和准确。第四代：液晶显示式电子手表。这种表于 1973 年投入市场。

数字式电子手表发展很快，目前已有多功能表出现，如能显示人的体温、脉搏，还有会记录电话号码等各式各样附加功能的电子表。电子表正向电脑手表发展，超越手表的计时功能，而成为人们工作、学习、生活必不可少的综合电子秘书，既当工作上的参谋、学习中的记忆卡，又是保健上的随身医师、生活上的好管家。

走入千家万户的缝纫机

在科学技术较为发达的国家和地区，随着人们生活水平的不断提高，家用缝纫机已越来越少。然而，仅在数十年前，在中国老百姓的生活中，作为家庭富裕标志的"四大件"中就有缝纫机（另三件是手表、收音机、自行车）。在缝纫机问世后这 200 多年，它为人类立下了汗马功劳。

最古老的缝纫机，要数公元 1790 年英国人赛恩特设计的一种小型缝纫机，这种缝纫机只能缝补袜跟，是袜跟的专用缝纫机，虽然很简单，但在工业技术上开创了一个新的领域。

1800 年，德国人 B. 克雷姆斯发明出链状线迹单线缝纫机，然而这种缝纫机体积较大、操作不便、效率不高，因而没有受到纺织厂的欢迎。此后不久，法国的一个裁缝 B. 蒂蒙尼埃于 1830 年成功试制一种链状线迹缝纫机，这比克雷姆斯发明的缝纫机小巧得多，而且效率也明显提高，然而其速度仍然赶不上手工的缝纫速度，所以也没有被采用。W. 亨特于 1833年，在美国纽约一家机械工厂中首次研制出了带梭的双面线迹缝纫机，工作效率高，是手工缝纫速度的两倍多，因而受到厂家的欢迎。

1839 年，著名裁缝 J. 马德尔斯佩尔格尔在 W. 亨特发明的双面线迹缝纫机的基础上，第一个研制出双面线迹双线缝纫机。它比双面线迹缝纫机更加实用，但是由于马德尔斯佩尔格尔没有足够的资金，没能申请到专利，所以他的双面线迹双线缝纫机没有被厂家正式投入生产。

19 世纪 40 年代，美国人艾利亚斯·赫威到罗厄城的一个弹棉机制造厂去当学徒。一天，他偶然想到应该将弹棉机上的机械原理运用到缝纫机上。从此，他一面研究前人发明的缝纫机，一面学习各种机械制造知识。1843 年，他在前人的基础上开始着手于缝纫机制造。1845 年 5 月，他终于制造出了一台缝纫机。在这台缝纫机上，赫威把针眼移到针尖上，并且使针做水平方向的运动。它在工作时，需要两个人配合劳动：一个人提着布料，另一个人进行缝纫。这台缝纫机的速度是手工速度的 6 倍。

后来，赫威的缝纫机又经过了艾萨克·旺家及爱德毕·克拉克的改进，他们把赫威的缝纫机的针改成垂直移动，并且设计了一个能够稳住布料的压脚，还设计了一个能使布料自动前移的轮子。这种缝纫机只需一个人操作，程序简单，十分实用，成为今日缝纫机的雏形。后来定型生产的缝纫机，使世界服装业的生产量大幅度增长。

据史料记载，历史上的大型缝纫机最先是用人力、水力或蒸汽内能来带动的，后来还有用燃烧煤气发动机、热空气发动机来驱动缝纫机，以后逐渐被电力所取代。在制造大型缝纫机的基础上，经过无数次的反复试验，缝纫机的体积越来越小，所采用的动力用脚踏或用手摇，家用缝纫机便诞生了。从此，它走入千家万户，为人们的生活带来了方便。

逆向思维与吸尘器的发明

吸尘器是现代家庭和宾馆中常用的一种家用电器。它能够将房间内原来用扫帚打扫不干净的地方彻底打扫干净。但是在 100 年前，人们使用的卫生设备还不是吸尘器，而是除尘器。除尘器与现代吸尘器的工作方式有很大不同，它不是将灰尘吸到自己的肚子里保存起来，而是如同电风扇一样将地面上的灰尘吹走。这种除尘器当时在欧洲刚刚兴起不久，就在给人们的生活带来方便的同时，也带来了很大的麻烦。

人们使用除尘器时是弓下身子的，所以灰尘很容易被人吸入体内，各种各样的传染病由此蔓延。另外，除尘器将灰尘吹到空中以后，不一会儿，一部分灰尘又会落回来，反把房间弄得乌烟瘴气。所以除尘器问世后不久，市场价格就一跌再跌，最终卖不出去了。人们都对发明新的除尘器拭目以待。

1901 年，在伦敦火车站，市政府举行了一次新式除尘器的公开表演。这台新式除尘器基本构造与原来一样，采用大马力的电动发动机，能够迅速将灰尘除掉，唯一特别的是在这台除尘器的前方有一个小盒子，除尘器能够将灰尘吹进这个小盒子里。但当这种新式除尘器在火车车厢里试用时，由于车厢内灰尘太厚，盒子又小，火车厢内扬起的灰尘几乎使人透不过气来。于是，这种改良式除尘器还没有批量生产就被淘汰掉了。但是，这种带盒子的除尘器，是了不起的进步。紧接着，科学家们纷纷在怎样除尘而又不扬起灰尘这方面动足了脑筋，但仍然没有解决这个根本问题。

当时，在伦敦火车站人群中有一个名叫赫伯布斯的人，他看到这种情景后，采取逆向思维的方式，心想：除尘不行，那么反过来吸尘行不行呢？

带着这个问题，赫伯布斯回家后就试着用手帕蒙住口鼻，然后趴在地上对有灰尘的地方猛力吸气，结果不出所料，灰尘全都被吸附到手帕上来，而且没有扬起一点儿灰尘。赫伯布斯见状兴奋得跳了起来，这证明吸尘的方法是可行的。以后，赫伯布斯经过反复试验，一种带有灰尘过滤装置的负压吸尘器便诞生了，这个产品很快就得到了伦敦市民的热烈欢迎。

吸尘器从此走进了千家万户。赫伯布斯运用逆向思维，解决了困扰科学家几十年的问题，给人们带来了许多方便。

照相机的发明历程

照相机，又称摄影机，是专供照相的机械，现代的照相机主要由镜头、暗箱、快门以及测距、取景、测光等装置构成，是人们经常使用的现代机械工具，已经走入千家万户中。在各个方面，照相机都给人们带来了极大的便利，它使许多景物让世人知道。它让现代人见到以前人们的生活场面等。

早期的任何照相机，其前身都是暗箱，而且体积较大，摄影师必须把上半身钻进一个黑布套内，在一个投有亮光的"夜晚"小环境中操作。这种照相机在发明之初，除了贵族家庭，社会上很少有人拥有。1830年，人们为了能够调焦，将第一批商用照相机设计成伸缩式照相机，如蛇腹式或望远镜套筒式照相机。J. 兹伐于1840年研制的肖像物镜和C. A. 施泰因海尔于1865年研制的双物镜属于无畸变强透光物镜，这种物镜的出现，使人们得以在很短的曝光时间内拍出高质量照片，从而对摄影术的普及作出了重大贡献。

1860年，蛇腹式照相机又进一步发展成折叠式照相机。这样一来，照相机的体积就减小了许多，比较便于携带。许多家庭也逐渐拥有照相机。这一式样的照相机在照相机行业中使用了数十年之久。此外，折叠式照相机在1860年还获得了一项关于反射式照相机的专利。中心快门和缝隙快门是19世纪70年代到80年代研究成功的。后来又陆续出现了一些质量更佳的物镜，如P. 鲁道夫在1890年研制成的去像散透镜等。

1888年，市场上出现了第一批使用胶卷的照相机。1913年，巴尔纳克展出第一架小型照相机，但是这种照相机直至1924年才开始大量生产。这就是至今仍然驰名全球的名牌照相机——"莱卡"照相机。

1935 年，世界上出现了第一架具有内装式电测曝光表的照相机。1938 年，第一架微型照相机问世。这两种照相机都是著名的照相机生产厂家米诺克斯照相机公司生产的。它们的出现，使照相机一下子普及起来，成为人类生活中不可缺少的工具。之后，照相机的改进向着小型化和高自动化程度发展，市面上曾流行的各种"傻瓜"照相机便是集当时科技于一身的先进成果。照相机使人类的文化生活丰富多彩，是当今世界类似于自行车等大众普及化程度较高的发明之一。

贝尔德研制电视机

世界上首先出现的是机械扫描传送图像的电视。在此之前，许多科学家为电视机的发明做了奠基性的工作。1884 年，德国工程师尼普科夫研制出扫描像素的机械扫描盘，后人称作"尼普科夫圆盘"。1889 年，德国韦勒发明韦勒镜轮，从而使机械扫描得以高速进行。1897 年，德国人布朗发明具有荧光屏的阴极射线管——布朗管，以后被用作电视的光电变换器。1908 年，英国的斯文顿与俄国的罗申克，同时提出电子扫描原理，从而奠定了现代电视基础。1924 年，美籍俄国人卓尔金制成世界上第一台电子扫描系统的电视样机。

英国苏格兰人约翰·洛吉·贝尔德是位工程师、发明家，1924 年，他经过反复实验，制成一台机械式扫描电视。这台电视能在短距离（数米）内完成运动物体图像的传输。这是世界上公认的第一台机械式扫描电视。

贝尔德，1888 年 8 月 13 日生于苏格兰赫林斯，曾在拉奇菲尔德高等学校、皇家技术学院、格拉斯哥大学学习，爱好无线电技术。他在史密斯发现光电效应、研制光电管，尼泼科夫发明机械扫描像素的方法，布劳恩研制出用电子扫描的电视显像管，马可尼发明无线电及以后的无线电广播、无线电传真等科技成果的基础上，综合无线电传真和电影的原理，于 1922 年，用饼干筒、透镜、钾光电管、玩具马达和尼普科夫圆盘等组装成电视机。贝尔德的电视研究工作是在非常困难的条件下进行的。他没有助手，缺少资金，不得不用廉价的废料做实验。他这样废寝忘食地努力了好几年，第一台电视机雏形终于在 1924 年 10 月 2 日诞生了。他发明了机械扫描电视摄像机和接收机，制成世界上最早的黑白电视系统，并完成室内机械扫描实验。1925 年 1 月 27 日，贝尔德在英国科学院研究所向 40 位科学家表演了他的发明，展示了这套电视装置，并进行发射和接收的公开试验。他在一间屋内放电视摄像机，观众在另一间屋内观看。在一个自行车灯大小的屏幕上，出现了一个人在抽烟和说话的形象。此人是在电视摄像机前活动的。这一天，国际公认为是电视第一次公开播放的日子。

贝尔德试验的成功，成了轰动一时的新闻。1925 年，伦敦一家大公司请他在大商店里每天表演 3 次，共表演了几个星期，虽然图像有些模糊，但还是引起了人们的极大兴趣。1926 年，他又在伦敦皇家学会做了电视对运动物体图像传输的演示。1927 年，贝尔德通过电话线在相距数千米的伦敦与格拉斯哥之间完成了图像传输，又从伦敦成功地用电话线把图像传播至大西洋中的船上。1928 年，贝尔德又在伦敦与美国的纽约两个城市之间成功地完成了电视收、发试播。1929 年，英国 BBC 广播公司开始用贝尔德的电视完成了机械式扫描电视的试播，首次上映电视节目，开始世界上最早的实验性电视播出，并在 1930 年为电视配上了音响。1931 年，英国广播公司使用贝尔德发明的电视第一次进行实况转播，播放了当时著名的地方赛马会。1933 年，卓尔金发明光电摄像管，从而得以实现全电子扫描电视系统，美国无线电公司对整个摄放系统进行实地试验。1938 年，卓尔金又制成第一台实用的电视摄像机，并取得专利，从此可以在摄影棚或室外拍摄到清晰的图像。1943 年，美国无线电公司研制成灵敏度和清晰度更高的摄像管。1946 年，贝尔德又研制成立体电视，他还对日光电视、大屏幕电视进行了研究。这一年，美国用崭新的全电子扫描电视播出节目，从而结束了电视的机械扫描时代，开始了电视通信广播的新纪元。彩色电视机发明于 1928 年，是贝尔德设计的。1940 年，美国古尔马首次研制成机电式彩色电视系统。1951 年，美国 H. 洛与洛伦斯分别发明三枪荫罩式彩色显像管和平枪式显像管。1953 年，彩色广播电视正式问世。

中国在 1958 年开始生产黑白电视，1970 年，开始生产彩色电视。

制冷原理的发现与冰箱的发明

为了使食品一年四季都能贮存，多少年来，人们进行了孜孜不倦的探索。

1820 年，人工制冷的科学实验获得成功。1824 年，著名科学家法拉第从实验中得到一种白色粉末状的氯化银，并发现它的奇妙特点：可以吸附氨气。于是，他用氯化银吸附大量氨气，然后再将其加热，让氨从固体氯化银中逸出。这些逸出的氨气又经冷凝器，冷凝为液态氨，再经蒸发器变为氨气，吸收热量，产生制冷效果。法拉第就这样发现了吸收式制冷原理。1834 年，美国人珀金斯研制成一台以乙醚为制冷剂的装置，这是制冷机的雏形。1850 年，法国人埃尔第纳德·卡尔发现了硫酸和水作用也能产生制冷效应。

在此基础上，德国人于 1855 年首次制成了吸收式制冷系统。时隔 7年，法国人也制成吸收式制冷机。1876 年，德国化学家林德制成以氨为制冷剂的冷冻机。美国的博伊尔也进行了同样的研制。

不过，在 1890 年以前几十年的时间内，人工制冷技术进展缓慢，1890年后人工制冷技术才首先在美国飞速发展起来。1913 年，美国人 J. M. 拉森在芝加哥制成了第一台手动操纵的实用家用冰箱，起名为多美乐牌冰箱。1914 年，美国卡尔维纳特公司制成了世界上第一台电气操纵的冰箱。从此，冰箱便以崭新的风貌登上了制冷技术舞台。但也有资料说，1926 年瑞典人卡尔文·布莱顿设计了人类第一台冰箱。

1918 年，卡尔维纳特公司的 E. J. 科伯兰特设计制造了家用自动冰箱。同年，美国西屋公司研制成了盘式恒温调节器。这些成果，成功地解决了电冰箱操纵的自动控制和防止电冰箱使用过程中压缩机过热的问题。

初期的冰箱，形体很笨重，外壳为木制，绝缘材料采用海藻或锯末等物，压缩机为水冷却，并与箱体分设，而且运行时噪音大，造价也很高。随着科学技术的进展，这些问题逐步得到了解决。1921 年，美国费里吉代尔公司制成了第一台压缩机藏于箱体内的冰箱。1926 年，该公司又制成外壳为钢板的冰箱。1927 年，美国通用电气公司研制成全封闭式自动制冷装置。同年，家用吸收式冰箱又在美国问世。1929 年，美国通用电气公司又制成了冷藏室和冷冻室分设的组合式双温冰箱。随后，世界各国也纷纷研究、仿制。1930 年，尤其是美国通用电气公司的 O. F. 凯特勒（有说是米奇利）因发现了新的制冷剂二氟二氯甲烷（商品名叫氟利昂）之后，有着广阔前途的压缩式制冷冰箱便蓬勃发展起来。

军事兵器

依据仿生学设计的军装

自古以来，世界各国都有自己不同风格的军装。但近百年来，无论是什么的式样、规格的军装，其颜色多是绿色，这是为什么呢？它的由来还有一段十分有趣的故事。

20世纪初，为了掠夺非洲南部的财富，英军曾进攻过非洲的布尔人。当初，英国皇家军队的传统服装是大红色的，戴黑色帽，穿毛皮靴，被侵略国的人民戏称为"红虾兵"。当时布尔人处于奴隶社会，其知识水平相当落后。而英国已发展成为世界上强大的资本主义国家，所以布尔人的武器比英军要差许多。布尔人的军队数量也少，是临时将地方游击队组合起来的，而英军的数量是布尔军的5倍。为了战胜武器和数量上都比自己强大的英军，布尔人根据非洲的山地特点，决定开展游击战。他们穿上用草、树叶汁染成绿色的衣服，并把武器也涂上与山里草木相似的颜色，然后悄悄地躲在丛林里，从外面看根本看不出丛林里有人。而当时的英军却穿着很显眼的红色军服，在大路上耀武扬威，根本不把布尔人放在眼里。由于英军目标太明显，布尔人老远就可以用各种武器射击，打得英军晕头转向，却无法还击。就这样，布尔人的游击队四处骚扰英军，在英军侵略布尔人领地的12年时间里，横行霸道的英军竟被武器落后、人员紧缺的布尔人游击队打死、打伤7万多人。这是一个了不起的数字，重创了英军的士气。英国人在血的教训面前进行反思，发现失败的原因竟是军服的颜色，因此，很快就将红色的军服改成了绿色。只是留驻英国本土时，或在一些重要的仪式典礼中，士兵仍穿着红色的传统军服。英国是当时世界最强大的国家，所以英军的军装颜色一变，其他各国的军队也相继根据本国的地貌情况，把军服改成了黄色或草绿色。

日常生活经验告诉我们，白色和黑色的东西放在一起，黑白分明，人眼马上便可以看清楚。但如果在白色与黑色中间，依次放上浅灰、深灰、浅黑等过渡色，白色与黑色之间的界限就不那么显眼了。保护色实际上就是一种中间色，黄色、草绿色在一般地区，也起着中间色的作用，这就是世界各国陆军军服及武器装备的颜色差不多都接近黄色或草绿色的原因。以后海军和空军均模仿陆军军服的式样，而其所采用的保护色则多为蓝色。

1890 年至 1902 年的布尔战争之后，直到第一次世界大战之前，各国的军装都是黄绿色或暗绿色。第二次世界大战中，出现了绿色的网式伪装军服。随着战场侦察能力的大大提高，这种单一的保护色——迷彩只能在绿色植被的条件下使用，不能适用于各种环境。于是，在第二次世界大战后期，德国军队最先从单色迷彩发展到多色迷彩，设计了一种三色迷彩伪装军服，不久美英等国的参战部队也先后装备了四色迷彩伪装军服。这种迷彩服用三四种颜色的染料把军服染上不定形的斑点，成为图案奇特的花衣，与色彩斑斓的自然并融为一体，使敌人很难发现和识别。

第二次世界大战之后，人们受自然界的小动物变色龙随着环境的变化而改变自身色调的启示，研制出因光变色的涂料，这种因光变色材料用于伪装军服及其武器装备，可以随环境颜色的变化而变化，成为新型的多色军服。但科技的发展是相当迅速的，现在的人们根据红外线、激光等仪器，可测出附近的热源，这样无论士兵穿怎样遮眼的服装都无济于事。但科学家又很快研制出一种使其不仅能对付可见光侦察，而且具有反红外、激光和热成像侦察性能的伪装服。如美军研制的黑色人造丝及未染色的丙烯膨线织成的方格状伪装服，采用发射红外荧光的涂料染色。苏联军队的冬季和夏季两用伪装服，德国陆军用聚氨甲基酸乙酸制成的三色迷彩服等，都可对付可见光和红外线的侦察。有的国家还研制出一种变色的三防迷彩服，由于使用了防原子变色涂料，在普通光照射下呈军绿色，在核爆炸光辐射的照射下，能在 0.1 秒后变成白色，以减少光辐射对人体的伤害。当前，迷彩伪装军服正向多功能、综合性方向发展。在不远的将来，一套军服就是一个完整的生态系统，它将对未来的单兵作战起到重要作用。

仿照铁锅造出的钢盔

现代战争中，各国的士兵都戴有钢盔。战斗钢盔不仅能够保护头部，还具有防核辐射、防毒、防各种病菌以及食物贮存等多种功能，简直是一个的多功能武器和小仓库。在未来战争的散兵作战中，士兵们还可以通过头盔上的屏幕知道自己的具体位置，在夜晚通过头盔上的夜视仪作战。毫无疑问，将来头盔的发展前途十分广阔。但是，万变不离其宗，不管将来它的形状怎样发展，就是那么个锅形。其实，据史料记载，头盔的发明本来就与一口铁锅有关。

在第一次世界大战中，由于重机枪和各种火炮的发展，战斗变得愈加残酷，士兵们常常还没有反应过来就被炮弹炸得血肉横飞。被弹片炸伤的伤员源源不断地送到了后方医院。

有一次，法国亚得里安将军在一次激烈的战斗之后去医院慰问伤兵。将军见到后方医院里一个个断手缺腿的士兵，心里很不是滋味。一个伤兵向将军讲述了自己在枪林弹雨的战场上侥幸逃生的事。他对将军说："当德军向我们的阵地进行猛烈地炮击时，我碰巧正在阵地厨房里值班站岗。德军的炮弹如雨点一般一阵阵打来，弹片四处横飞，叫人无法躲藏。我看见战友们一个个倒下，心里很害怕，就急中生智忙把厨房里的一口大铁锅举起来扣在头上，很多同伴都被炮弹炸死了，结果当炮击停止时，我只是腿部被倒塌的房屋砸伤了，头部一点儿也没有伤着。"

亚得里安将军听了这个伤兵的话后，脑海里蓦然闪过一个念头：如果在战场上人人都戴一顶铁制的帽子，士兵伤亡的人数一定就会骤减。于是，亚得里安将军立刻将这个想法汇报给上级，并指定一个科研小组进行研制。不久，世界上第一代钢盔便问世了，并于当年装备了整个法军。

以后，各国也相继模仿。据美军在第二次世界大战中统计，美军由于装备了钢盔，使7万余名士兵免于死亡。可见钢盔在战争所起的作用是巨大的。

猪鼻子与防毒面具

在许多战争影片中，人们都可以看见士兵们带着一种奇怪的面具。它有一个和猪鼻子很像的圆筒，戴面具的士兵在有毒的空气里穿梭自如，丝毫不受毒气的影响。这种奇怪的面具就是挽救过无数人生命的防毒面具。

现代毒气战始于第一次世界大战，当时德军首次在战场上实施大规模的毒袭。他们将毒气装在炮弹里面，在顺风的时候，将炮弹打到英法联军的阵地上。不久，地面上就出现一层很厚的黄色烟雾，朝英法联军的阵地上飘去。由于这是人类历史上第一次毒气战，士兵们不知道那黄色烟雾的厉害，都从战壕里探出头来瞧。战场上听不到枪炮声，然而许多英法联军士兵在吸入毒气后立即身亡。这不仅使英法联军伤亡惨重，后来调查，就连生活在该战区的飞禽走兽也大量死亡。可是，科学家们发现，唯有猪安然无恙。经过实验观察后得知，并不是猪不怕毒气，而是当毒气袭来时，它受不住毒气的刺激，就习惯性地拼命用嘴巴拱松土地，让长长的嘴巴埋在泥土里，而泥土具有一定的滤毒作用，这样就免遭伤害了。于是，人们就模仿猪的鼻子研制了内装土颗粒的防毒口罩，后又用在碳酸钠与硫酸钠溶液中浸过的棉布替换土颗粒。士兵们在戴上这种口罩之后，中毒概率就很小了。这是呼吸道防护手段的开始。

随着化学攻击方法的发展与多种化学战剂的使用，仅靠原始的防护手段显然不行。因为毒气不仅对呼吸道有作用，对人的眼睛、皮肤、神经等也有很强的作用。1916 年，俄国著名化学家谢林斯基来到了前线，寻找一种更有效地对付德国化学武器的方法。他找到了那些在毒气袭来时大难不死的幸存者，了解到他们是把头蒙到军大衣里或把脸钻进土层里，才幸免于难的。谢林斯基观察到军大衣的毛和松软土壤中的颗粒能够吸收毒气，进而想到，1786 年就有人发现木炭能够吸收气体，也许会具有吸收毒气的作用。实验证明，木炭不仅能吸收毒气，而且还能使新鲜空气畅通无阻。他据此原理发明了世界上第一个带有眼窗、装有活性炭的面具。从此，防毒面具作为化学武器的克星出现在战场上。

现在，各国部队装备的防毒面具，除了普通型之外，还有自动产生氧气的隔绝式防毒面具；为救护头部负伤人员用的专门面具；适于各军兵种特殊需要的面具；国外专门供警察用于驱散示威群众时施放催泪弹剂的所谓防暴动控制剂面具；等等。防毒面具不仅用于战场，在一些危险的行业中也被广泛地使用着。

从中国的火铳到世界上的各种手枪

在所有的枪械中，人们最熟悉的恐怕要数手枪了。因为手枪的历史最悠久，而且样式也较多，深得军人们的喜爱，在各种场合中都显示出它独有的风采。手枪最早是在中国发现的。据史书记载，早在公元 13 世纪，中国就已有了专门的手枪部队。但当时的手枪并没有现在小巧，显得很笨重，使用时还要现场点火。当时称这种古老的手枪为火铳。由于当时有许多外国人到中国来留学，火铳很快于 14 世纪时传到了欧洲和日本等地。

外国人对火铳加以改进，制成一种单手发射的手持火枪，这对当时欧洲频繁的战争来说具有极大的意义，因此很快被推广。15 世纪发展为火绳手枪，随后又有燧石手枪被发明出来。19 世纪以后，出现了击发手枪。1835 年，美国人 S. 科尔特制造出转轮手枪，取得英国的专利，这支枪被认为是第一支真正成功并得到广泛应用的手枪。这种转轮手枪其实就是著名的左轮手枪，它能够在 2 秒内连续发射出 5 颗子弹，而且射中率很高，曾在欧美风靡一时。当时许多牛仔、警察甚至土匪强盗都爱使用左轮手枪，描写大侠手持左轮手枪行侠仗义的武侠小说和剧本也很多。因此，转轮手枪是真正有实用价值的手枪。

1855 年以后，转轮手枪采用了双动击发发射结构，并改为定装式装弹。

自动手枪出现于 19 世纪末期，1892 年，奥地利最先研制出 8 毫米的舍恩伯手枪，1893 年，德国也制造出 7.65 毫米的博查特手枪，1896 年，德国制造出著名的 7.63 毫米的毛瑟手枪。

此后,手枪的研制十分迅速,出现了许多型号。由于自动手枪比转轮手枪初速大、装弹快、容弹量多、射速高,所以自 20 世纪初以来,各国大多采用自动手枪。但自动手枪有时会卡壳,不易处理,而转轮手枪即使卡壳,也能够很快修复,所以一些国家还在使用转轮手枪。

一般的转轮手枪和自动手枪主要用于自卫,属民用品,叫自卫手枪。少数大威力手枪,火力较强,有效射程较远,称为战斗手枪。另外还有间谍机关和情报部门使用的钢笔手枪、雨伞手枪、打火机手枪等,它们的外表与一般日常用品毫无区别,但是在关键时刻却能发出致命的子弹来执行特殊任务。总之,手枪在经过几百年的风风雨雨后,最终成为枪械中的重要种类。

将战争带入枪林弹雨时代的机枪

自从人类发明出实用的枪以后,就一直希望有一种能够连续发射子弹而不间歇的枪。但当时的枪大都是手动上弹,打一次就要上一次弹。即使是自动枪也不能满足人们的需要。然而,在战火纷飞的战场上,武器是否先进在很大程度上决定着战争的胜负。因此,欧美各国都纷纷研制起能够连续发射的枪,经过多次试验,终于研制出称心如意的机枪。

19 世纪 80 年代以前,许多国家都研制过连发枪械。英国人 J. 帕克尔发明的单管手摇机枪,1718 年,在英国取得专利,但由于枪身太重,且装弹困难,未引起普遍重视。美国人加特林发明的手摇机枪,于 1862 年取得专利,首次使用于 1861 年至 1865 年的美国南北战争,为北方部队的胜利立下了赫赫战功,因而很快就受到各国的重视。

世界上第一支以火药燃气为能源的机枪,是英籍美国人马克沁发明的,1883 年,他试验成功了枪管短后坐自动原理,1884 年,应用这种原理的机枪取得了专利,这是枪械发展史上的一项重大技术突破。这种机枪的理论射速为 600 发/分,枪身重量却仅有 27.2 千克,后人称这种机枪为马克沁重机枪。马克沁重机枪在英国对南非的殖民战争（1893—1894 年）中被首次使用。此后其他国家也相继研制成了各种重机枪。

在第一次世界大战的索姆河会战中，1916 年 7 月 1 日，英军向德军固守的阵地发起总攻，德军在其防线上安置了几百挺马克沁重机枪，向排列整齐、密集的英军进行了猛烈持续的射击，英军士兵成为德军的活靶子，一天之中竟伤亡 6 万人。这个战例足以说明重机枪的密集火力对集团有生目标的杀伤作用。

为了使机枪能紧密伴随步兵作战，1902 年，丹麦人麦德森设计了一种有两脚架带枪托可抵后发射的机枪，全枪重量 9.98 千克，称为轻机枪。

第一次世界大战期间，军用飞机和坦克的问世，要求步兵有相应的防空和反装甲的能力，为了提高机枪威力，出现了大口径机枪。1918 年，德军首先装备了这种机枪。军用飞机和坦克也装备了航空机枪和坦克机枪。军舰则在机枪刚出现时就装备了舰用机枪。

第一次世界大战后，德国设计了 MG34 通用机枪，并在 1934 年装备部队，在第二次世界大战中大显神威。第二次世界大战后，许多国家研制的新型通用机枪相继出现，如美国的 M60 机枪，中国的 67－2 式机枪等。

机枪的出现，使战场进入了名副其实的枪林弹雨时代，使战争的样式发生了重大变化。

越野英雄——吉普车

无论是在空气稀薄的高原，险峻的山道，还是广袤的沙漠，人们总能够见到一种轻便小巧灵活的机动车——吉普车。吉普车的英文单词是 Jeep，意为轻型越野汽车。

吉普车的发明，为人类的足迹踏遍世界各个角落提供了方便。在第二次世界大战时期，吉普车是美军的代表物。有次美军的特别行动队在工作时，被苏联军队抓到，因为美军特别行动队没有穿美军军服，所以尽管他们一再声称自己是美国人，是盟军，但苏联士兵还是不相信，说道："如果你们是美军，那么怎么没有开吉普呢？"可见，吉普车在美军中使用是多么广泛啊！

世界上第一辆吉普车是美国威利斯汽车公司于 1940 年研制的。这是一种重量仅有 250 千克、71 马力的小型多用途越野军用车。该车动力是同类民用车的 3 倍，越野性能极好，经得住猛烈地颠簸，在乱石堆或柔软的沙漠中都行驶自如；它的时速可达 100 千米，加一次油行程达 300 千米。因而它一出现就深受军方的喜爱，立即大批量生产并投入使用。这种车最初主要用来运送步兵和轻武器，后来用于通信、侦察和指挥等。

后来，美军又在吉普车上安装了高射机枪、无后坐力炮等武器，大大增强了吉普车的自卫能力。一次，一辆美军吉普车外出执行任务，途中被一架德军战斗机发现，被机枪扫射。驾驶吉普车的美军士兵在平地上左突右拐，躲避空中射来的子弹。吉普车的 4 个轮胎全部中弹，却仍能够高速行驶。最终，美军士兵把吉普车开到一个丛林里隐蔽起来，德军飞机乱打一气后就飞走了。事后，人们发现这辆吉普车多处中弹，几乎都打成了筛子，但其发动机却一直在高速运转，技术质量非常可靠。可见，当年美军用的吉普车性能是非常优越的。

那么，这种轻型越野军用车为什么被称为 Jeep 呢？原来，最开始的时候，它叫 G. P.，是英文 General Purpose Car 的缩写，意为多用途车。当时，美国一位漫画家施格曾创作出一种漫画形象——一种神通广大、可以在任何地方驰骋的空想的小鸟。它在飞行时发出"Jeep、Jeep"的叫声，这与 G. P. 的发音很相似，而且空想小鸟的性格与吉普车也很相似，因而美军士兵把这种车叫作 Jeep。所以，后来人们就把所有的轻型越野车统称 Jeep，而最早的缩写 G. P. 却鲜为人知了。

步兵活动堡垒——装甲车

装甲战车的历史可以追溯到遥远的古代，不过，当时人们使用的是马拉战车。中世纪，意大利画家、科学家达·芬奇曾设计出镰枪战车。1725

年，法国人居纽发明出一辆用蒸汽机驱动的军用车辆，并成功地进行了试验。1902年，法国卡龙－吉拉尔多－沃伊特公司向公众展出现代的装甲车。它的基本结构是一台汽车，外面有保护装甲，顶部为转塔式武器系统。装甲的作用是保护车组成员不受敌方小口径火器（如步枪和机枪）的伤害，转塔式武器系统可进行全方位射击。这些带有装甲的车已具备装甲车的雏形，但还不能算是真正意义上的装甲车。

1904年，奥地利的"戴姆勒"号和法国的"沙隆"号装甲车在同一年问世，只是诞生月日无从查考。因而，直到现在，哪辆装甲车是世界上的第一辆装甲车，仍是一桩历史悬案。当时的装甲车，被称为装甲汽车，虽然已具有新的条件下步兵坦克协同的战术性能，但是那些习惯于传统战法的帝国将军们，对它并不十分赏识。1918年，英国研制出履带式和轮式装甲输送车。同年8月，第一次世界大战临近决战的最后阶段，在华尔夫西前线，一个装备有12辆"罗尔斯－罗伊斯"装甲汽车的战车营，配合归建英军第五集团军的澳洲军与德军作战，令德军官兵大为恐惧，仓皇溃逃，这才使军事家们察觉到了装甲汽车在军事上的价值。一战后，美国和德国研制出半履带式装甲运输车。1935年，法国庞阿尔公司研制成功178型装甲车，被普遍用来装备侦察团队，并在1940年的战争中广泛使用。这种装甲车的最大特点是有两位驾驶员，一个朝前，一个向后。车辆可以毫无困难地向前或向后行驶。178型装甲侦察战斗车全重7.8吨，时速为75千米，装甲厚度13毫米，乘员4人，武器包括一门25毫米的反坦克炮和一挺7.5毫米机枪。最早实行大批量生产并投入作战使用的，是法国洛林公司1940年为预备役装甲步兵师轻骑兵研制的装甲车。

第二次世界大战中，装甲汽车由轮胎式发展为轮胎式和履带式两种，主要用于战场输送兵员，也可直接投入战斗，被称为"装甲输送车"。德国法西斯入侵法国后，用缴获的法军洛林装甲车体改装成自行榴弹炮和反坦克炮，一批批送往非洲战场和东欧战场。与此同时，反法西斯盟国军队也加速了对新型装甲车的研制。仅美国生产的M3A1型和M3型轮式装甲侦察车就达42000余辆，大多数被英国和苏联租借使用，对战胜德国法西斯发挥了不小的作用。

20世纪50年代初到60年代中期，世界各国军队相继装备了一批适用于现代战争的装甲车。如美国的 M113 装甲车，采用铝制结构装甲，履带推进，水陆两用，配设机枪，安装红外夜视仪，有三防、取暖和全套自救设备，可以空运，也可以伞降，又便于改装成喷火车、指挥车、山猫侦察车等，因而被 30 多个国家采用。瑞士的 8×8 剪刀鱼轮式装甲车，安置有105 毫米火炮，具备较强的火力，以其性能优良而受到欧美诸国兵器界好评。

1967 年 11 月，一种新型步兵战车首次出现于莫斯科红场受阅的装甲车辆中。这种步兵战车车厢两侧有 8 名步兵的观察射击孔，车上能发射反坦克导弹和地对空导弹，73 毫米低压滑膛炮可发射尾翼稳定装甲弹，不但能配合坦克出击，而且可单独战斗。步兵战车的出现，将装甲车的战术技术性能提高到一个新的水平。随后，联邦德国于 1971 年生产出黄鼠狼步兵战车，美国于 1978 年开始出厂 M2 布雷得利步兵战车，英国 1985 年研制出了 MCR80 步兵战车。20 世纪 90 年代的海湾战争和科索沃战争中，北约部队里又出现了新式的装甲步兵车。

英国记者发明铁甲勇士——坦克

世界上的第一辆坦克出自英国。第一次世界大战初期，坦克还没有被发明出来，当时的战场上主要是双方士兵面对面的阵地战。一个名叫斯文顿的英国随军记者，在前线采访中，亲眼看见英法联军上百万人的一次次冲锋，都被防御严密的德军击退，许多士兵在冲锋过程中遇到飞来的子弹而倒在血泊中，英法联军的伤亡十分惨重，而德军士兵躲在战壕里毫发无伤。这使斯文顿觉得这种冲锋实在是没必要的，英法联军都成了德军的活靶子。于是他开始琢磨，怎么样能够使士兵在有防御的情况下发起冲锋，从而减少不必要的伤亡呢？

回国后的一天，斯文顿看见一辆履带式拖拉机在泥地上平稳地行驶。他想，既然拖拉机能在松软的泥地上行驶，那么在战场上也一定能够如履平地，冲锋陷阵。如果再给拖拉机穿上一层厚厚的钢甲外衣，使它既不怕枪弹的袭击，又能进攻敌人的阵地，那该多好。

斯文顿想到这里，就立即提笔写了一篇战场报道，并建议将英国的"霍尔特"型拖拉机穿上铁甲，成为一种新型的战车投入战场。这个建议很快得到英国军界的采纳。英国许多科学家都研究起这种新式武器，他们将拖拉机完全改装，保留它的履带和动力系统，其余部分则都披上了很厚的钢甲，并在这种新式武器里面安装了3挺重机枪。

不久，这种攻防两用的武器就在英国的一家水柜工厂生产出来了。这就是世界上第一辆坦克。当时为了保密，研究人员在运输时把它称作"水柜"。因水柜的英文为TANK（发音坦克），所以坦克的名字也就这样被传开了，并被各国沿用至今。

坦克的第一次使用就让德军的一个阵地迅速崩溃，德军士兵在战壕里看见许多"铁疙瘩"轰隆隆地朝自己驶过来，而且子弹也奈何不了它，为了不被它碾碎，德军士兵赶紧弃阵逃跑。英军在取得胜利后，又很快地改进并制造了第二批坦克。德军的阵地一个个丢失，这自然引起全世界军方的注意。各国都研究起制造坦克和防御坦克的方法来。很快，坦克就风靡全球，各国凡正规部队都配有坦克。战场上士兵之间的搏斗也逐渐变成了坦克之间的炮击。

坦克自发明后，在战争中显示出了非凡的本领。第二次世界大战以后，坦克的发展日趋成熟，并向小型化、多用途发展。

水下神兵——潜水艇

潜水艇是能够在水面、水底任意遨游的船只。它的出现，为人类向许多无法涉足的海域进军铺平了道路。无论是在军事、科研、探险、旅游等方面，各种各样的潜水艇都显示出它们不凡的本领。

考古学家发现，早在17世纪以前，世界上许多国家的科学家和探险者曾多次进行过将船潜入水下行驶的研究和探索。1620年，荷兰物理学家德雷贝尔在英国建造了一艘特别的水船，船体由木框架组成，外包厚实的牛皮，船内装有许多羊皮囊。当向囊内注水时，船就会潜入水下3米～5米；把囊内水排出船外，船便浮出水面。船里的人通过划动伸出舷侧的桨叶使船前进。这种潜水船被认为是潜水艇的雏形。

1775 年，美国人布什内尔建造了一艘单人驾驶的、以手摇螺旋桨为动力的、木壳的"海龟"号艇，其携带的氧气能使人在水下停留约 30 分钟。1776 年，美国独立战争时期，美国海军曾用它潜抵英国战舰"鹰"号舰体下，用固定爆炸装置袭击，虽然未获成功，然而这是使用人力潜水艇袭击军舰的第一次尝试。美国南北战争期间，首次出现了以蒸汽机为动力的潜水艇。1864 年，美国南军的"亨利"号蒸汽机潜水艇悄悄地潜入北军的一艘军舰附近，安放一颗水雷，由于当时海军不知要防范潜水艇，因而没有仔细观察，结果北军军舰被水雷炸沉，这是用水雷炸沉军舰的首次战例。

1893 年，法国建造了一艘蓄电池电动机潜水艇。19 世纪末，爱尔兰籍美国人霍兰建造了一艘在水面以汽油机、水下以蓄电池电动机为动力的双推进系统潜水艇，并装有鱼雷发射管。1897 年，美国人莱克建成了第一艘双壳潜水艇，在两层壳体间布置有可使潜水艇下潜上浮的水柜。20 世纪初，出现了具备一定作战能力的潜水艇，水下排水量一般为数百吨，水面航速约 10 节，水下航速 6 节～8 节，主要武器是舰炮、水雷和鱼雷。

第一次世界大战前，各主要海军国家共拥有潜水艇 260 艘，战争期间又增加 640 艘。这些潜水艇采用柴油机和电动机双推进系统，航速和续航力有了明显提高。第一次世界大战开始时，潜水艇即投入了海战。大战期间，潜水艇共击沉战斗舰艇 192 艘。使用潜水艇攻击海洋交通线上的运输船取得了更为显著的战果，仅被德国潜水艇击沉的运输船即达 1300 多万吨位。同时，反潜战也开始被人们重视，战争期间共损失潜水艇 260 余艘。第一次世界大战后，各主要海军国家更加重视建造和发展潜水艇。第二次世界大战前，这些国家共拥有潜水艇 690 余艘，战争期间又增加约 1700 艘。在这次大战中，交战双方广泛使用了潜水艇，其战斗活动几乎遍及各大洋，共击沉运输船 2000 万吨位，击沉大、中型水面战舰 1740 艘。由于反潜兵力兵器的发展和广泛使用，潜水艇的战术技术性能又有了新的提高。战争后期，潜水艇装备了雷达和自导鱼雷，德国潜水艇还安装了通气管。第二次世界大战后，各主要海军国家十分重视新型潜水艇的研究和建造，核动力和战略导弹武器装备于潜水艇上，使潜水艇的发展进入了一个新阶段。

将来潜水艇一定会更加完善，它不仅是海军的宝贝，而且会更好地为人类服务。

海上巨无霸——航空母舰

第一次世界大战爆发前，西方一些国家已拥有专门用来将水上飞机放入水中并吊起的舰船。第一次世界大战结束时，俄国海军拥有 5 艘这样的军舰。

1910 年至 1911 年，美、英两国最先进行了水面军舰上使用航空兵的尝试。1910 年 11 月 14 日，美国人伊利驾驶一架装有一台 50 马力发动机的柯蒂斯式双翼飞机，从美国海军"伯明翰"号巡洋舰甲板上飞上天空。1911 年 1 月 18 日，伊利又驾机降落在"宾夕法尼亚"号巡洋舰后甲板搭起的平台上。这是航空母舰的最初亮相。1916 年，英国建造了一艘可供飞机在舰上起飞和降落的专用军舰。1917 年，英国海军将"暴怒"号巡洋舰改装成航空母舰。1922 年，美国把运输舰改装成"兰利"号航空母舰。同年，日本海军建成"凤翔"号航空母舰，并编入现役。从此以后，作为舰载飞机海上基地，航空母舰得到不断发展。

航空母舰作为一个新的舰种，在第一次世界大战以后才开始广泛建造。最初的航空母舰可载 20 架～30 架飞机。有关航空母舰的任务及其战斗使用的看法，是在两次世界大战之间的间隙时期逐渐产生，在第二次世界大战过程中定型的。在两次世界大战之间的间隙期，战列舰被看作海军的主要突击力量，而航空母舰则编入大型水面军舰编队，担负编队的侦察和防空任务，用舰载飞机突击敌舰艇集团，为战列舰和巡洋舰校正火炮射击。到第二次世界大战爆发时，几个主要资本主义国家拥有了航空母舰：美国有 5 艘，英国有 7 艘，日本有 6 艘，法国有 1 艘。

在日本母舰航空兵于 1941 年 12 月袭击珍珠港以后，特别是 1942 年 6 月中途岛海战以后，日本政府已经看出，战列舰已失去它原来的重要性，而让位于航空母舰了。从此，航空母舰的建造速度加快，尤以美、英、日 3 国为甚，并且出现了重型、轻型、护航等不同舰级的航空母舰。后来，美国又用核武器装备了母舰航空兵，又相继出现了新的舰级，如攻击航空母舰、反潜航空母舰和登陆直升机母舰等。

第二次世界大战以后，航空母舰进入现代化阶段，装载喷气式飞机和核武器，采用斜角飞行甲板、蒸汽弹射器、新型助降装置和阻拦装置等。20 世纪 60 年代，一批大型多用途航空母舰出现，较有代表性的是美国的"福莱斯特"级航空母舰和"小鹰"级航空母舰，载飞机 80 架～150 架，续航能力 8000 海里，能担负攻击、反潜、护航等多种战斗任务。60 年代以来，美国建造出核动力航空母舰"企业"号和"尼米兹"号，续航能力提高到 70 万海里。70 年代中期，航空母舰装载了新式的垂直或短距起落飞机。苏联的"基辅"级航空母舰（苏联自称为反潜巡洋舰），载直升机 30 架和"雅克 36"垂直/短距起落飞机 16 架，装备有舰舰、舰潜、舰空导弹和其他反潜武器，具有较强的反潜作战能力。

航空母舰也有它的弱点：由于载有大量易燃易爆物资，容易发生火灾，因而也易被常规武器击伤；飞机起落时，母舰机动受限制，舰载飞机的使用受天气条件影响较大等。

航空母舰的发展很快，当前的发展趋势是向多用途发展。如意大利在 2007 年建成的航母，类似于美国海军的两栖攻击舰，总长度为 220 米，最大宽度为 39 米，排水量为 1.85 万吨，大约可为 1390 名人员提供住宿，最高航速可超过 28 节。新航母将能够完成广泛的作战任务，包括驻防、保卫海上交通线、两栖输送、特遣编队的指挥和管理、舰队防空、对陆上部队和平民的空中救灾支援等。

空中猛士——歼击机

歼击机也称为战斗机，过去还称为驱逐机。其特点是机动性好，速度快，空战火力强，是航空兵进行空战的主要机种。现代的歼击机设备已经相当先进，不仅有各种导弹、机关炮，还有完善的全方位雷达和抗电子干扰系统等先进设备。歼击机的历史非常悠久，可以说自从莱特兄弟发明飞机以后不久，就有了歼击机。但最初军方并不重视飞机对战争的作用，开始时只是搞一些侦察活动。后来有人将炸药搬上飞机，在侦察敌军阵地时扔些炸药下去，因此出现了轰炸机。可是各国都有飞机，有时两国的侦察机在空中相遇，为了表示对敌人的愤怒，双方的飞行员只挥一挥拳头。以后，飞行员又把各种枪支带上了飞机，这样歼击机就出现了。这很快引起军方的重视，他们纷纷研究起歼击机来。

第一次世界大战初期，法国首先在飞机上安装机枪用于空战。随后各国相继出现了专门的歼击机。大战期间的歼击机，多是双翼木质结构，以活塞式发动机为动力，装有向前射击并与螺旋桨的转动相协调的机枪。因此，空中格斗成为战争中一道新的景观。

第二次世界大战前期，歼击机发展成为单翼全金属结构。歼击机在飞行中，起落架可以收起以减小阻力，机上最多可装有机枪 8 挺或航炮 4 门，机内装有无线电通信设备，供空空或空地之间进行通信联络和作战指挥之用。

第二次世界大战中后期，英国、美国、德国的歼击机，速度可达到每小时 750 千米，升限达 12000 米，接近活塞式飞机的性能极限。当时较著名的歼击机有美国的 P—51、英国的"喷火"式、德国的 ME—109 和日本的"零"式战斗机等。中国从 20 世纪 60 年代中期开始，先后自行成批生产歼 5 型、6 型和 7 型歼击机，后又研制出新型高空高速歼击机。

20 世纪五六十年代，有些国家把装有雷达、适于全天候作战、主要用于拦截敌机的歼击机称为截击机。当时的截击机比一般歼击机上升快，增速性能好，作战半径大，但比歼击机的格斗能力差。20 世纪 60 年代，美国的 F—106 和苏联的 TU—28 等都是典型的截击机。由于现代歼击机基本上都装有雷达和完善的领航设备，并具有较强的格斗能力，因此从 20 世纪 70 年代开始，各国已不再研制专用的截击机。

歼击机在经过 100 多年的历程后，已经发展到较完善的阶段，但各国军事科技专家们仍不罢休，还在努力研制各种新型歼击机。

现代战争的主角——导弹

导弹由火箭发展而来，其实就是能够制导的火箭。现代战争的发展，要求武器的攻击力相应增强，一是加大杀伤威力，二是提高命中精度，三是增大射程。导弹的出现，即是武器的打击力在命中精度和射程方面的飞跃。

第二次世界大战期间，火箭的发展进入一个突飞猛进的时代。苏联研制并大量装备的"喀秋莎"火箭炮，成为当时威力很大的压制火力。德国于 1944 年制成并投入使用的 V－1 和 V－2 型飞弹，开创了战争史上首次使用导弹的纪录。此外，法西斯德国还研制了空对空、地对空、反坦克导弹以及射程达数千千米的远程导弹。但由于希特勒发动的侵略战争很快宣告彻底失败，这些导弹才没被大量投入使用，否则世界人民将遭受更大的灾难。大战结束后，一些发达国家开始大力开展导弹的研制工作。实力雄厚的苏联和美国瓜分了法西斯德国研制导弹的图纸、资料、设备和专家人才，然后与他们本国长期研制的经验结合起来，导弹行业很快出现了一个蓬勃发展的局面。20 世纪 50 年代以后，电子技术和其他新技术的突飞猛进，更是迅速推动了导弹武器的全面发展。再加上核武器的小型化，各国把核武器与导弹结合起来，大大提高了导弹的威力。

如今的导弹已是五花八门，各有神通，可分为战略和战术两大类，这两类中又分弹道式和飞航式两种。军事上通常把射程 1000 千米以上的，即中程以上的称为战略导弹，1000 千米以下的属战术导弹。战术导弹种类较多，可打陆上固定目标或坦克、飞机、舰船等运动目标。现在，各个国家的军队装备了各式各样的导弹。这些导弹有大有小，有的能够单独发射，有的从吉普车、装甲车或者飞机、舰艇上发射。如今的导弹命中率相当高，它能够通过卫星引导轰击目标，其爆炸点里锁定的目标误差不超过 1 厘米，可说是百发百中。有的导弹还可定时爆炸，能够穿透 5 米厚的混凝土防护层，轻而易举地攻克敌人的地下目标。

　　而遭受导弹袭击的一方自然也有种种对策，现在的科技可以使敌军的导弹在未发射之时就被摧毁，让敌人自食其果。或者在敌军导弹飞行时，用雷达侦测出航道，然后发射拦截导弹将其在空中击毁。当然，人们为了使导弹不被对方的雷达侦察到，又发明出反雷达导弹，利用敌方雷达的电磁辐射自行导引，用于摧毁敌方雷达及其载体的导弹，亦称反辐射导弹，有空地、舰艇等类型。最早的反雷达导弹，是美国1964年装备的"百舌鸟"。美国于20世纪60年代末开始装备标准反辐射导弹，于70年代装备高速反雷达导弹。法、英、苏等国也研制、装备有反雷达导弹。60年代中至80年代初，反雷达导弹被先后用于越南、中东等局部战争，主要攻击地空导弹制导雷达和高炮炮瞄雷达。90年代的海湾战争、科索沃战争，导弹在其中更是充当了主要角色。现在，导弹正向着提高抗干扰能力、增大射程和攻击多种电磁辐射源等方向发展。

　　近期的世界局部战争表明，导弹的类型越来越多，功能更加强化，它必将成为未来几十年内战争的主要武器。因此，我们必须有足够的实力来制造自己的先进导弹，防备敌人的袭击，保卫我们的家园不被侵犯。

人类历史上最厉害的武器——核武器

　　核武器是第二次世界大战末期出现的一种威力巨大的新式武器，人们通常所说的原子弹和氢弹就是核武器。核武器的出现并不是偶然的，它是人类在认识世界、改造世界，进行生产斗争、科学实验的基础上发展起来的。早在19世纪初期，人们就知道了世界万物都是由原子和分子构成的。1896年，法国物理学家贝克勒耳和法籍波兰科学家居里夫人发现了自然界中存在一种放射性物质。1932年，英国物理学家发现中子，因此科学家们得到一把打开原子核的钥匙。1938年，德国物理学家哈恩和奥地利物理学家梅特涅发现用中子轰击铀原子核可引起铀核链式反应。从此，人们从未想到过的一种具有巨大杀伤破坏作用的新式武器被制造出来。

　　利用铀235或钚239等重原子核裂变反应，瞬时释放出巨大能量的核武器，就是原子弹。原子弹是科学技术的最新成果迅速应用到军事上的一个突出例子。从 1939 年发现核裂变现象到 1945 年美国制成原子弹，只花了 6 年时间。1939 年 10 月，美国政府决定研制原子弹。1941 年 12 月 6 日，美国为制造原子弹成立了曼哈顿工程管理区。1942 年 12 月 2 日，美国建成了世界上第一座原子反应堆。从此，人类在不知不觉中跨入了原子时代。1945 年，美国造出了 3 颗原子弹。一颗在美国新墨西哥州的阿拉莫戈多沙漠进行试验，另两颗投在日本。1945 年 8 月 6 日投到日本广岛的原子弹，代号为"小男孩"，是铀弹，重 4.5 吨，长 3 米，直径 0.6 米，威力不到 2 万吨。同年 8 月 9 日投到日本长崎的原子弹，代号为"胖子"，重达 5 吨，长 3.3 米，直径 1.5 米，威力约 2 万吨。

其他国家也陆续爆炸自己的第一颗原子弹：苏联，1949 年 8 月 29 日；英国，1952 年 10 月 3 日；法国，1960 年 2 月 13 日；中国，1964 年 10 月 16 日；印度，1974 年 5 月 18 日。

美国于 1952 年 11 月 1 日又研制出一种热核武器——氢弹。这颗氢弹的威力为 1000 万吨，弹体自重 65 吨。1954 年 3 月 1 日，美国科学家又研制成功威力更大的氢铀弹。这颗威力达 1500 万吨的核弹在太平洋上的比基尼岛上爆炸，震惊了全世界。

仅从 1945 年第一颗原子弹爆炸以后的 30 多年时间内，世界上 6 个核国家共进行 800 多次核爆炸试验，总当量 3.25 亿吨。美国试验次数最多，其次是苏联。美苏之间的核装备竞赛非常激烈，每个月至少有两颗核弹爆炸，这对地球和人类是有极大危害的。毛泽东曾说："原子弹是美国反动派用来吓人的一只纸老虎，看样子可怕，实际上并不可怕。当然，原子弹是一种大规模屠杀的武器，但决定战争胜败的是人民，而不是一两件新式武器。"为了消除外国对新中国的核威胁，我国科学家经过自己的努力不但制造出核武器，而且从原子弹到氢弹只用了两年时间。

自 1945 年以来，核武器技术不断发展，体积、重量显著减小，战术技术性能却日益提高。核武器对人类是一个极大的危害，核武器理论的奠基者爱因斯坦曾因此而后悔不已。科学技术的进步不是用来让人类自相残杀，而应该造福人类。我们应该对核武器持正确态度，在战略上藐视它，在战术上重视它，积极做好反对核武器，防护核袭击的准备。现在，科学家已经将核的巨大能量用来造福人类，各国纷纷兴建核电站，许多飞机、轮船也用上了核燃料。

中子与中子弹

1932 年，英国核物理学家查德威克利用英国卡文迪什实验室的先进仪器设备，多次实验，终于发现了中子，证实了他的老师、英籍新西兰原子核物理学家卢瑟福在 1920 年关于存在中子的预言。

中子发现时，美国等正在致力于原子弹的研制，不久，原子弹爆炸成功，氢弹也相继爆炸成功。于是，人们又转而致力于中子弹的研制。很快，美国著名核科学家塞缪尔·科恩成功研制了一种新型的强辐射武器，这就是中子弹。他当时发表声明说，发明中子弹的目的"是为了战略防御，因为它可以遏制俄国人的进攻（特别是坦克），这是为了和平"。

科恩发明的中子弹是第三代核武器。它使用氘和氚为基本原料，在聚合反应时释放出大量能量。其中冲击波和热辐射的能量只占 20%，高速中子流的能量占 80%。其爆炸时，产生大量具有强穿透力的快速中子流。如一颗当量相当于 1000 吨梯恩梯炸药的中子弹在数百米高空中爆炸，在 600 米范围内，坦克里的乘员 5 分钟就会丧失战斗力，两天内死去。而 600 米～1200 米范围内的人员，将在 4 到 6 天里死去。但中子弹对建筑物的破坏范围小，大部分建筑皆可保存住；中子弹的放射性污染较轻，几天后就可基本消失。中子弹体积小，重量轻，一般只有 200 千克左右，使用方便。它可用导弹发射，也可用 200 毫米大炮发射。

中子弹的中子可以毫不费力地穿透 1 米厚的钢板，所以它可以穿透坦克装甲、掩体、砖墙等物，杀伤其中的人员，而坦克、武器、建筑物等却能够完好地保存下来。而且中子弹爆炸后造成的核污染很轻，在较短时间内部队就可进驻，这在军事上是有很大意义的。